工业机器人现场编程

主　编　解淑英　王德兰　张德龙

副主编　崔亚男　辛海明　于瑛瑛　权爱娟

北京理工大学出版社
BEIJING INSTITUTE OF TECHNOLOGY PRESS

图书在版编目（CIP）数据

工业机器人现场编程 / 解淑英，王德兰，张德龙主编 . -- 北京：北京理工大学出版社，2021.6
ISBN 978-7-5763-0032-1

Ⅰ . ①工…　Ⅱ . ①解…　②王…　③张…　Ⅲ . ①工业机器人 - 程序设计 - 高等职业教育 - 教材　Ⅳ . ① TP242.2

中国版本图书馆 CIP 数据核字（2021）第 136329 号

出版发行 / 北京理工大学出版社有限责任公司
社　　址 / 北京市海淀区中关村南大街 5 号
邮　　编 / 100081
电　　话 /（010）68914775（总编室）
　　　　（010）82562903（教材售后服务热线）
　　　　（010）68944723（其他图书服务热线）
网　　址 / http：//www. bitpress. com. cn
经　　销 / 全国各地新华书店
印　　刷 / 唐山富达印务有限公司
开　　本 / 787 毫米 ×1092 毫米　1/16
印　　张 / 19.75
字　　数 / 365 千字
版　　次 / 2021 年 6 月第 1 版　2021 年 6 月第 1 次印刷
定　　价 / 75.00 元

责任编辑 / 张鑫星
文案编辑 / 张鑫星
责任校对 / 周瑞红
责任印制 / 施胜娟

前　言

为了提高职业院校人才培养质量，满足产业转型升级对高素质复合型、创新型技术技能人才的需求，《国家职业教育改革实施方案》和教育部关于双高计划的文件中，提出了“教师、教材、教法”三教改革的系统性要求。

国务院印发的《国家职业教育改革实施方案》提出，从2019年开始，在职业院校、应用型本科高校启动“学历证书+若干职业技能等级证书”制度试点（以下称1+X证书制度试点）工作。

为了实现职业技能等级标准与各个层次职业教育的专业教学标准相互对接，不同等级的职业技能标准应与不同教育阶段学历职业教育的培养目标和专业核心课程的学习目标相对应，保持培养目标和教学要求的一致性。本教材是基于“1+X”的课证融通教材，具体地说就是将高等职业院校工业机器人技术专业教学标准和工业机器人应用编程职业技能等级标准、工业机器人操作与运维职业技能等级标准、工业机器人集成应用职业技能等级标准的不同级别（初级、中级、高级）对接，并与专业课程学习考核对接的教材。

为深入贯彻落实习近平总书记关于教育的重要论述和全国教育大会精神，把思想政治教育贯穿人才培养体系，全面推进高校课程思政建设，发挥好每门课程的育人作用，提高高校人才培养质量，教育部特制定《高等学校课程思政建设指导纲要》。由此，实施课程思政是当下职业教育教材建设的首要任务。

我们按照“信息化+课证融通+课程思政+工匠精神+任务工单”等多位一体的表现模式策划、编写了专业理论与实践一体化教材。教材按照“以学生为中心、以学习成果为导向、自主学习”的思路进行开发设计，将“企业岗位（群）任职要求、职业标准、工作过程或产品”作为教材主体内容，将“立德树人、课程思政”有机融合到教材中，提供丰富、适用和引领创新作用的多种类型立体化、信息化课程资源，实现教材多功能作用并构建深度学习的管理体系。

本教材以多个学习性任务为载体，通过项目导向、任务驱动等多种“情境化”的表现形式，突出过程性知识，引导学生学习相关知识，获得经验、诀窍、实用技术、操作规范等与岗位能力形成直接相关的知识和技能，使其知道在实际岗位工作中“如何做”以及“如何做会、做得更好”。

在编写过程中对课程教材进行了系统性改革和模式创新，对课程内容进行了系统化、规范化和体系化设计，按照多位一体模式进行策划设计。本套教材通过理念和模式创新形成了以下特点和创新点：

（1）基于岗位知识需求，系统化、规范化地构建课程体系和教材内容。

（2）通过教材的多位一体表现模式和教、学、做之间的引导和转换，强化学生学中做、做中学训练，潜移默化地提升岗位管理能力。

（3）采用任务驱动式的教学设计，强调互动式学习、训练，激发学生的学习兴趣和动手能力，快速有效地将知识内化为技能、能力。

（4）针对学生的群体特征，以可视化内容为主，通过图示、图片、逻辑图、二维码（每个任务后面放置相应的教学视频）等形式表现学习内容，降低学习难度，培养学生的兴趣和信心，提高学生自主学习的效率。

本教材注重职业素养的培养，立德树人，通过操作规范、安全操作、职业标准、环保、人文关爱等知识的有机融合，提高学生的职业素养和道德水平。

本书由烟台汽车工程职业学院解淑英、王德兰和潍坊科技学院张德龙任主编，由烟台汽车工程职业学院崔亚男、于瑛瑛、权爱娟和潍坊职业学院辛海明任副主编，烟台汽车工程职业学院刘凤景、张静、吴海艳、曹伟任参编，烟台汽车工程职业学院谢丽君教授对整本书的大纲进行了多次审定、修改，使其在符合实际工作需要的同时，便于教师授课使用。

本书配套了丰富的教学资源，包括教学课件、微课等，并在书中相应位置做了标记，读者可通过手机等移动终端扫码观看。

由于编者水平有限，书中难免存在不足之处，恳请广大读者批评指正。

编　者

目　　录

注：本书中 ※ 标注表示“1+X”工业机器人职业技能等级证书考核要点

项目一

走进工业机器人世界

项目导入

近年，随着劳动力成本不断上涨，工业领域“机器换人”现象普遍，工业机器人市场与产业也因此逐渐发展起来，如图 1–1 所示。那么，世界上第一台机器人是谁呢？它诞生于哪一年？机器人经历多少年的发展才到现在的程度呢？工业机器人又是如何定义的呢？

（a）　　（b）

图 1–1 “机器换人”现象

项目目标

★**知识目标**

了解工业机器人的由来、定义、应用及发展趋势。

掌握工业机器人安全操作规程。

熟悉现场安全防范措施和安全标识。

★**能力目标**

能识别判断工业机器人周边电源、物理等环境安全（工业机器人职业技能等级证书考核要点）。

能根据工业机器人潜在危险采取避免措施（工业机器人职业技能等级证书考核要点）。

能识读工业机器人安全标识（工业机器人职业技能等级证书考核要点）。

★素质目标

通过本项目的训练，培养学生的辩证逻辑思维能力，提高学生安全生产意识和安全操作的能力，使他们自觉形成敬畏规章、执行标准的职业素养。

项目分解

任务 1.1　工业机器人概述

任务 1.2　工业机器人的操作安全

任务 1.1　工业机器人概述

机器人的由来

1.1.1　机器人的由来

提到“机器人”，大家并不陌生。在今天，科幻电影中、动画片、军事农业、生产服务中都可以见到机器人的身影。机器人并不是现代科技的产物，人类对机器人的幻想与追求已有 3 000 多年的历史。

《列子·汤问》中记载，西周时期，能工巧匠偃师成功研制出了可以唱歌跳舞的“机器人”，这是我国最早记载的机器人，如图 1–2（a）所示。《墨子·鲁问篇》中记载，春秋后期，鲁班用竹子造出一只木鸟，名为“木鹊”，能在空中飞行“三日不下”，如图 1–2（b）所示。而古代机器人界最有名的当属三国时期诸葛亮发明的木牛流马了。据说每只木牛或者流马可以载重 200 kg，每天能行走数十里，堪称一件神器，如图 1–2(c）所示。

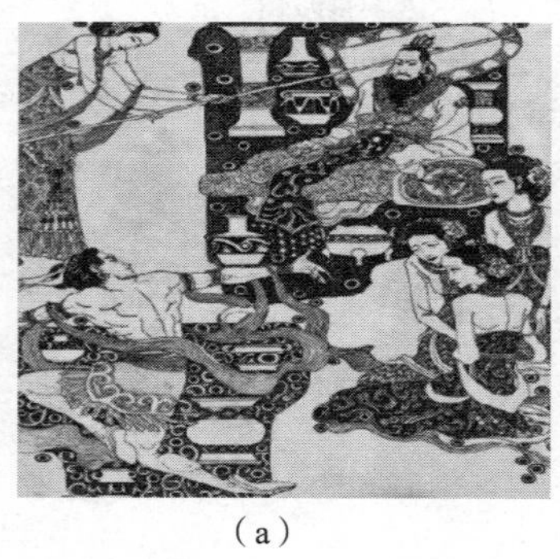

（a）

（b）

（c）

图 1–2　中国古代机器人

（a）偃师献技；（b）鲁班飞鸟；（c）木牛流马

机器人的概念虽然已有几千年，但是“机器人”这一名词却是在 20 世纪初才产生的。它的创始人是捷克作家卡雷尔·恰佩克（Karel Capek）。1920 年，恰佩克发表新剧作《罗素姆的万能机器人》，他在剧本中塑造了一个具有人的外表、特征和功能，用来为人类服务的机器奴仆“Robota”，如图 1–3 所示。“Robota”捷克语的意思是“苦力”“奴隶”。这个词后来演化成了 Robot，成为人造人、机器人的代名词。

1950 年，美国著名科幻科普作家艾萨克·阿西莫夫（图 1–4）出版科幻小说短篇集《我，机器人》（I，Robot），在其中他系统地阐释了“机器人三定律”。

第一，不伤害定律：机器人不得伤害人类，也不得见人受到伤害而袖手旁观；

第二，服从定律：机器人必须服从人的命令，但不得违反第一定律；

第三，自保定律：机器人必须保护自己，但不得违反第一、二定律。

图 1–3　卡雷尔·恰佩克和他的 Robota

图 1–4　艾萨克·阿西莫夫

1.1.2　工业机器人

1. 机器人的定义

机器人的定义

“机器人”一词问世已近百年，但对机器人的定义仍然仁者见仁、智者见智。原因之一是机器人还在发展，新的机型、新的功能不断涌现。而根本原因则是因为机器人涉及了“人”的概念，成为一个难以回答的哲学问题。

目前，国际上比较遵循的是国际标准化组织（ISO）对机器人的定义，其定义涵盖如下内容：

（1）机器人的动作机构具有类似于人或其他生物体的某些器官（肢体、感受等）的功能；

（2）机器人具有通用性，工作种类多样，动作程序灵活易变；

（3）机器人具有不同程度的智能性，如记忆、感知、推理、决策、学习等；

（4）机器人具有独立性，完整的机器人系统在工作中可以不依赖于人的干预。

2. 工业机器人的定义

工业机器人是机器人家族中的重要一员，也是目前在技术上发展最成熟、应用最多的一类机器人。世界各国对工业机器人的定义不尽相同。

国际标准化组织（ISO）提出的定义：“工业机器人是一种自动的、位置可控的、具有编程能力的多功能机械手，这种机械手具有几个轴，能够借助于可编程序操作来处理各种材料、零件、工具和专用装置，以执行种种任务”。目前国际上大多遵循 ISO 所下的定义。

美国机器人协会（RIA）提出的定义为：“工业机器人是一种用于移动各种材料、零件、工具或专用装置的，通过可编程序动作来执行种种任务的，并具有编程能力的多功能机械手”。

日本工业机器人协会提出的定义：“工业机器人是一种装备有记忆装置和末端执行器，能够转动并通过自动完成各种移动来代替人类劳动的通用机器”。

不管工业机器人是如何定义，它们都有最显著的几个特点：

（1）可编程。工业机器人可随其工作环境变化的需要而再编程。

（2）通用性。除了专门设计的专用的工业机器人外，一般工业机器人在执行不同的作业任务时具有较好的通用性。比如，更换工业机器人手部末端操作器（手爪、工具等）便可执行不同的作业任务。

（3）拟人化。工业机器人在机械结构上有类似人的行走、腰转、大臂、小臂、手腕、手爪等部分，在控制上有控制器。

（4）良好的环境交互性。智能工业机器人在无人为干预的条件下，对工作环境有自适应控制能力和自我规划能力。

工业机器人的发展

1.1.3 工业机器人的发展史

1. 国外工业机器人的发展史

工业机器人的出现，不仅将人类从繁重、危险、烦琐的工作中解放出来，而且提高了生产率和生产质量。

真正的现代机器人诞生于 1948 年在美国橡树岭国家实验室开始的搬运核原料的遥控机械操作手的研究。它被用于代替人生产放射性材料，提高了核工业生产的安全性，如图 1–5 所示。

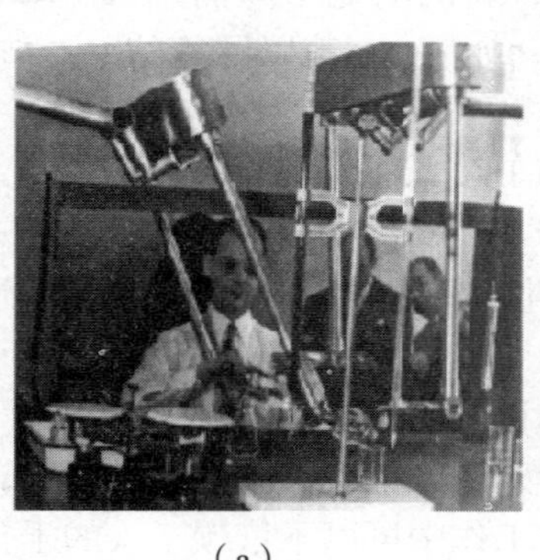

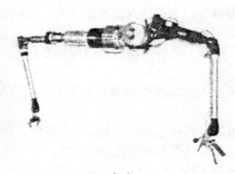

（a）　　　　（b）

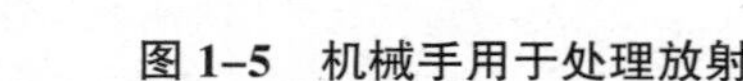

图 1–5 机械手用于处理放射性物质

（a）工作中；（b）机械手

1952 年，美国麻省理工学院受美国空军委托，成功研制出一台实验型数控铣床，这是公认的世界上第一台数控机床，如图 1–6 所示。

1954 年，乔治·德沃尔申请了第一个机器人的专利（“可编辑关节式转移物料装置”，1961 年授予）。1959 年，他与约瑟夫·恩格尔伯格研制出世界上第一台工业机器人 Unimate（尤尼梅特，意思是“万能自动”），并在 1961 年将其应用到通用汽车公司的生产线上，如图 1–7 所示。

图 1-6　世界上第一台数控机床

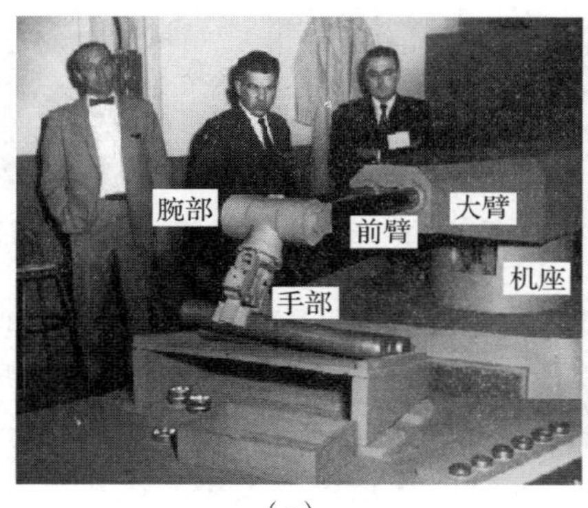

（a）

（b）

图 1-7　世界上第一台工业机器人 Unimate

1962 年，美国机械与铸造公司（American Machine and Foundry，AMF）制造出了世界上第一台圆柱坐标型工业机器人，命名为 Verstran（沃尔萨特兰，意思是“万能搬动”），如图 1-8 所示。同年，AMF 制造的 6 台 Verstran 机器人应用于美国坎顿的福特汽车生产厂。

1967 年，一台 Unimate 机器人安装运行于瑞典，这是在欧洲安装运行的第一台工业机器人，如图 1-9 所示。

图 1-8　世界上第一台圆柱坐标型工业机器人 Verstran

图 1-9　欧洲安装运行的第一台工业机器人

1969 年，通用汽车公司在其洛兹敦装配厂安装了首台点焊机器人 Unimation，如图 1–10 所示。Unimation 机器人大大提高了生产率，大部分的车身焊接作业由机器人来完成，只有 20%～40% 的传统焊接工作由人工完成。

1969 年，Unimation 公司的工业机器人进入日本市场。川崎重工公司成功开发了 Kawasaki–Unimate 2000 机器人，这是日本生产的第一台工业机器人，如图 1–11 所示。

图 1–10　首台点焊机器人 Unimation

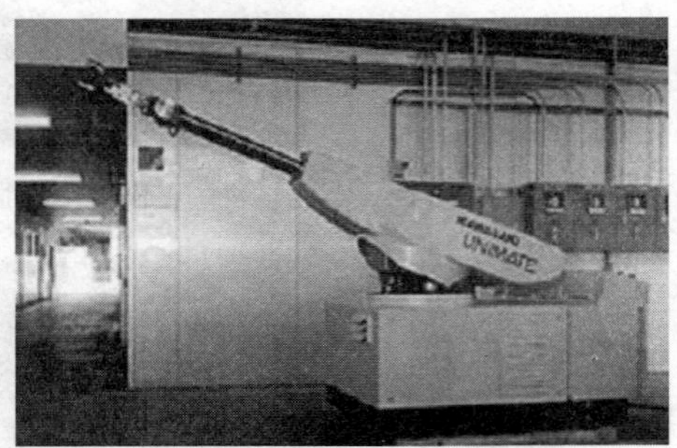

图 1–11　日本生产的第一台工业机器人

1973 年，德国库卡公司（KUKA）将其使用的 Unimate 机器人研发改造成机电驱动的 6 轴机器人，命名为 Famulus，这是世界上第一台机电驱动的 6 轴机器人，如图 1–12 所示。

1974 年，美国辛辛那提米拉克龙（Cincinnati Milacron）公司开发出第一台由小型计算机控制的工业机器人，命名为 T3（The Tomorrow Tool），这是世界上第一次机器人和小型计算机的结合，T3 采用液压驱动，有效负载达 45 kg，如图 1–13 所示。

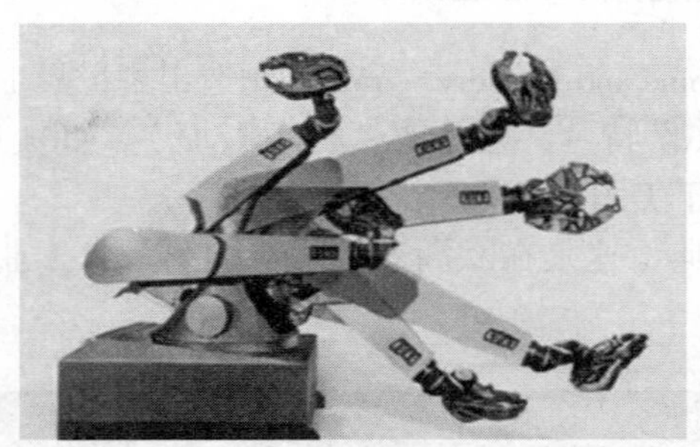

图 1–12　世界上第一台机电驱动的 6 轴机器人

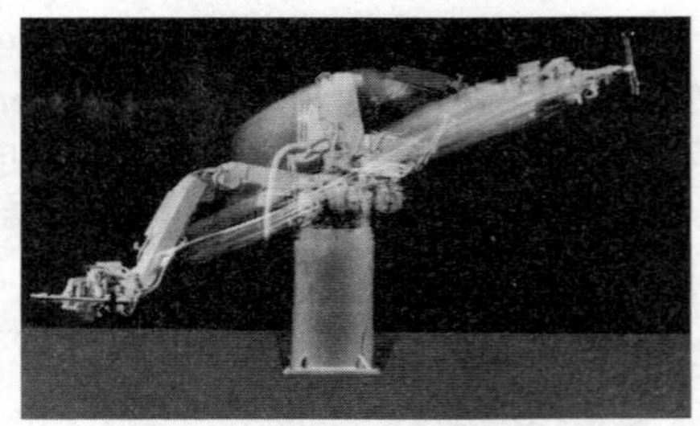

图 1–13　工业机器人 T3

1974 年，瑞典的 ABB 公司研发了世界上第一台全电控式工业机器人 IRB6，主要应用于工件的取放和物料搬运，如图 1–14 所示。

1978 年美国 Unimation 公司推出通用工业机器人 PUMA，这标志着工业机器人技术已经完全成熟，如图 1–15 所示。PUMA 至今仍然工作在工厂第一线。

1978 年，日本山梨大学（University of Yamanashi）的牧野洋发明了选择顺应性装配机器手臂 SCARA（Selective Compliance Assembly Robot Arm），如图 1–16 所示。SCARA 机器人具有四个运动自由度，主要适用于物料装配和搬动。时至今日，SCARA 仍然是工业生产线上常用的机器人。

图 1–14　工业机器人 IRB6

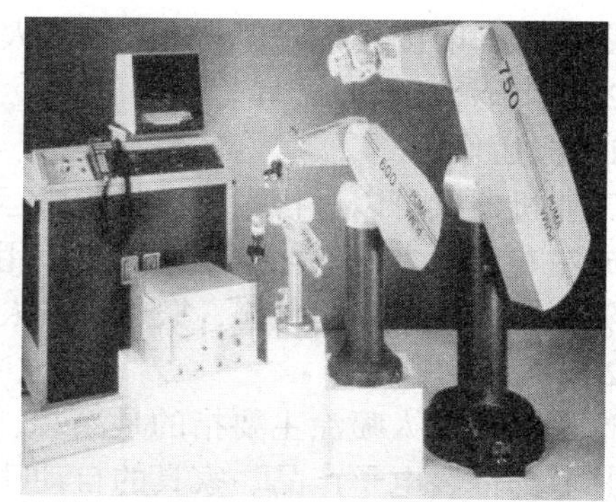
图 1–15　工业机器人 PUMA

2. 国内工业机器人的发展史

我国工业机器人研究开始于20世纪70年代，但由于基础条件薄弱，关键技术与部件不配套，市场应用不足等种种原因，未能形成真正的产品。随着世界上机器人技术的发展和市场的形成，我国在机器人科学研究、技术开发、应用工程等方面取得了一定的进步。20世纪80年代中期，在国家科技攻关项目的支持下，我国工业机器人研究开发进入了一个新阶段，形成了我国工业机器人发展的一次高潮，高校和其他科研单位全面开展工业机器人研究。以焊接、装配、喷漆、搬运等为主的工业机器人，以交流伺服驱动器、谐波减速器、薄壁轴承为代表的元部件，以及机器人本体设计制造技术、控制技术、系统集成技术和应用技术都取得显著成果。

图 1–16　工业机器人 SCARA

1.1.4　工业机器人的发展阶段及应用

工业机器人的发展及应用

1. 工业机器人的发展阶段

工业机器人发展经过了三个阶段：

第一代机器人，也叫示教再现型机器人，它是通过一个计算机来控制一个多自由度的机械，通过示教存储程序和信息，工作时把信息读取出来，然后发出指令，机器人可以重复的根据人当时示教的结果，再现出这种动作。这类机器人的特点是对外界的环境没有感知。

第二代机器人是低级智能机器人，或称感觉机器人。和第一代机器人相比，低级智能机器人具有一定的感觉系统，能获取外界环境和操作对象的简单信息，可对外界环境的变化做出简单的判断并相应调整自己的动作，以减少工作出错、产品报废。因此这类机器人又被称为自适应机器人。

第三代机器人，叫作智能机器人。它是机器人学中理想的所追求的最高阶段。它不但具有感知功能，还具有一定决策和规划能力。能根据人的命令或按照所处环境自行做出决策规划动作，即按任务编程。这类机器人目前尚处于实验室研究探索阶段。

2. 工业机器人的应用

1）搬运作用

工业机器人可以进行搬用。目前搬运是机器人的第一大应用领域，占机器人应用整体的4成左右。许多自动化生产线需要使用机器人进行上下料、搬运以及码垛等操作。近年来，随着协作机器人的兴起，搬运机器人的市场份额一直呈增长态势。

2）喷涂作用

这里的机器人喷涂主要指的是涂装、喷漆等工作，喷涂机器人已被广泛应用于汽车整车及其零部件、电子产品、家具的自动喷涂。未来，以喷涂机器人为重要代表的新型设备与新型涂料、新工艺相互促进、相互发展所引发的涂装技术变革，将会更好地服务于国民经济各个行业。

3）焊接作用

工业机器人在焊接领域内的应用，又可分为点焊和弧焊两类。它主要包括机器人和专业工艺焊接装备两部分。其中，机器人由机器人本体和控制柜（硬件及软件）组成；而焊接装备，以弧焊及电焊为例，则由焊接电源（包括其控制系统）、送丝机（弧焊）、焊枪（钳）等部分组成。

4）装配作用

装配机器人主要从事零部件的安装、拆卸以及修复等工作。这类机器人要有较高的位姿精度，手腕具有较大的柔性。

5）机械加工

机械加工机器人主要从事应用的领域包括零件铸造、激光切割以及水射流切割等。

任务巩固

一、选择题

1. 中国古代文献中记载的古代机器人有（　　）。

A. 偃师的跳舞“机器人”　　B. 鲁班的木鸟

C. 木牛流马　　D. 指南车

2. “机器人三定律”包括（　　）。

A. 不伤害定律：机器人不得伤害人类，也不得见人受到伤害而袖手旁观

B. 服从定律：机器人必须服从人的命令，但不得违反第一定律

C. 自保定律：机器人必须保护自己，但不得违反第一、二定律

3. 国际标准化组织（ISO）对机器人的定义涵盖（　　）。

A. 机器人的动作机构具有类似于人或其他生物体的某些器官（肢体、感受等）的功能

B. 机器人具有通用性，工作种类多样，动作程序灵活易变

C. 机器人具有不同程度的智能性，如记忆、感知、推理、决策、学习等

D. 机器人具有独立性，完整的机器人系统在工作中可以不依赖于人的干预

二、判断题

1.《列子·汤问》中记载，西周时期，能工巧匠偃师成功研制出了可以唱歌跳舞的“机器人”。这是我国最早记载的机器人。（　　）

2.“机器人”这一名词的创始人是捷克作家卡雷尔·恰佩克（Karel Capek）。（　　）

任务 1.2　工业机器人的操作安全※

1.2.1　安全操作规程

1. 安全操作环境

操作人员在操作工业机器人时，不仅要考虑工业机器人的安全，还要保证整个工业机器人系统的安全。在操作工业机器人时必须具备安全护栏及其他安全措施。错误操作可能会导致工业机器人系统的损坏，甚至造成操作人员和现场人员的伤亡。工业机器人不得在下列任何一种情况下使用：

（1）燃烧的环境。

（2）可能发生爆炸的环境。

（3）有无线电干扰的环境。

（4）水中或其他液体中。

（5）以运送人或动物为目的情况。

（6）操作人员攀爬在工业机器人上或悬吊于工业机器人下。

2. 操作注意事项

只有经过专门培训的人员才能操作工业机器人，操作人员在操作工业机器人时需要注意以下事项：

（1）禁止在工业机器人周围做出危险行为，接触工业机器人或周围机械有可能造成人身伤害。

（2）在工厂内，为了确保安全，必须注意“严禁烟火”“高压电”“危险”等标识。当电气设备起火时，应使用二氧化碳灭火器灭火，切勿使用水或泡沫灭火器灭火。

（3）为防止发生危险，操作人员在操作工业机器人时必须穿戴好工作服、安全鞋、安全帽等安全防护设备。

（4）安装工业机器人的场所除操作人员以外，其他人员不能靠近。

（5）接触工业机器人控制柜、操作盘、工件及其他夹具等，有可能造成人身伤害或者设备损坏。

（6）禁止强制扳动工业机器人、悬吊于工业机器人下、攀爬在工业机器人上，以免造成人身伤害或者设备损坏。

（7）禁止倚靠在工业机器人或其他控制柜上，不要随意按动开关或者按钮，否则会造成人身伤害或者设备损坏。

（8）工业机器人处于通电状态时，禁止未经过专门培训的人接触工业机器人控制柜和示教器，否则错误操作会导致人身伤害或者设备损坏。

1.2.2 安全防范措施

操作人员在作业区工作时，为了确保操作人员及设备安全。需要执行下列安全防范的措施：

（1）在工业机器人周围设置安全护栏，防止操作人员与已通电的工业机器人发生意外的接触。在安全护栏的入口处张贴“远离作业区”的警示牌。安全护栏的门必须安装安全可靠的安全锁链。

（2）工具应该放在安全护栏外的合适区域。若由于操作人员疏忽把工具放在夹具上，与工业机器人接触则有可能造成工业机器人或夹具的损坏。

（3）当向工业机器人上安装工具时，务必先切断控制柜及所装工具的电源并锁住其电源开关，同时在电源开关处挂一个警示牌。

示教工业机器人前必须先检查工业机器人在运动方面是否有问题，以及外部电缆绝缘保护罩是否有损坏，如果发现问题，则应立即纠正，并确定其他所有必须做的工作均已完成。示教器使用完毕后，务必挂回原来的位置。如果示教器遗留在工业机器人、系统夹具或地面上，则工业机器人或安装在工业机器人上的工具将会碰撞到它，从而可能造成人身伤害或者设备损坏。当遇到紧急情况，需要停止工业机器人时，请按下示教器、控制器或控制面板上的急停按钮。

1.2.3 安全标识

安全标识是指使用招牌、颜色、照明标识、声信号等方式表明存在的信息或指示危险。

工业机器人系统上的标识（所有铭牌、说明、图标和标记）都与工业机器人系统的安全有关，不允许更改或去除。

（1）危险标识如图 1–17 所示。

（2）转动危险标识如图 1–18 所示。

图 1–17 危险标识

图 1–18 转动危险标识

（3）叶轮危险标识如图 1–19 所示。

（4）螺旋危险标识如图 1–20 所示。

（5）旋转轴危险标识如图 1–21 所示。

（6）卷入危险标识如图 1–22 所示。

（7）夹点危险标识如图 1–23 所示。

（8）伤手危险标识如图 1–24 所示。

图 1-19　叶轮危险标识

图 1-20　螺旋危险标识

ROTATING SHAFT
HAZARD
警告:旋转轴危险
保持远离,禁止触摸

图 1-21　旋转轴危险标识

图 1-22　卷入危险标识

图 1-23　夹点危险标识

图 1-24　伤手危险标识

（9）移动部件危险标识如图 1-25 所示。

（10）旋转装置危险标识如图 1-26 所示。

图 1-25　移动部件危险标识

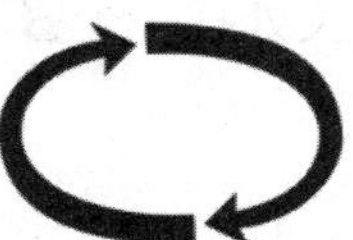

图 1-26　旋转装置危险标识

（11）加注机油标识如图 1-27 所示。

（12）加注润滑油标识如图 1-28 所示。

图 1-27　加注机油标识

图 1-28　加注润滑油标识

（13）加注润滑脂标识如图 1-29 所示。

（14）禁止拆解警告如图 1-30 所示。

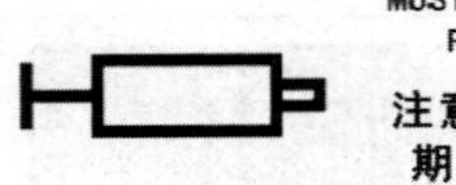
MUST BE LUBRICATED
PERIODICALLY
注意：按要求定
期加注润滑脂

图 1-29　加注润滑脂标识

图 1-30　禁止拆解警告

（15）禁止踩踏警告如图 1-31 所示。

（16）防烫伤标识如图 1-32 所示。

图 1-31　禁止踩踏警告

注意高温
Warning hot surface

图 1-32　防烫伤标识

任务巩固

一、判断题

1. 只有经过专门培训的人员才能操作工业机器人。（　　）

2. 工业机器人处于通电状态时，禁止未经过专门培训的人接触工业机器人控制柜和示教器，否则错误操作会导致人身伤害或者设备损坏。（　　）

3. 当向工业机器人上安装工具时，务必先切断控制柜及所装工具的电源并锁住其电源开关，同时在电源开关处挂一个警示牌。（　　）

习题

一、选择题

1. 更换工业机器人手部末端操作器（手爪、工具等）便可执行不同的作业任务，这指的是它的哪种特点？（　　）

A. 可编程　　B. 通用性　　C. 拟人性

2. 工业机器人在机械结构上有类似人的行走、腰转、大臂、小臂、手腕、手爪等部分，在控制上有控制器，这指的是它的哪种特点？（　　）

A. 可编程　　B. 通用性　　C. 拟人性

3. ABB 机器人总部位于哪个国家？（　　）

A. 美国　　B. 瑞士　　C. 中国　　D. 日本

二、判断题

1. 智能机器人的特点是对外界的环境没有感知。（　　）

2. 示教再现机器人是机器人学中理想的所追求的最高阶段。（　　）

任务清单

<table>
<tr><td>姓名</td><td></td><td>工作名称</td><td colspan="2">走进工业机器人</td></tr>
<tr><td>班级</td><td></td><td>小组成员</td><td colspan="2"></td></tr>
<tr><td>指导教师</td><td></td><td>分工内容</td><td colspan="2"></td></tr>
<tr><td>计划用时</td><td></td><td>实施地点</td><td colspan="2"></td></tr>
<tr><td>完成日期</td><td colspan="2"></td><td>备注</td><td></td></tr>
<tr><td colspan="5">工作准备</td></tr>
<tr><td colspan="3">资料</td><td>工具</td><td>设备</td></tr>
<tr><td colspan="3"></td><td></td><td></td></tr>
<tr><td colspan="5">工作内容与实施</td></tr>
<tr><td colspan="2">1. 简述“机器人三定律”</td><td colspan="3"></td></tr>
<tr><td colspan="2">2. 简述工业机器人的定义</td><td colspan="3"></td></tr>
<tr><td colspan="2">3. 简述工业机器人的应用</td><td colspan="3"></td></tr>
<tr><td colspan="2">4. 检查工业机器人的操作环境是否安全</td><td colspan="3"></td></tr>
<tr><td colspan="2">5. 识读工业机器人系统上的安全标识</td><td colspan="3"></td></tr>
</table>

工作评价

项目	评价内容				
	完成的质量（60分）	技能提升能力（20分）	知识掌握能力（10分）	团队合作（10分）	备注
自我评价					
小组评价					
教师评价					

1. 自我评价

班级：　　　　　　姓名：　　　　　　工作名称：

自我评价表

序号	评价项目		是	否
1	是否明确人员的职责			
2	能否按时完成工作任务的准备部分			
3	工作着装是否规范			
4	是否主动参与工作现场的清洁和整理工作			
5	是否主动帮助同学			
6	是否了解机器人的由来、应用及发展趋势			
7	是否掌握工业机器人的定义			
8	是否掌握工业机器人安全操作规程			
9	是否熟悉现场安全防范措施			
10	是否熟悉工业机器人安全标识			
11	是否执行 5S 标准			
评价人		分数	时间	年　月　日

2. 小组评价

小组评价表

序号	评价项目	评价情况
1	与其他同学的沟通是否顺畅	
2	是否尊重他人	
3	工作态度是否积极主动	

续表

序号	评价项目	评价情况
4	是否服从教师安排	
5	着装是否符合标准	
6	能否正确地理解他人提出的问题	
7	能否按照安全和规范的规程操作	
8	能否保持工作环境的干净整洁	
9	是否遵守工作场所的规章制度	
10	是否有工作岗位的责任心	
11	是否全勤	
12	是否能正确对待肯定和否定的意见	
13	团队工作中的表现如何	
14	是否达到任务目标	
15	存在的问题和建议	

3. 教师评价表

教师评价表

课程	工业机器人现场编程	任务名称	走进工业机器人世界	完成地点	
姓名		小组成员			
序号	项目		分值		
1	正确掌握工业机器人的操作规程		25		
2	判断工业机器人周边电源、物理等环境安全		25		
3	根据工业机器人潜在危险采取避免措施		25		
4	识读工业机器人系统上的安全标识		25		

项目二

工业机器人的启动和关闭

项目导入

工业机器人一般由主体、驱动系统和控制系统三个基本部分组成，如图 2-1 所示。主体即基座和执行机构，包括臂部、腕部和手部，有的机器人还有行走机构。大多数工业机器人有 3～6 个运动自由度，其中腕部通常有 1～3 个运动自由度。驱动系统包括动力装置和传动机构，用以使执行机构产生相应的动作。控制系统按照输入的程序对驱动系统和执行机构发出指令信号，并进行控制。本项目中将介绍工业机器人的启动和关闭，掌握如何启动工业机器人是我们操控工业机器人的第一步。

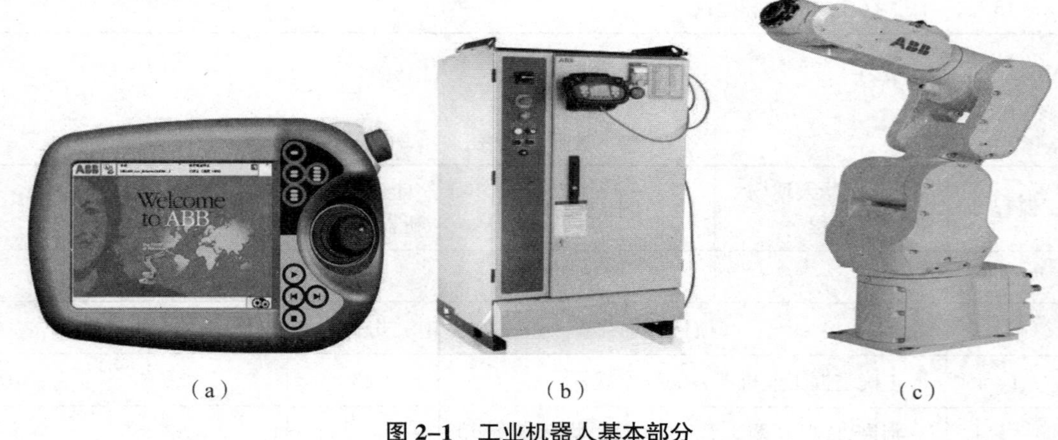

（a）　　（b）　　（c）

图 2-1　工业机器人基本部分

（a）示教器；（b）控制柜；（c）主体

项目目标

★*知识目标*

了解工业机器人的组成。

掌握工业机器人的规格参数及安全操作区域。

掌握工业机器人开关机的操作方法。

认识工业机器人控制柜及示教器结构，了解其安全操作方法。

★**能力目标**

能遵守通用安全规范实施工业机器人作业（工业机器人职业技能等级证书考核要点）。
能识别工业机器人开关机的安全状态（工业机器人职业技能等级证书考核要点）。
能识别工业机器人示教操作的安全状态（工业机器人职业技能等级证书考核要点）。
能遵循规范进行安全操作与维护（工业机器人职业技能等级证书考核要点）。

★**素质目标**

通过本项目的训练，教育引导学生深刻理解并自觉实践工业机器人行业的职业精神和职业规范，增强职业责任感，培养遵纪守法、吃苦耐劳、团结合作、严谨细致的职业品格和行为习惯，提高学生在实践中发现问题和创造性解决问题的能力。

项目分解

任务 2.1　启动工业机器人
任务 2.2　关闭工业机器人

任务 2.1　启动工业机器人※

2.1.1　工业机器人的组成

工业机器人的典型结构

工业机器人主要由工业机器人本体、控制柜、连接线缆和示教器等组成，如图 2–2 所示。示教器通过示教器线缆与机器人控制柜连接，工业机器人本体通过动力线缆和控制线缆与机器人控制柜连接，机器人控制柜通过电源线缆与外部电源连接获取供电。

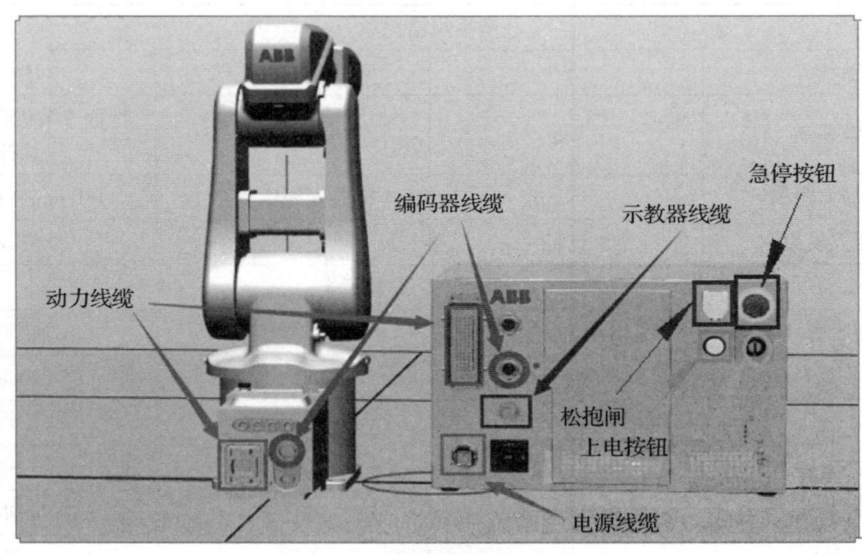

图 2–2　工业机器人的组成

工业机器人的安全注意事项

2.1.2 工业机器人的规格参数与安全操作区域

IRB120 型工业机器人（以下简称机器人）如图 2–3 所示。机器人结构设计紧凑，易于集成，可以布置在机器人的工作站内部、机械设备上方或生产线上其他机器人的周边，主要应用在物流搬运、装配等工作。

提示：本书以 IRB120 型工业机器人为例介绍工业机器人操作与编程，书中机器人不做特殊说明的情况下均指 IRB120 型工业机器人。

机器人的工作范围如图 2–4 所示，工作半径达 580 mm，底座下方拾取距离为 112 mm。机器人的规格参数如表 2–1 所示。

图 2–3 IRB 120 型工业机器人

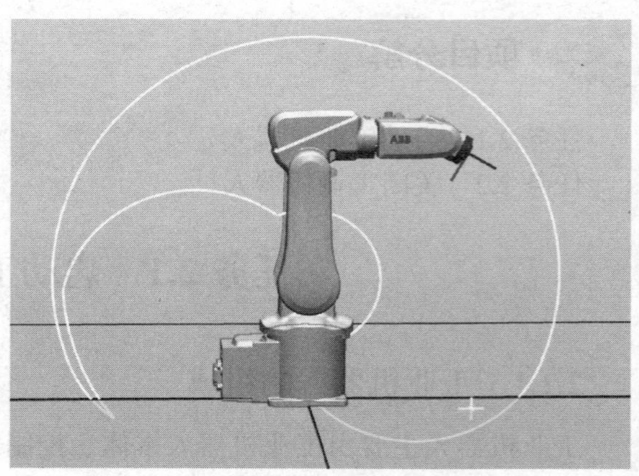

图 2–4 机器人的工作范围

表 2–1 机器人的规格参数

基本规格参数			
轴数	6	防护等级	IP30
有效载荷	3 kg	安装方式	地面安装 / 墙壁安装 / 悬挂
到达最大距离	0.58 m	机器人底座规格	180 mm × 180 mm
机器人质量	25 kg	重定位精度	0.01 mm
运动范围及速度			
轴序号	动作范围	最大速度	轴序号
1 轴	+165° ~ −165°	250 ° /s	1 轴
2 轴	+110° ~ −110°	250 ° /s	2 轴
3 轴	+70° ~ −90°	250 ° /s	3 轴
4 轴	+160° ~ −160°	360 ° /s	4 轴
5 轴	+120° ~ −120°	360 ° /s	5 轴
6 轴	+400° ~ −400°	420 ° /s	6 轴

提示： 由机器人的工作范围可知，在机器人工作过程中，半径为 580 mm 的范围内均为机器人可能达到的范围。因此在机器人工作时，所有人员应在此范围以外不得进入，以免发生危险！

2.1.3　工业机器人控制柜的操作面板

控制柜基本结构和功能

在工业机器人中，控制柜是很重要的设备，用于安装各种控制单元，进行数据处理及存储和执行程序，是机器人的大脑。机器人控制柜的操作面板如图 2–5 所示，下面介绍面板上按钮和开关的功能。

（1）电源开关：旋转此开关可以实现机器人系统的开启和关闭。

（2）模式开关：旋转此开关可切换机器人手动/自动运行模式。

（3）紧急停止按钮：按下此按钮可立即停止机器人的动作，此按钮的控制操作优先于机器人任何其他的控制操作。

提示： 按下紧急停止按钮会断开机器人电动机的驱动电源，停止所有运转部件，并切断机器人系统控制且存在潜在危险的功能部件的电源。机器人运行时，如果工作区域内有工作人员，或者机器人伤害了工作人员，损伤了机器设备，需要立即按下紧急停止按钮。

（4）松开抱闸按钮：解除电动机抱死状态，机器人姿态可以随意改变（详见 4.4.6）。

提示： 此按钮非必要情况下，不要轻易按压，否则容易造成碰撞。

（5）电机上电按钮：按下此按钮，机器人电动机上电，处于开启的状态。

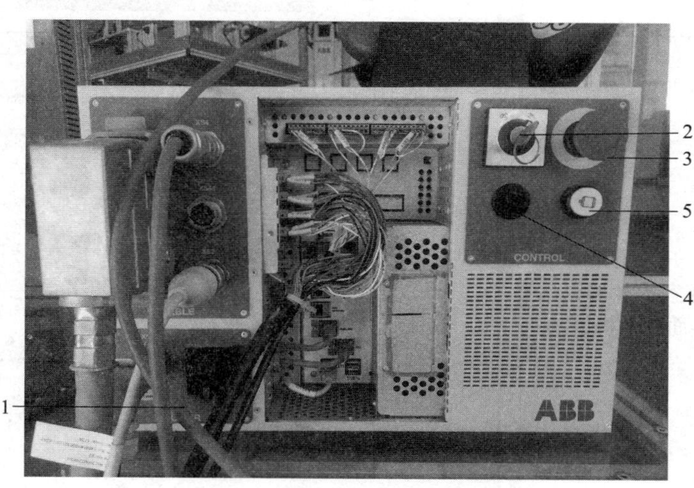

图 2–5　机器人控制柜的操作面板

1—电源开关；2—模式开关；3—紧急停止按钮；
4—松开抱闸按钮；5—电机上电按钮

控制柜和工业机器人本体的连接和启动工业机器人

2.1.4　任务实施——启动工业机器人

1. 任务要求

通过操作控制柜按钮启动工业机器人系统，使示教器显示开机界面。

2. 任务实操

序号	操作步骤	示意图
1	将电源线缆与外部电源接通	
2	按照图示将机器人电源开关由OFF旋转至ON的位置	
3	机器人开始启动，等待片刻观察示教器，出现图示界面则开机成功	

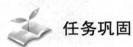

任务巩固

一、填空题

工业机器人主要由（　　　　）、（　　　　）、（　　　　）和（　　　　）组成。

二、判断题

1．机器人的工作半径达 580 m。（　　）

2．松开抱闸按钮可以实现机器人姿态的调整。（　　）

任务 2.2　关闭机器人※

2.2.1　示教器的结构及操作界面

示教器的结构及操作界面

1．示教器的结构

在机器人的使用过程中，为了方便地控制机器人，并对机器人现场编程调试，机器人厂商一般都会配有自己品牌的手持式编程器，作为用户与机器人之间的人机对话工具。机器人手持式编程器常被称为示教器。示教器的结构如图 2–6 所示，下面介绍各组成部分的功能。

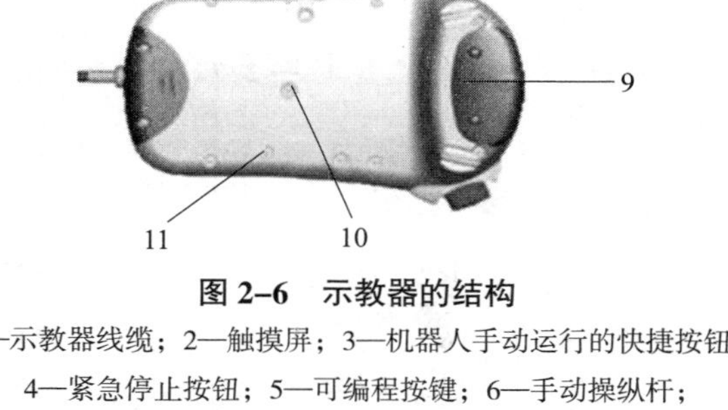

图 2–6　示教器的结构

1—示教器线缆；2—触摸屏；3—机器人手动运行的快捷按钮；4—紧急停止按钮；5—可编程按键；6—手动操纵杆；7—程序调试控制按钮；8—数据备份用 USB 接口；9—使能器按钮；10—示教器复位按钮；11—触摸屏用笔

（1）示教器线缆：与机器人控制柜连接，实现机器人动作控制。

（2）触摸屏：示教器的操作界面显示屏。

（3）机器人手动运行的快捷按钮：机器人手动运行时，运动模式的快速切换按钮（具体使用方法见 4.2.4）。

（4）紧急停止按钮：此按钮功能与控制柜的紧急停止按钮功能相同。

（5）可编程按键：该按键功能可根据需要自行配置，常用于配置数字量信号切换的快捷键（具体使用方法见 5.2.7），不配置功能的情况下该按键无功能，按键按下没有任何效果。

（6）手动操纵杆：在机器人手动运行模式下，拨动操纵杆可操纵机器人运动。

（7）程序调试控制按钮：可控制程序单步 / 连续调试，以及程序调试的开始和停止（具体使用方法见 6.2.2）。

（8）数据备份用 USB 接口：用于外接 U 盘等存储设备，传输机器人备份数据。

提示：在没有连接 USB 存储设备时，需要盖上 USB 接口的保护盖，如果接口暴露到灰尘中，机器人可能会发生中断或故障。

（9）使能器按钮：机器人手动运行时，按下使能器按钮并保持在电动机上电开启的状态，才可对机器人进行手动的操纵与程序的调试（具体使用方法见 2.2.2）。

（10）示教器复位按钮：使用此按钮可以解决示教器死机或是示教器本身硬件引起的其他异常情况。

（11）触摸屏用笔：操作触摸屏的工具。

提示：触摸屏只可以用触摸笔或手指指尖进行操作，其他工具（如写字笔的笔尖、螺丝刀尖部等）都不能操作触摸屏，否则会使触摸屏损坏。

2. 示教器的主菜单操作界面

机器人开机后的示教器默认界面如图 2–7 所示，单击左上角标出的主菜单按钮，示教器界面切换为主菜单操作界面，如图 2–8 所示。

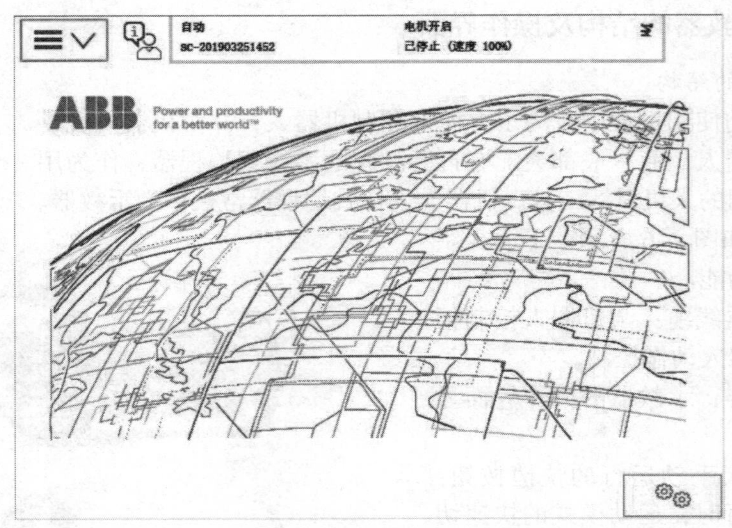

图 2–7　机器人开机后的示教器默认界面

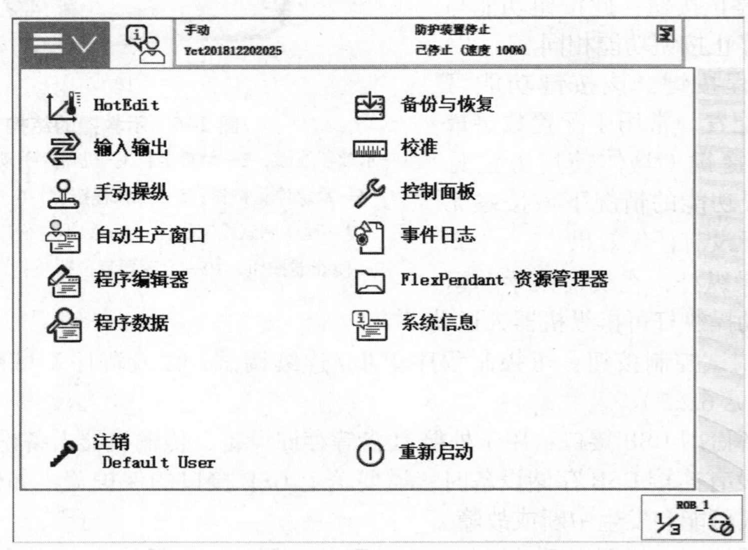

图 2–8　主菜单操作界面

操作界面比较常用的选项包括输入输出、手动操纵、程序编辑器、程序数据、校准和控制面板，操作界面各选项功能说明如表 2–2 所示。

表 2-2　操作界面各选项功能说明

选项名称	说明
HotEdit	程序模块下轨迹点位置的补偿设置窗口
输入输出	设置及查看 I/O 视图窗口
手动操纵	动作模式设置，坐标系选择，操纵杆锁定及载荷属性的更改窗口，也可显示实际位置
自动生产窗口	在自动模式下可直接调试程序并运行
程序编辑器	建立程序模块及例行程序的窗口
程序数据	选择编程时所需程序数据的窗口
备份与恢复	可备份和恢复系统
校准	进行转数计数器和电动机校准的窗口
控制面板	进行示教器的相关设定
事件日志	查看系统出现的各种提示信息
FlexPendant 资源管理器	查看当前系统的系统文件
系统信息	查看控制柜及当前系统的相关信息
注销	注销用户，可进行用户的切换
重新启动	机器人的关机和重启窗口

2.2.2　示教器的安全使用方法

示教器的安全使用方法和关闭工业机器人

1. 手持示教器的正确姿势

手持示教器的正确方法为左手握示教器，四指穿过示教器绑带，松弛地按在使能器按钮上，如图 2-9 所示，右手进行屏幕和按钮的操作。

图 2-9　手持示教器的正确姿势

2. 使能器按钮的使用方法

使能器按钮是工业机器人为保证操作人员人身安全而设置的。当发生危险时，人会本能地将使能器按钮松开或抓紧，因此使能器按钮设置为两挡。轻松按下使能器按钮时为使能器第一挡位，机器人将处于电动机上电开启状态，示教器界面显示如图 2–10 所示；用力按下使能器时为使能器第二挡位，机器人处于电动机断电的防护状态，示教器界面显示如图 2–11 所示，机器人会马上停下来，保证安全。

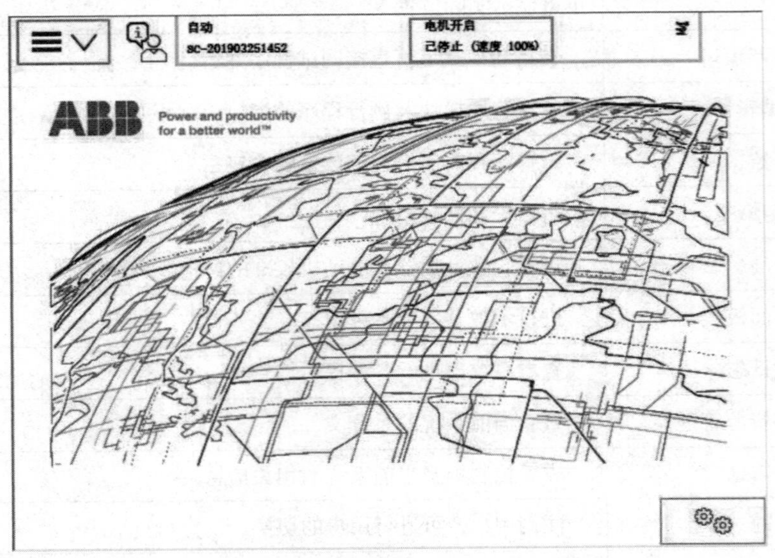

图 2–10　按下使能器按钮第一挡位后电动机状态显示

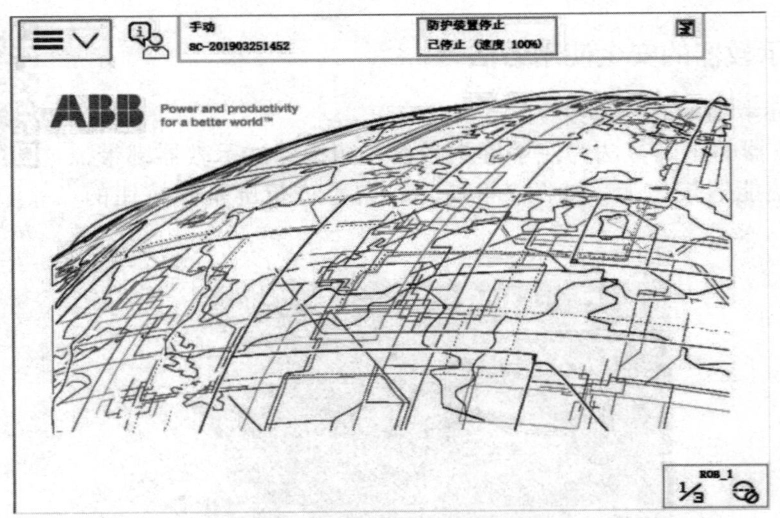

图 2–11　按下使能器按钮第二挡位后电动机状态显示

正常使用机器人时只需在正确手持示教器的前提下，轻松按下使能器按钮即可，如图 2–12 所示。

图 2–12　使能器按钮的正常使用方法

2.2.3　任务实施——关闭工业机器人

1. 任务要求

通过操作示教器界面和控制柜关闭机器人系统。

2. 任务实施

序号	操作步骤	示意图
1	工业机器人末端加装有快换工具，需在关机前先将末端工具取下	
2	按照图示，单击示教器界面左上角的“主菜单”按钮，然后单击“重新启动”按钮	

续表

序号	操作步骤	示意图
3	示教器弹出图示界面，单击左下角的“高级...”按钮	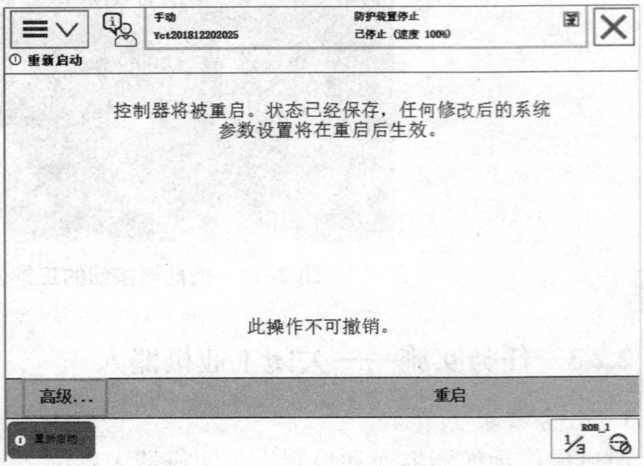 手动 Yct201812202025 防护装置停止 已停止（速度 100%） 重新启动 控制器将被重启。状态已经保存，任何修改后的系统参数设置将在重启后生效。 此操作不可撤销。 高级...　重启
4	在弹出的图示“高级重启”界面中，选择“关闭主计算机”选项，然后单击“下一个”按钮，再次选择“关闭主计算机”选项	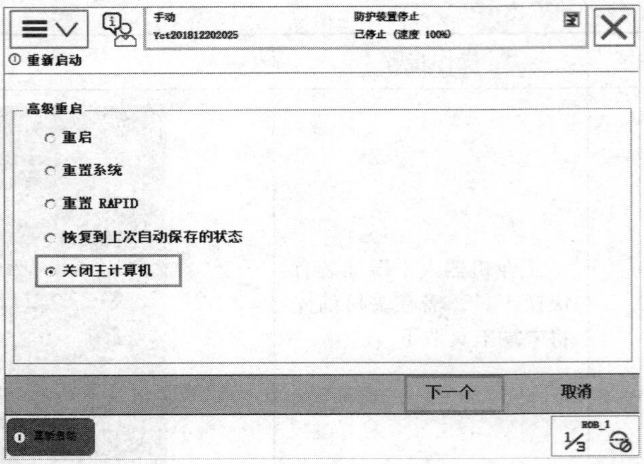 手动 Yct201812202025 防护装置停止 已停止（速度 100%） 重新启动 高级重启 重启 重置系统 重置 RAPID 恢复到上次自动保存的状态 关闭主计算机 下一个　取消
5	待示教器屏幕显示“controller has shut down”后，将控制柜电源开关由ON旋转至OFF的位置，如图所示。至此，工业机器人彻底关闭	 ABLE POWER

任务巩固

一、判断题

1．示教器复位按钮可以使机器人复位。（　　）

2．使能器按钮设置为两挡，可以有效地保护操作人员的安全。（　　）

二、填空题

操作界面常用的选项包括（　　　　）、（　　　　）、（　　　　）、（　　　　）、（　　　　）和（　　　　）。

习题

1．工业机器人由哪几部分组成？

2．控制柜有几个按钮，分别有什么功能？

3．示教器的主要组成部分以及正确的手持方法是什么？

任务清单

<table>
<tr><td>姓名</td><td></td><td>工作名称</td><td colspan="2">工业机器人的启动和关闭</td></tr>
<tr><td>班级</td><td></td><td>小组成员</td><td colspan="2"></td></tr>
<tr><td>指导教师</td><td></td><td>分工内容</td><td colspan="2"></td></tr>
<tr><td>计划用时</td><td></td><td>实施地点</td><td colspan="2"></td></tr>
<tr><td>完成日期</td><td colspan="2"></td><td>备注</td><td></td></tr>
<tr><td colspan="5">工作准备</td></tr>
<tr><td colspan="3">资料</td><td>工具</td><td>设备</td></tr>
<tr><td colspan="3"></td><td></td><td></td></tr>
<tr><td colspan="5">工作内容与实施</td></tr>
<tr><td colspan="2">1. 简述工业机器人的组成</td><td colspan="3"></td></tr>
<tr><td colspan="2">2. 简述工业机器人的规格参数与安全操作区域</td><td colspan="3"></td></tr>
<tr><td colspan="2">3. 简述工业机器人控制柜的基本结构和功能</td><td colspan="3"></td></tr>
<tr><td colspan="2">4. 启动工业机器人</td><td colspan="3"></td></tr>
<tr><td colspan="2">5. 关闭工业机器人</td><td colspan="3"></td></tr>
</table>

工作评价

项目	评价内容				
	完成的质量（60分）	技能提升能力（20分）	知识掌握能力（10分）	团队合作（10分）	备注
自我评价					
小组评价					
教师评价					

1. 自我评价

班级：　　　　　　　　姓名：　　　　　　　　工作名称：

自我评价表

序号	评价项目			是	否
1	是否明确人员的职责				
2	能否按时完成工作任务的准备部分				
3	工作着装是否规范				
4	是否主动参与工作现场的清洁和整理工作				
5	是否主动帮助同学				
6	是否了解工业机器人的组成				
7	是否掌握工业机器人的规格参数及安全操作区域				
8	是否掌握工业机器人开关机的操作方法				
9	是否执行5S标准				
评价人		分数		时间	年　月　日

2. 小组评价

小组评价表

序号	评价项目	评价情况
1	与其他同学的沟通是否顺畅	
2	是否尊重他人	
3	工作态度是否积极主动	
4	是否服从教师安排	
5	着装是否符合标准	

续表

序号	评价项目	评价情况
6	能否正确地理解他人提出的问题	
7	能否按照安全和规范的规程操作	
8	能否保持工作环境的干净整洁	
9	是否遵守工作场所的规章制度	
10	是否有工作岗位的责任心	
11	是否全勤	
12	是否能正确对待肯定和否定的意见	
13	团队工作中的表现如何	
14	是否达到任务目标	
15	存在的问题和建议	

3. 教师评价表

教师评价表

课程	工业机器人现场编程	任务名称	工业机器人的启动和关闭	完成地点	
姓名		小组成员			
序号	项目		分值		
1	启动工业机器人		50		
2	关闭工业机器人		50		

项目三

示教器操作环境的基本配置

项目导入

示教器在工业机器人中是必不可少的一部分，也是在日常编程与操作中不可或缺的部件，如图 3–1 所示。在项目二中介绍了示教器的结构及操作界面，接下来的项目三中，将介绍如何配置示教器的操作环境。

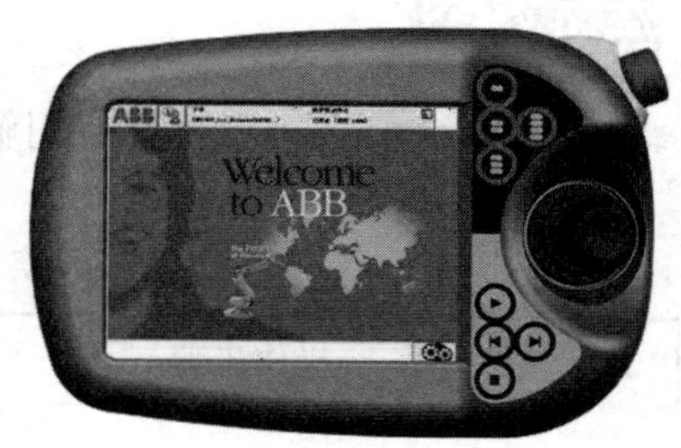

图 3–1　工业机器人示教器

项目目标

★知识目标

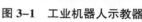

了解配置示教器的操作环境（工业机器人职业技能等级证书考核要点）。

掌握查看工业机器人的常用信息的方法（工业机器人职业技能等级证书考核要点）。

掌握示教器上机器人的常用信息和事件日志的查看方法（工业机器人职业技能等级证书考核要点）。

★能力目标

能够使用示教器完成显示语言的设置（工业机器人职业技能等级证书考核要点）。

能够使用示教器完成系统时间的设置（工业机器人职业技能等级证书考核要点）。

能够查看示教器常用信息和事件日志，确认工业机器人当前状态（工业机器人职业技能等级证书考核要点）。

★素质目标

通过本项目的训练，教育并引导学生形成严谨认真、注重实践的工作态度，在配置机器人系统参数的过程中让学生养成安全操作、安全生产的思维习惯，在动手实践中培养学生正确劳动价值观和良好劳动品质。

项目分解

任务 3.1　配置示教器的操作环境

任务 3.2　查看工业机器人的常用信息

任务 3.1　配置示教器的操作环境※

由于示教器出厂时，默认的显示语言为英语，将示教器的显示语言设定为中文，既方便又能满足日常操作的需求。在进行各种操作之前先将机器人的系统时间设定为本地时区的时间，方便进行文件的管理和故障查阅。

提示：使用示教器进行的所有参数设置和基础操作，都需在手动运行模式下进行，否则会出现“无法操作”的提示。

设置示教器操作界面的显示语言系统时间

3.1.1　任务实施——设置示教器操作界面的显示语言

1. 任务要求

通过使用触摸屏用笔，在示教器上完成示教器操作界面显示语言的设置。

2. 任务实操

序号	操作步骤	示意图
1	在手动运行模式下，单击示教器主界面左上角“主菜单”按钮，如图所示	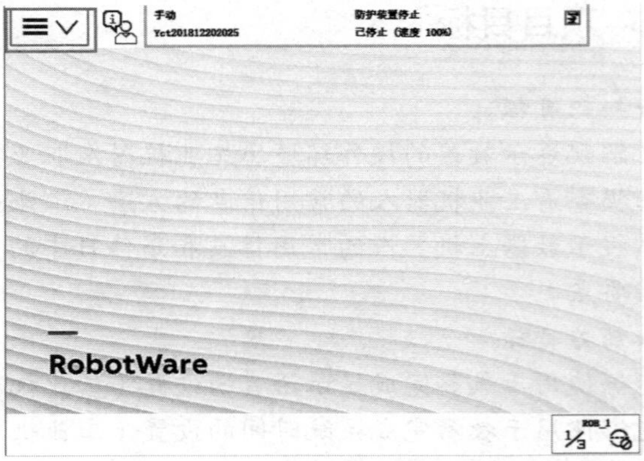 手动 Yct201812202025 防护装置停止 已停止（速度 100%） RobotWare ROB_1 1/3
2	在“主菜单”界面，单击“Control Panel”选项，如图所示	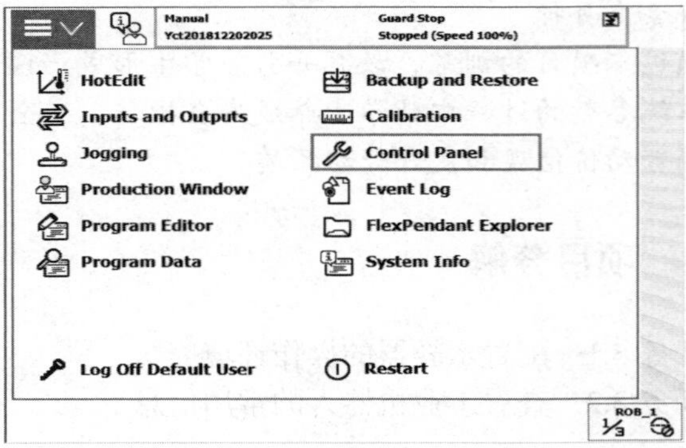 Manual Yct201812202025 Guard Stop Stopped (Speed 100%) HotEdit Backup and Restore Inputs and Outputs Calibration Jogging Control Panel Production Window Event Log Program Editor FlexPendant Explorer Program Data System Info Log Off Default User Restart ROB_1 1/3

续表

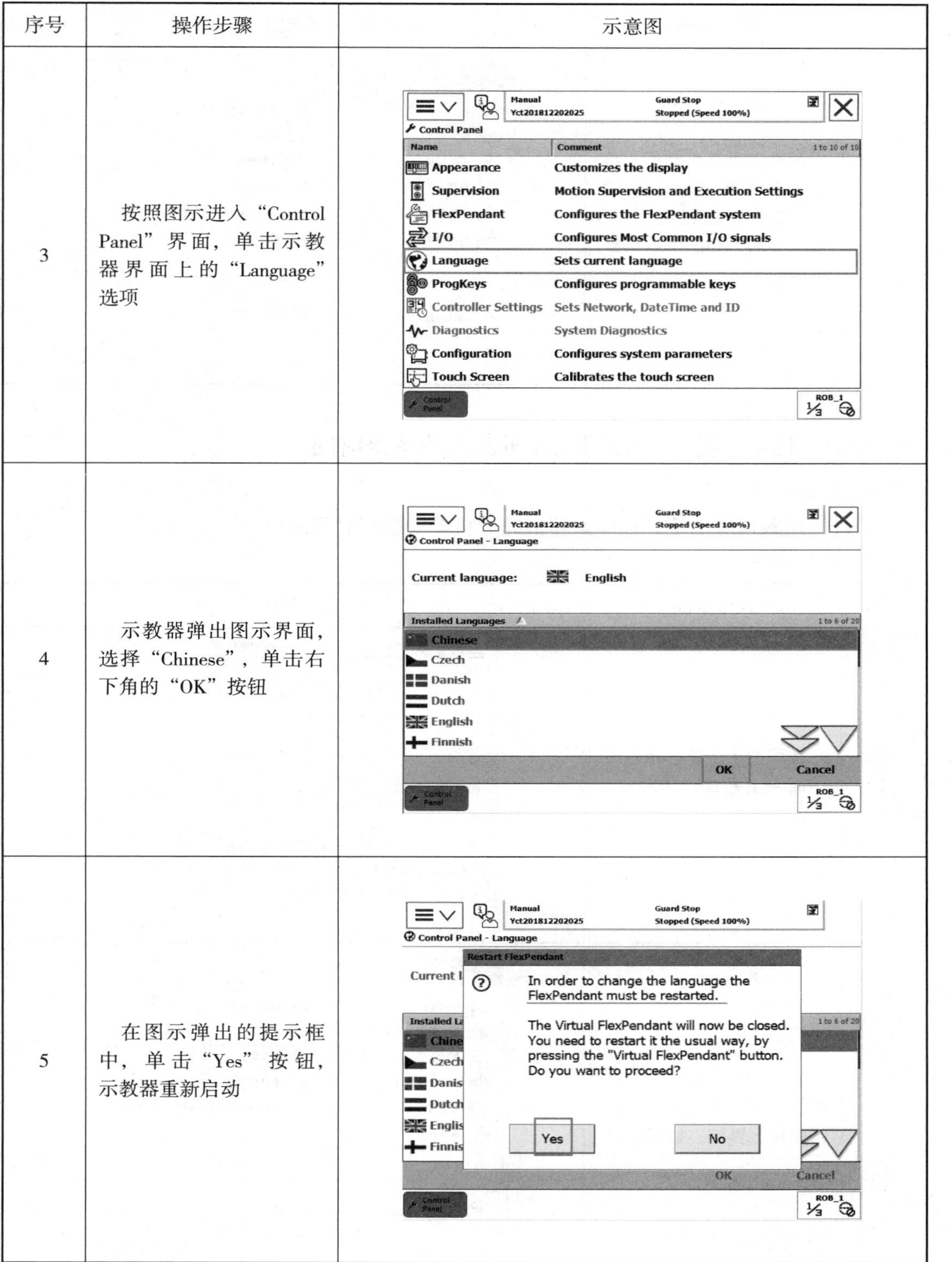

序号	操作步骤	示意图
3	按照图示进入“Control Panel”界面，单击示教器界面上的“Language”选项	
4	示教器弹出图示界面，选择“Chinese”，单击右下角的“OK”按钮	
5	在图示弹出的提示框中，单击“Yes”按钮，示教器重新启动	

续表

序号	操作步骤	示意图
6	示教器重新启动后，单击示教器界面左上角的“主菜单”按钮，“主菜单”界面（如图所示）显示为中文	手动 Yct201812202025 防护装置停止 已停止（速度 100%） HotEdit 输入输出 手动操纵 自动生产窗口 程序编辑器 程序数据 注销 Default User 备份与恢复 校准 控制面板 事件日志 FlexPendant 资源管理器 系统信息 重新启动

3.1.2 任务实施——设置工业机器人的系统时间

1. 任务要求

通过使用触摸屏用笔，在示教器上完成机器人系统时间的设置。

2. 任务实操

序号	操作步骤	示意图
1	按照图示，单击示教器界面左上角的“主菜单”按钮	
2	在界面中找到“控制面板”选项，单击进入“控制面板”界面，如图所示	

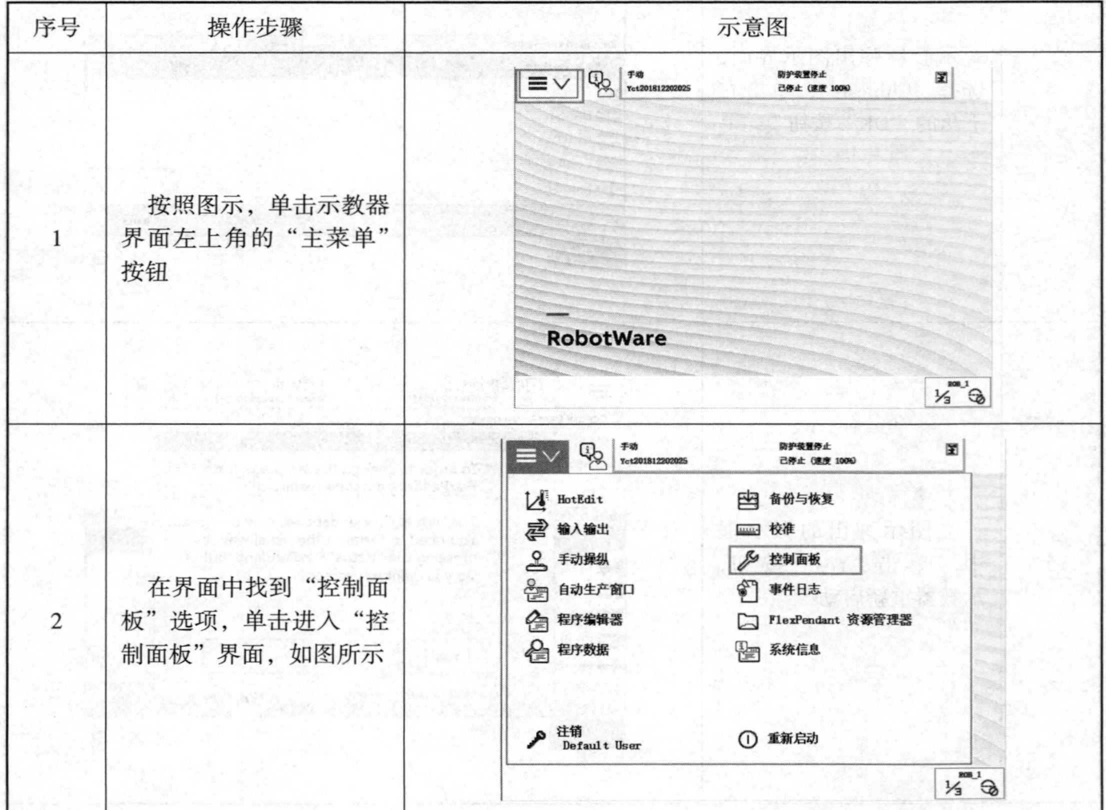

续表

序号	操作步骤	示意图
3	在“控制面板”界面中选择“日期和时间”，进行日期和时间的修改	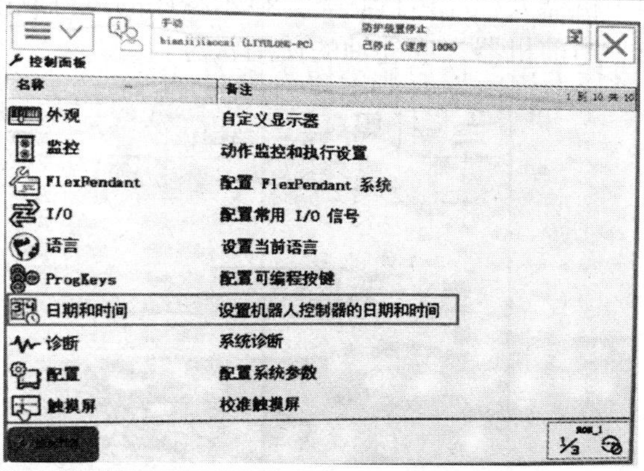
4	单击“日期和时间”选项，进入“控制面板－日期和时间”界面进行设置	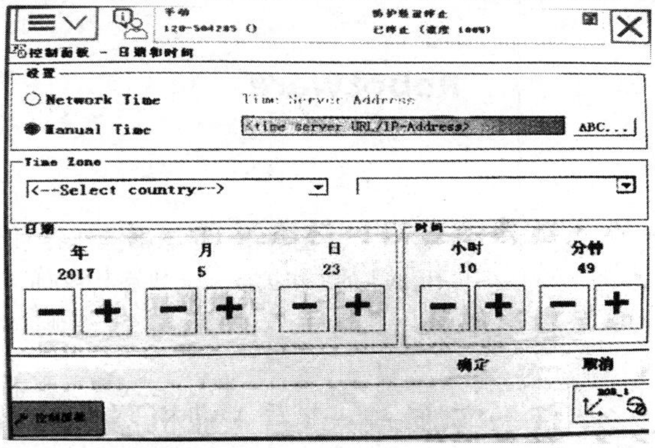

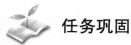

任务巩固

1．示教器共有多少种语言？
2．工业机器人如何选择合适的地域和时区，完成系统时间的设置？
3．工业机器人的环境配置是进入到主菜单界面的哪个选项进行设置的？

任务 3.2　查看工业机器人的常用信息※

3.2.1　工业机器人工作状态的显示

工业机器人工作状态的显示和查看工业机器人的事件日志

示教器界面上的状态栏（图 3–2）显示机器人工作状态的信息，在操作过程中可以通过查看这些信息了解机器人当前所处的状态以及存在的一些问题。常用信息如下：

（1）机器人的运行模式，会显示有手动、自动两种状态。

（2）机器人系统信息。

（3）机器人电动机状态，按下使能键第一挡会显示电动机开启，松开或按下第二挡会显示防护装置停止。

（4）机器人程序运行状态，显示程序的运行或停止。

（5）当前机器人或外轴的使用状态。

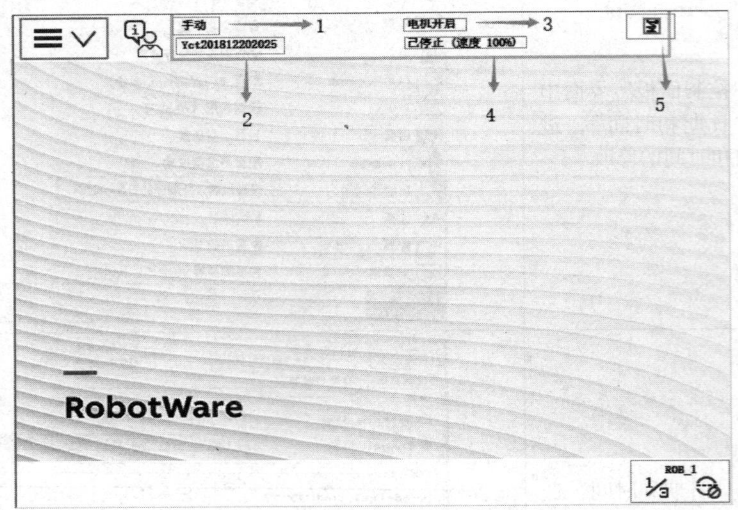

图 3–2　示教器操作界面上的状态栏

1—机器人的工作状态；2—机器人系统信息；3—机器人电动机状态；
4—机器人运行程序状态；5—当前机器人或外轴的使用状态

3.2.2　任务实施——查看工业机器人的事件日志

1. 任务要求

通过使用触摸屏用笔，在示教器上查看机器人的常用信息和事件日志。

2. 任务实操

序号	操作步骤	示意图
1	按照图示，单击示教器界面上方的“状态栏”	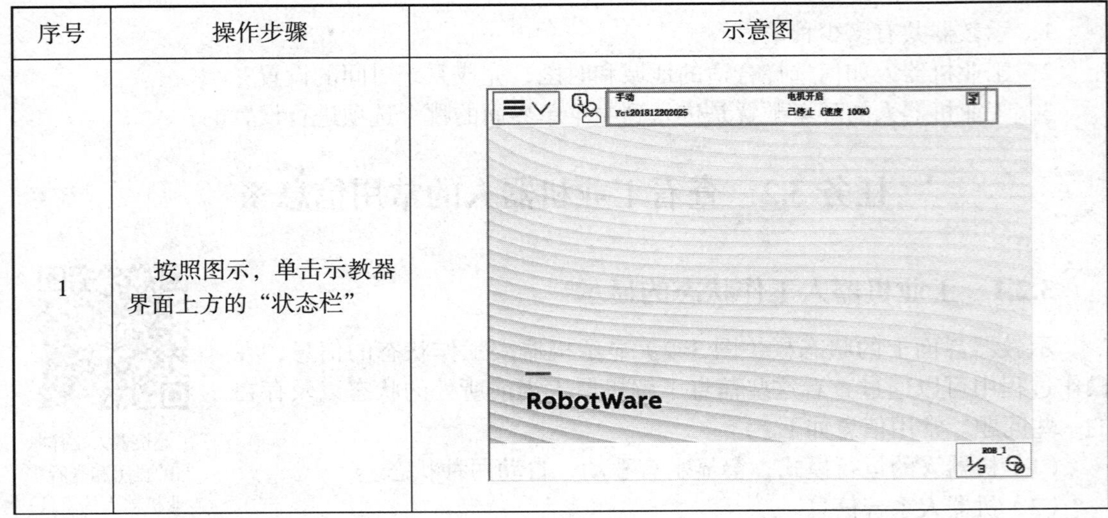

续表

序号	操作步骤	示意图
2	单击“状态栏”之后即可进入到“事件日志—公用”界面，该界面会显示出机器人运行的事件记录，包括时间、日期等，为分析相关事件和问题提供准确的信息，如图所示	手动 电机开启 已停止（速度 100%） 事件日志 - 公用 点击一个消息便可打开。 代码 标题 日期和时间 10011 电机上电(ON)状态 2019-04-18 15:15:04 10010 电机下电（OFF）状态 2019-04-18 15:15:04 10015 已选择手动模式 2019-04-18 10:12:47 10012 安全防护停止状态 2019-04-18 10:12:47 10011 电机上电(ON)状态 2019-04-18 10:11:13 10010 电机下电（OFF）状态 2019-04-18 10:11:12 10140 调整速度 2019-04-18 10:11:12 10017 已确认自动模式 2019-04-18 10:11:12 10016 已请求自动模式 2019-04-18 10:11:12 另存所有日志为... 删除 更新 视图

任务巩固

一、判断题

1. 工业机器人示教器操作界面上的状态栏可以显示机器人程序运行状态。（　　）

2. 示教器操作界面上的状态显示的“手动”，是指可以手动移动机器人。（　　）

二、简答题

查看机器人的事件日志有什么作用？

习题

一、填空题

1. 机器人状态栏能够显示（　　　　）、（　　　　）、（　　　　）、（　　　　）和（　　　　）。

2. 示教器操作界面上的状态栏可以显示机器人的状态，分别为（　　　　）和（　　　　）两种状态。

二、简答题

示教器操作界面的初始语言是什么？如何设置成中文或其他语言？

任务清单

<table>
<tr><td>姓名</td><td></td><td>工作名称</td><td colspan="2">示教器操作环境的基本配置</td></tr>
<tr><td>班级</td><td></td><td>小组成员</td><td colspan="2"></td></tr>
<tr><td>指导教师</td><td></td><td>分工内容</td><td colspan="2"></td></tr>
<tr><td>计划用时</td><td></td><td>实施地点</td><td colspan="2"></td></tr>
<tr><td>完成日期</td><td></td><td></td><td>备注</td><td></td></tr>
<tr><td colspan="5">工作准备</td></tr>
<tr><td colspan="3">资料</td><td>工具</td><td>设备</td></tr>
<tr><td colspan="3"></td><td></td><td></td></tr>
<tr><td colspan="5">工作内容与实施</td></tr>
<tr><td colspan="2">配置示教器的操作环境</td><td colspan="3"></td></tr>
<tr><td colspan="2">查看工业机器人的常用信息</td><td colspan="3"></td></tr>
</table>

工作评价

项目	评价内容				
	完成的质量（60分）	技能提升能力（20分）	知识掌握能力（10分）	团队合作（10分）	备注
自我评价					
小组评价					
教师评价					

1. 自我评价

班级：　　　　　　　　姓名：　　　　　　　　工作名称：

自我评价表

序号	评价项目			是	否
1	是否明确人员的职责				
2	能否按时完成工作任务的准备部分				
3	工作着装是否规范				
4	是否主动参与工作现场的清洁和整理工作				
5	是否主动帮助同学				
6	是否掌握配置示教器的操作环境方法				
7	是否掌握查看工业机器人的常用信息的方法				
8	是否执行5S标准				
评价人		分数		时间	年　月　日

2. 小组评价

小组评价表

序号	评价项目	评价情况
1	与其他同学的沟通是否顺畅	
2	是否尊重他人	
3	工作态度是否积极主动	
4	是否服从教师安排	
5	着装是否符合标准	
6	能否正确地理解他人提出的问题	

续表

序号	评价项目	评价情况
7	能否按照安全和规范的规程操作	
8	能否保持工作环境的干净整洁	
9	是否遵守工作场所的规章制度	
10	是否有工作岗位的责任心	
11	是否全勤	
12	是否能正确对待肯定和否定的意见	
13	团队工作中的表现如何	
14	是否达到任务目标	
15	存在的问题和建议	

3. 教师评价表

教师评价表

课程	工业机器人现场编程	任务名称	示教器操作环境的基本配置	完成地点	
姓名		小组成员			
序号	项目		分值		
1	设置示教器操作界面的显示语言		40		
2	设置工业机器人的系统时间		40		
3	查看工业机器人的事件日志		20		

项目四

工业机器人的手动运行

项目导入

工业机器人的运行模式有多种，可以在各运行模式下设置不同的手动运行速度操纵机器人。在本项目中介绍如何手动操纵工业机器人运动，如何手动操纵工业机器人进行单轴运动、线性运动和重定位运动，包括在遇到紧急停止的情况下，如何恢复机器人系统。

项目目标

★知识目标

了解工业机器人的不同运行模式和运行模式的选择依据（工业机器人职业技能等级证书考核要点）。

了解工业机器人的手动运行的快捷设置菜单和快捷按钮（工业机器人职业技能等级证书考核要点）。

掌握六轴工业机器人的关节轴和坐标系（工业机器人职业技能等级证书考核要点）。

掌握工业机器人紧急停止后的恢复方法。

掌握工具坐标系的定义方法和工具数据（工业机器人职业技能等级证书考核要点）。

★能力目标

能够根据需要切换工业机器人的手动/自动运行模式。

能够实现增量模式的开/关快捷切换。（工业机器人职业技能等级证书考核要点）。

能够完成操纵杆速率的设置，能使用增量模式调整机器人的步进速度。（工业机器人职业技能等级证书考核要点）。

能够手动操作工业机器人完成单轴运动及进行单轴运动模式的快捷切换。（工业机器人职业技能等级证书考核要点）。

能够完成手动操纵工业机器人线性运动和重定位运动。

能够实现线性运动与重定位运动的快捷切换。

能够使用 TCP 和 Z，X 法（N=4）设定工具坐标系并会测试准确性（工业机器人职业技能等级证书考核要点）。

能够对工具数据（tooldata）进行编辑。

★素质目标

通过本项目的训练，培养学生勇于开拓、锐意进取的工作态度，在示教工具坐标系等任务中培养学生专注、精益求精工匠精神，在小组合作中培养学生协作、顾全大局的团队精神，在动手实践过程中培养学生爱岗敬业的劳动品质。

项目分解

任务 4.1　设置工业机器人的运行模式
任务 4.2　设置工业机器人的手动运行速度
任务 4.3　工业机器人的单轴运动
任务 4.4　工业机器人的线性运动和重定位运动

任务 4.1　设置工业机器人的运动模式※

4.1.1　工业机器人的运动模式

工业机器人的运行模式和选择

本教材所述工业机器人的运动模式有两种，分别为手动模式和自动模式。另有部分工业机器人的手动模式细分为手动减速模式和手动全速模式。

本教材所述机器人手动减速模式下机器人的运行速度最高只能达到 250 mm/s；手动全速模式下，机器人将按照程序设置的运行速度 V 进行移动。

在手动模式下，既可以单独运行例行程序，又可以连续运行例行程序。运行程序时需一直手动按下使能器按钮。

自动模式下，按下机器人控制柜上电按钮后无须再手动按下使能器按钮，机器人依次自动执行程序语句并且以程序语句设定的速度进行移动。

4.1.2　工业机器人运行模式的选择

在手动模式下，可以进行机器人程序的编写、调试，示教点的重新设置等。机器人在示教编程的过程中，只能采用手动模式。在手动模式下，可以有效地控制机器人的运行速度和范围。在手动全速模式下运行程序时，应确保所有人员均处于安全保护空间（机器人运动范围之外）。

机器人程序编写完成，在手动模式下例行程序调试正确后，方可选择使用自动模式。在生产中大多采用自动模式。

工业机器人手动/自动运行模式的切换

4.1.3　任务实施——工业机器人手动/自动运行模式的切换

1. 任务要求

掌握工业机器人运行模式的切换方法。

2. 任务实操

序号	操作步骤	示意图
1	在手动模式下调试好的程序，可以在自动模式下进行运行（图示为手动模式下机器人的状态信息）	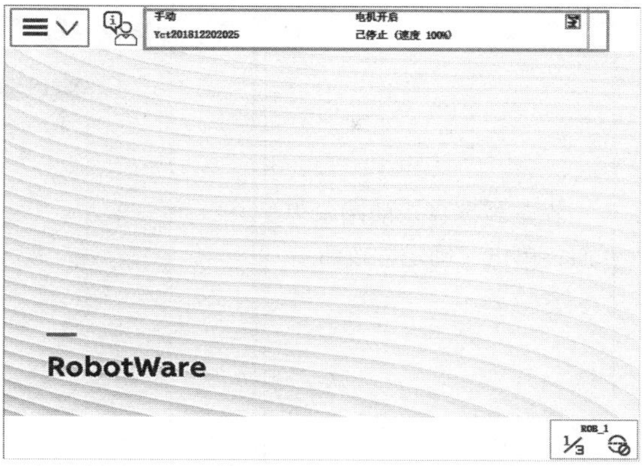
2	在手动模式下，模式开关状态如图所示（此时上电指示灯闪亮）	
3	转动模式开关到自动模式，如图所示	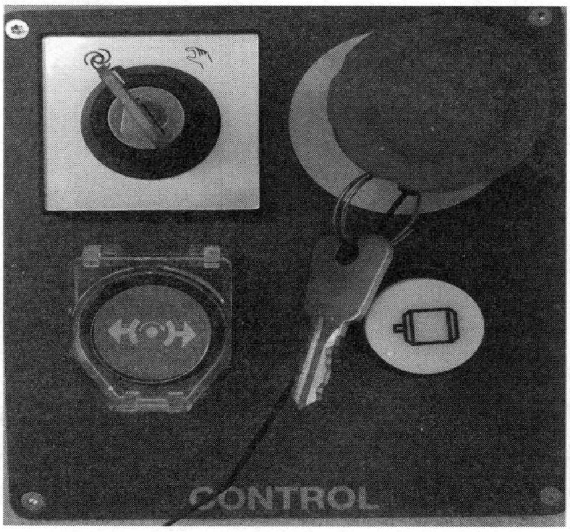

续表

序号	操作步骤	示意图
4	在示教器显示的图示界面，单击“确定”按钮	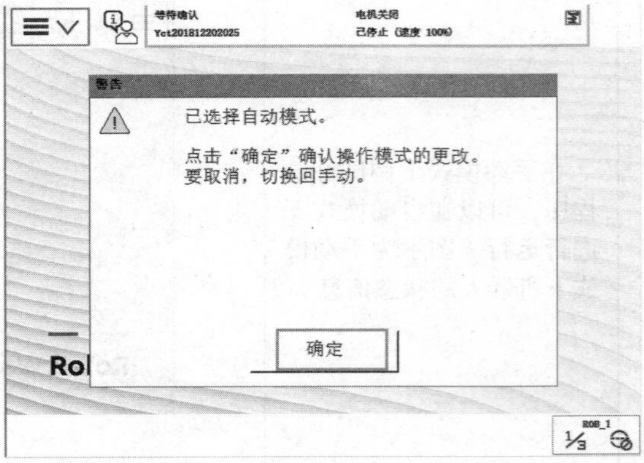 等待确认 Yct201812202025 电机关闭 已停止 (速度 100%) 警告 已选择自动模式。 点击“确定”确认操作模式的更改。 要取消，切换回手动。 确定 ROB_1 1/3
5	按下上电按钮，电动机上电后即可运行程序（此时上电指示灯长亮）	 CONTROL
6	在自动运行模式下，机器人的状态信息如图所示	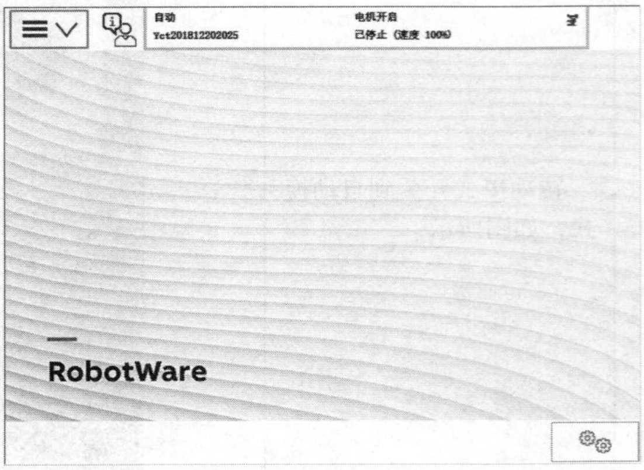 自动 Yct201812202025 电机开启 已停止 (速度 100%) RobotWare

续表

序号	操作步骤	示意图
7	自动运行模式下切换到手动模式（如图所示），只需将模式开关转回手动模式（此时上电指示灯闪亮）	

任务巩固

一、填空题

1. 工业机器人的运行模式主要分为（　　　　）和（　　　　）两大类。

2. 在手动模式下，可以进行机器人程序的（　　　　）、（　　　　）和（　　　　）等。

二、简答题

工业机器人运行模式的选择依据是什么？

任务 4.2　设置工业机器人的手动运行速度※

机器人在手动运行模式下移动时有两种运动模式：默认模式和增量模式。

在默认模式下，手动操纵杆的拨动幅度越小，则机器人的运动速度越慢；幅度越大，则机器人的运动速度越快，默认模式的机器人最大运动速度的高低可以在示教器上进行调节。由于在默认模式下，如果使用手动操纵杆控制机器人运动速度不熟练，会致使机器人运动速度过快而造成示教位置不理想，甚至与周边设备发生碰撞。所以建议初学者在手动运行默认模式操作机器人时应将机器人最大运行速度调低，具体方法见 4.2.2。

在增量模式下，操纵杆每偏转一次，机器人移动一步（一个增量）；如果操纵杆偏转持续 1 s 或数秒，机器人将持续移动且速率为 10 步 /s。可以采用增量模式对机器人位置进行微幅调整和精确的定位操作。增量移动幅度（见表 4–1）在小、中、大之间选择，也可以自定义增量运动幅度。增量模式的设置方法见 4.2.3。

表 4–1　增量移动幅度

增量	距离 /mm	角度 /（°）
小	0.05	0.006
中	1	0.023
大	5	0.143
用户	自定义	自定义

4.2.1　工业机器人手动运行快捷设置菜单按钮

工业机器人手动运行快捷设置菜单按钮

工业机器人手动运行快捷设置菜单按钮如图 4–1 所示，位于示教器右下角，单击此按钮则系统进入如图 4–2 所示界面。此快捷设置菜单方便机器人操作时快速地对手动运行状态下的常用参数进行修改设置。

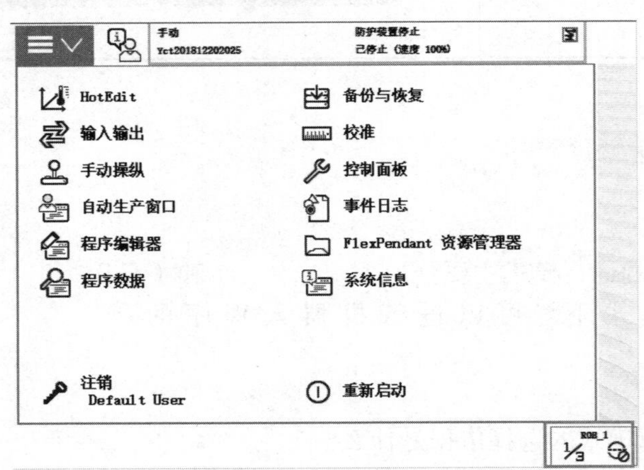

图 4–1　工业机器人手动运行快捷设置菜单按钮

（1）手动操纵：单击手动操纵按钮，可以对机器人，坐标系（如工具坐标系、基坐标系、工件坐标系等），增量的大小，操纵杆速率以及运动方式进行修改和设置。

（2）增量：单击增量按钮可修改增量的大小，自定义增量的数值大小以及控制增量的开 / 关。

（3）运行模式：设置例行程序运行的运行方式，分别为单周 / 连续。

（4）步进模式：设置例行程序以及指令的执行方式，分别为步进入、步进出、跳过和下一移动指令。

（5）速度：设置机器人的运行速度。

（6）停止 / 启动任务：要停止和启动任务（多机器人协作处理任务时）。

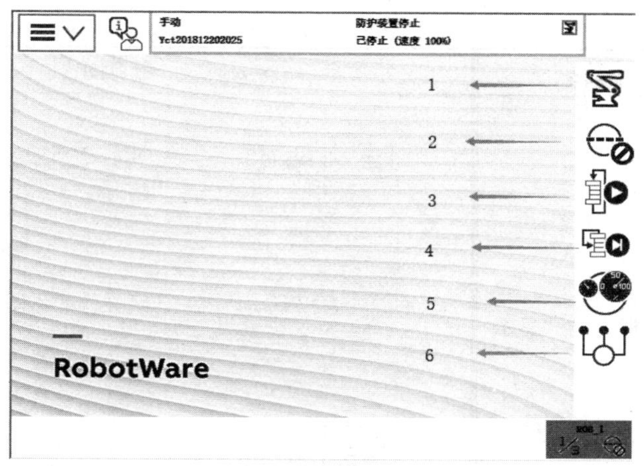

图 4–2　快捷设置菜单按钮界面

1—手动操纵；2—增量；3—运行模式；4—步进模式；5—速度；6—停止 / 启动任务

操纵杆速率的设置和使用增量模式调整步进速度

4.2.2　任务实施——操纵杆速率的设置

1. 任务要求

通过使用触摸屏用笔，在示教器上对操纵杆速率进行设置。

2. 任务实操

序号	操作步骤	示意图
1	如图所示，单击示教器界面右下角的“手动运行快捷设置菜单”按钮	
2	单击图标右上角“手动操纵”按钮	

续表

序号	操作步骤	示意图
3	单击图示框内的“显示详情”按钮	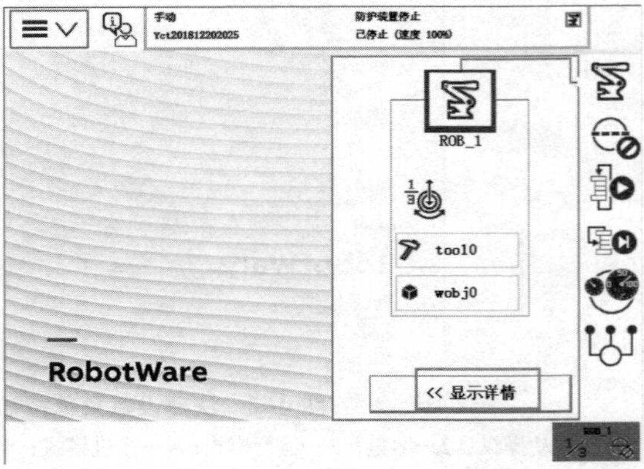
4	“显示详情”界面展开，左下角位置框内显示为“操纵杆速率”，如图所示	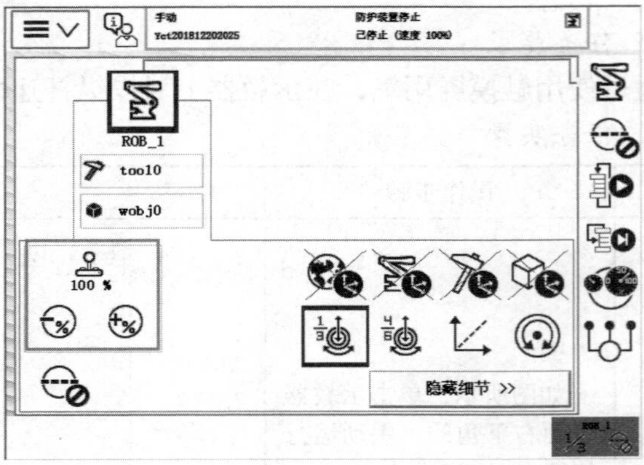
5	使用触摸屏用笔单击“+”“-”号可以加快/减慢操纵杆速率，如图所示	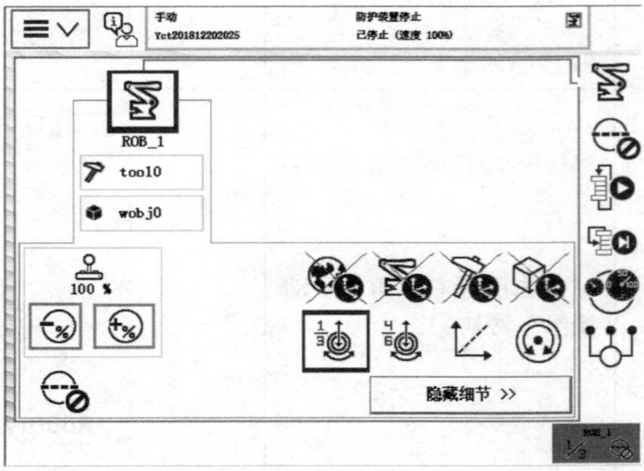

4.2.3　任务实施——使用增量模式调整步进速度

1. 任务引入

当增量模式选择“无”时，工业机器人运行速度与手动操纵杆的幅度成正比；选择增量的大小后，运行速度是稳定的，所以可以通过调整增量的大小来控制机器人的步进速度。

2. 任务要求

通过设置增量模式下增量的大小，调整工业机器人步进速度。

3. 任务实操

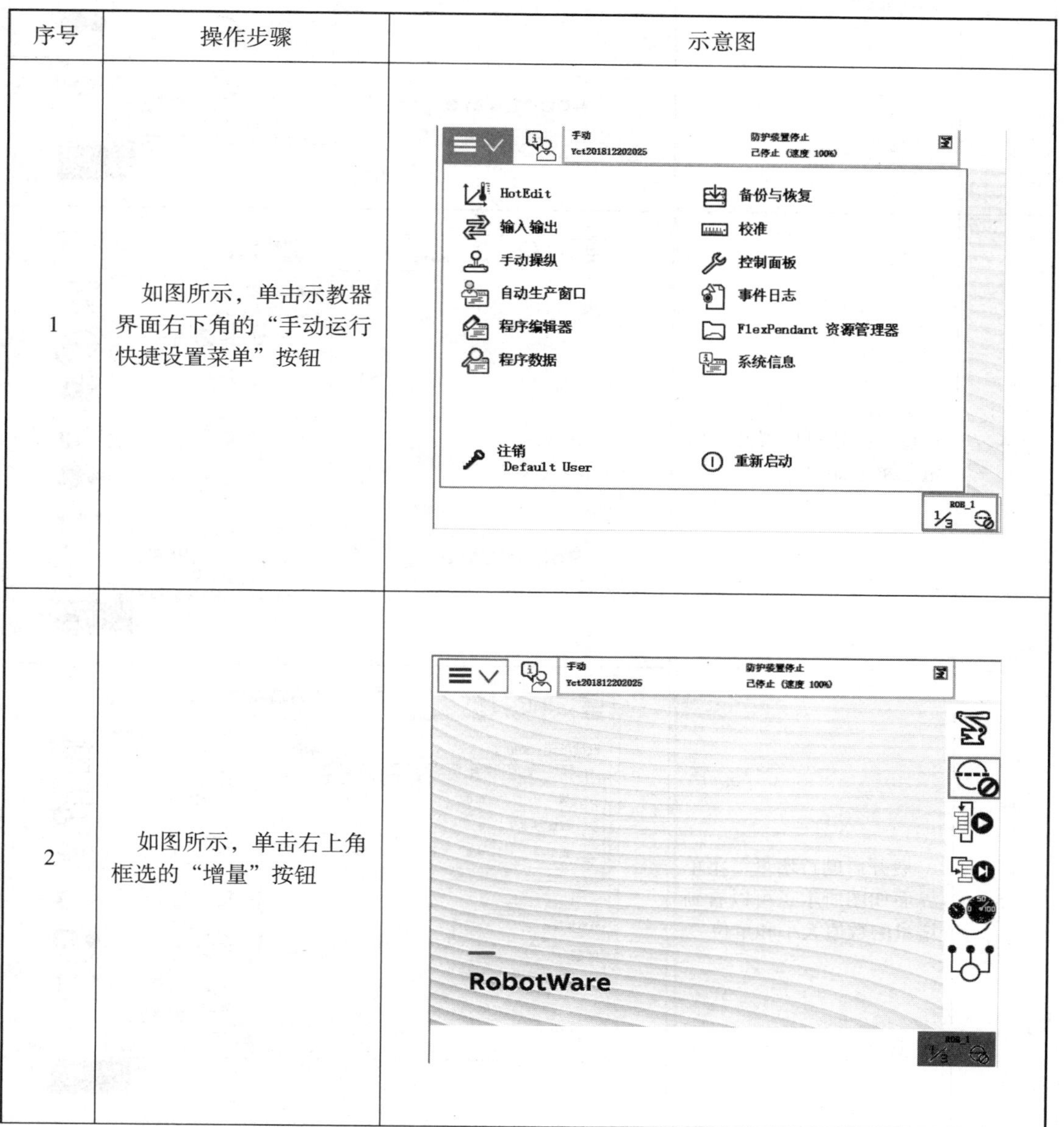

序号	操作步骤	示意图
1	如图所示，单击示教器界面右下角的“手动运行快捷设置菜单”按钮	
2	如图所示，单击右上角框选的“增量”按钮	

续表

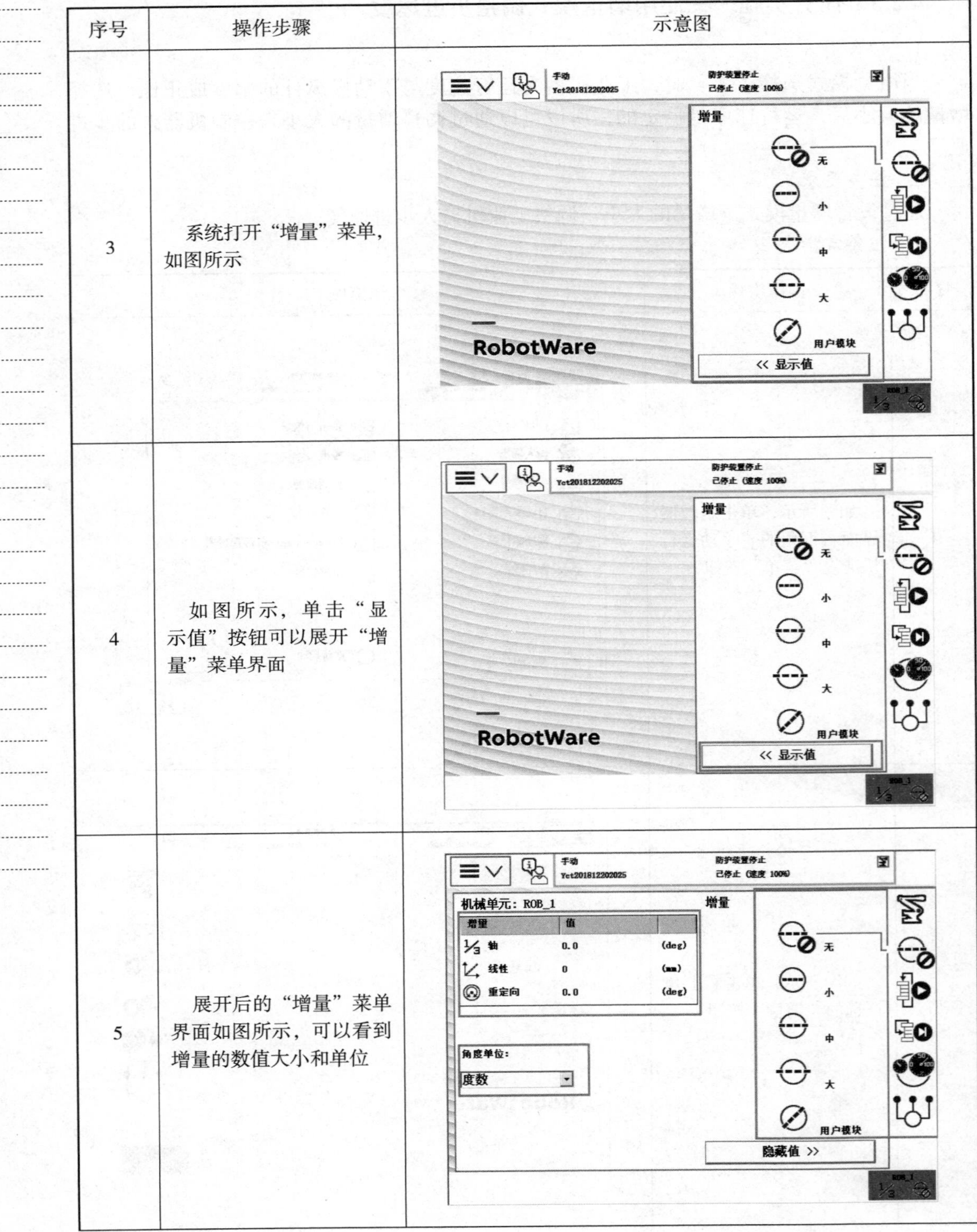

序号	操作步骤	示意图
3	系统打开“增量”菜单，如图所示	
4	如图所示，单击“显示值”按钮可以展开“增量”菜单界面	
5	展开后的“增量”菜单界面如图所示，可以看到增量的数值大小和单位	

续表

序号	操作步骤	示意图
6	不同的增量模式，增量的值也会随之变化，选择的单位改变，增量数值的单位也随之改变（图示为“增量无”选项的数据）	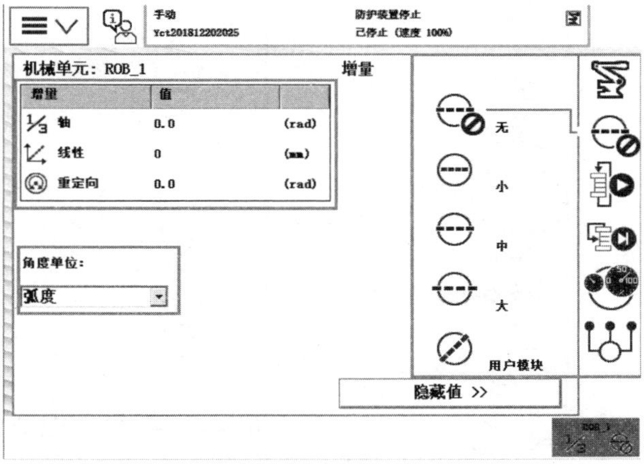
7	在工业机器人操作中，可以选择不同的增量大小，来设置工业机器人的步进速度。增量越大，机器人的运动速度越快；反之则运动速度越慢（图示为“增量大”选项的数据）	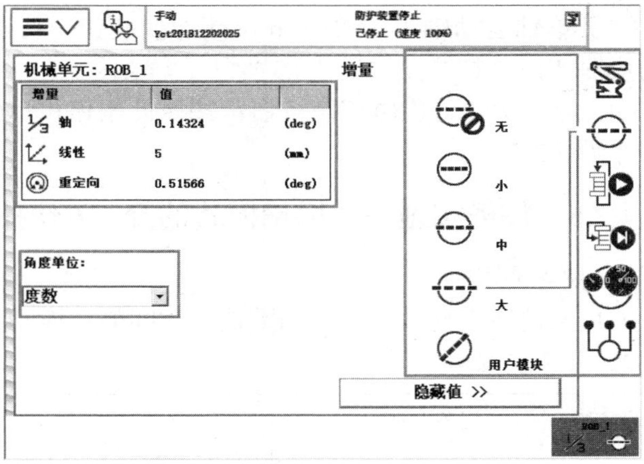

4.2.4　工业机器人手动运行快捷按钮

工业机器人手动运行快捷按钮和增量模式的开 / 关快捷切换

与手动运行的快捷设置菜单相类似，机器人生产厂商通常会将一些非常常用的功能集成到某些按钮上。手动运行快捷按钮（图 4-3）集成了机器人手动运动状态下，十分常用的 4 个参数修改设置功能。下面介绍这 4 个按钮的具体功能。

（1）选择机械单元按钮：按一次该按钮将更改到下一个机械单元，是循环的步骤。

（2）线性 / 重定位运动快捷切换按钮：按压此按钮可以实现线性运动与重定位之间的快捷切换（具体操作见 4.4.5）。

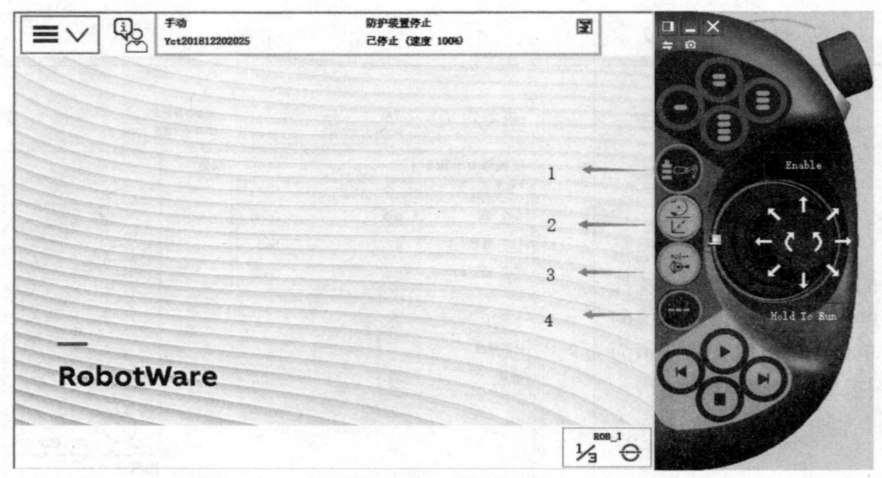

图 4–3 手动运行快捷按钮

1—选择机械单元按钮；2—线性 / 重定位运动快捷切换按钮；

3—单轴运动轴 1–3/ 轴 4–6 快捷切换按钮；4—增量开 / 关快捷切换按钮

（3）单轴运动轴 1–3/ 轴 4–6 快捷切换按钮：按压此按钮可以实现轴 1–3 与轴 4–6 之间的快捷切换（具体操作见 4.3.3）。

（4）增量开 / 关快捷切换按钮：按压此按钮可以实现增量模式的开 / 关快捷切换（具体操作见 4.2.5）。

4.2.5 任务实施——增量模式的开 / 关快捷切换

1. 任务要求

使用快捷键实现增量模式与默认模式间的切换。

2. 任务实操

序号	操作步骤	示意图
1	在示教器显示屏幕一侧的手动运行快捷按钮中找到“增量开 / 关快捷切换”按钮，如图所示	

续表

序号	操作步骤	示意图
2	注意图示右下角的快捷设置菜单按钮显示，此时增量显示“无增量”	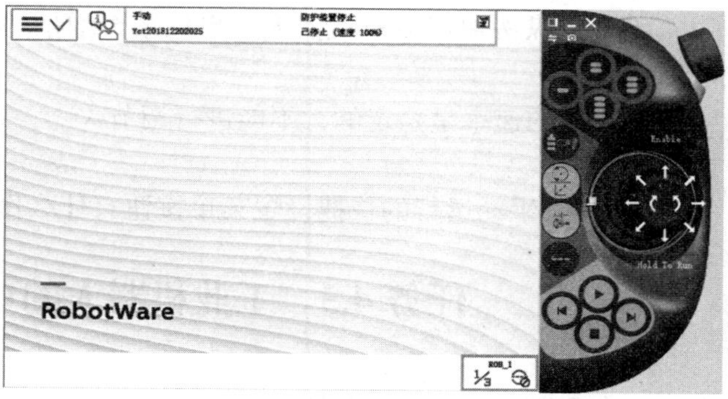
3	按下“增量开 / 关快捷切换”按钮，观察右下角图示快捷设置菜单按钮显示，此时增量显示为“大增量”，即完成了增量模式的开 / 关快捷切换	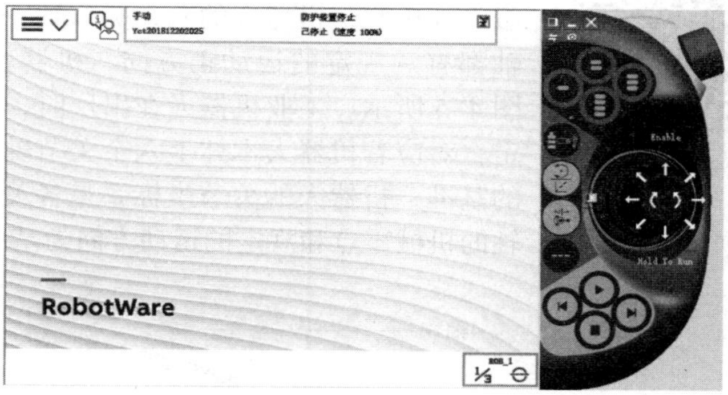
4	增量模式开 / 关的快捷切换，除了使用此快捷按钮之外，还可以单击“手动运行快捷设置菜单”按钮，在手动操纵的“显示详情”中单击“增量”按钮，即可完成增量模式的开 / 关快捷切换，如图所示	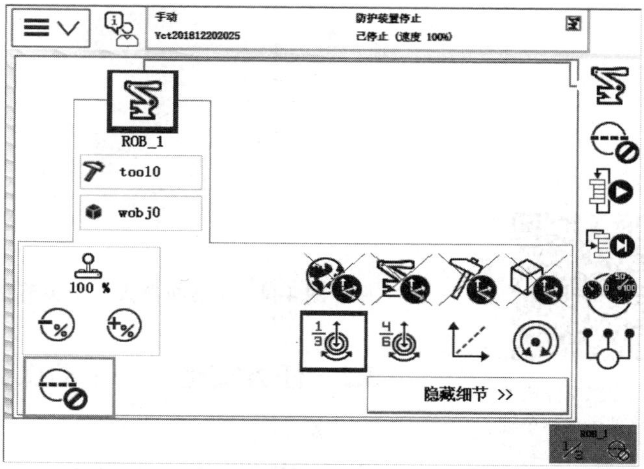

任务巩固

一、判断题

1．手动操纵按钮可以对机器人、坐标系、增量的大小、杆速率以及运动方式进行修改和设置。（　　）

2．操纵杆的速率是稳定的，不能进行调节。（　　）

二、简答题

工业机器人手动运行的快捷设置菜单按钮有什么作用？

任务 4.3　工业机器人的单轴运动※

4.3.1　六轴工业机器人的关节轴

六轴工业机器人的关节轴

机器人本体分为六个关节轴，如图 4–4 所示。机器人通过六个伺服电动机驱动机器人的六个关节轴，每个轴是可以单独运动的，且每个轴都有一规定的运动正方向。机器人各个关节轴的运动方向示意图如图 4–5 所示。工业机器人在出厂时，对各个关节轴的机械零点进行了设定，对应着机器人本体上六个关节轴同步标记，该零点作为关节轴运动的基准，机器人的关节坐标系是各关节独立运动时的坐标系，以各关节轴的机械零点和规定的运动方向为基准。

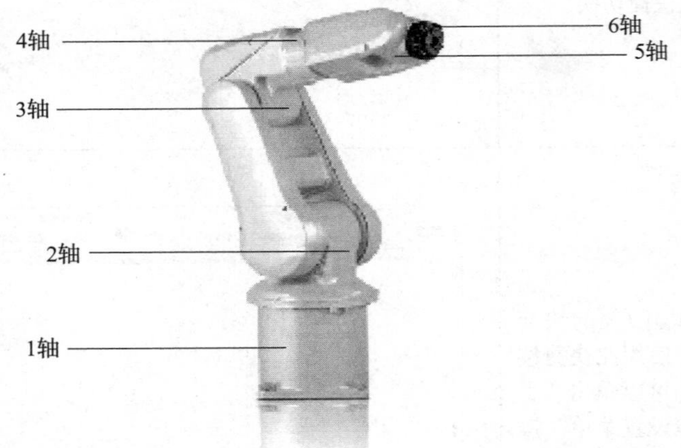

图 4–4　工业机器人六个关节轴示意图

手动操纵工业机器人单轴运动和单轴运动轴 1–3 与轴 4–6 的快捷切换

4.3.2　任务实施——手动操纵工业机器人单轴运动

1．任务要求

使用手动操纵杆操作机器人进行单轴运动。

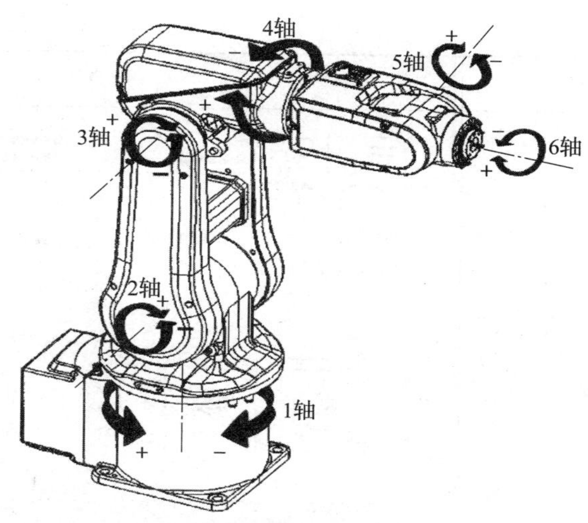

图 4–5　机器人各个关节轴的运动方向示意图

2. 任务实操

序号	操作步骤	示意图
1	如图所示，单击示教器左上角“主菜单”按钮进入主界面，选择“手动操纵”选项	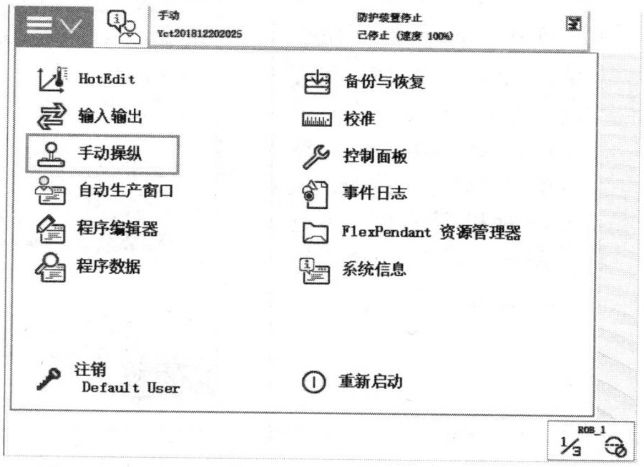
2	在“手动操纵”属性界面，单击“动作模式”选项，如图所示	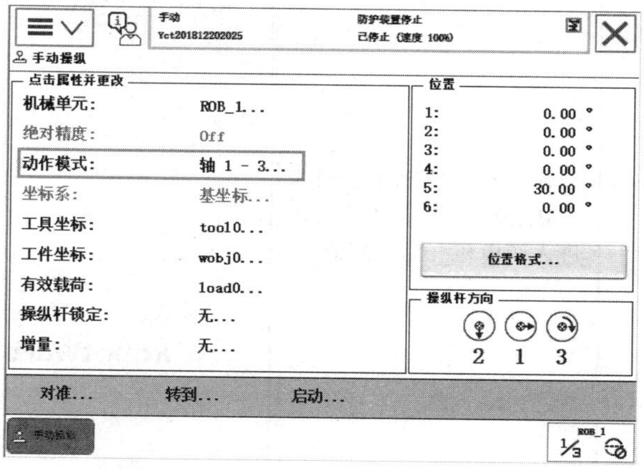

续表

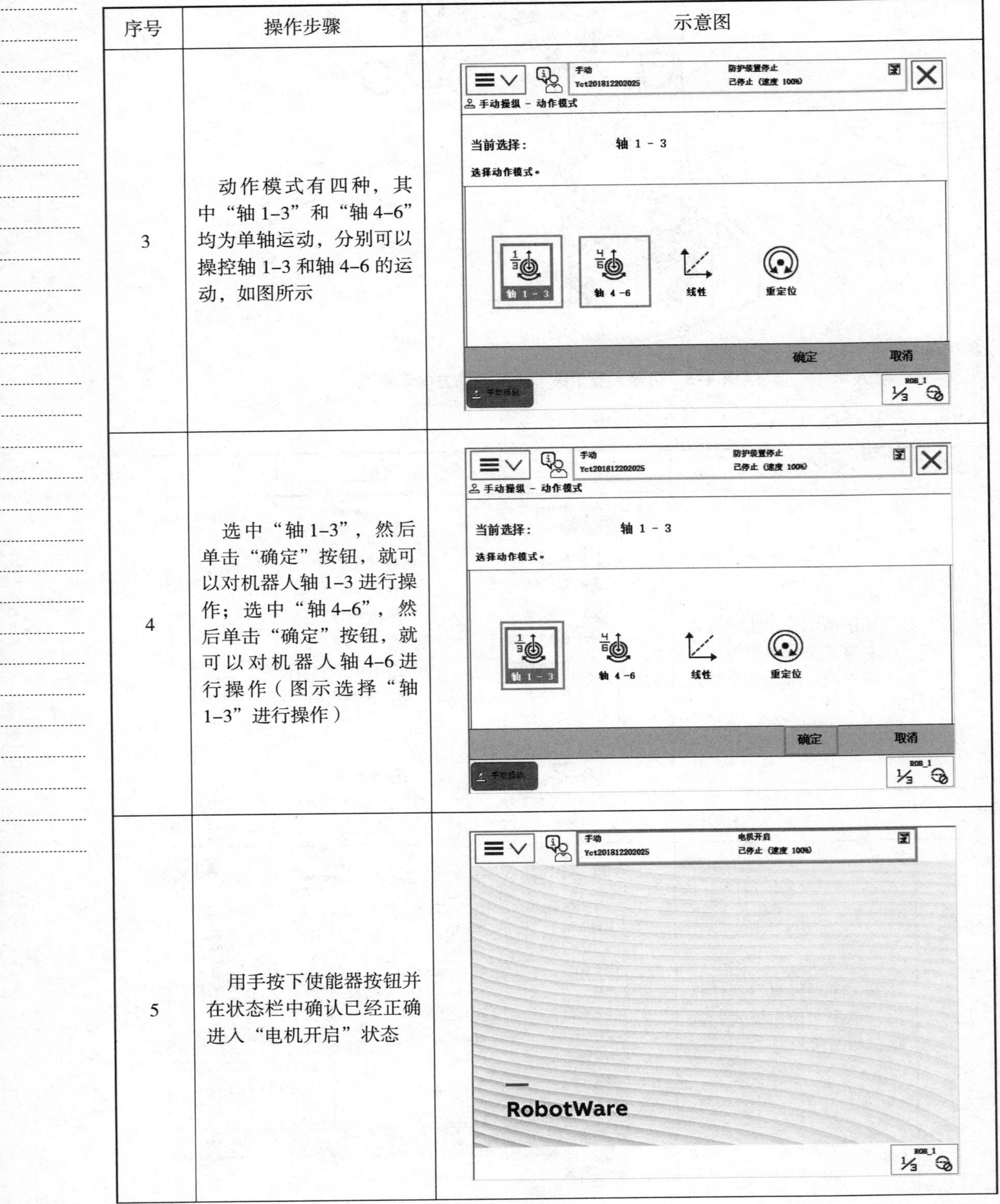

序号	操作步骤	示意图
3	动作模式有四种，其中“轴1–3”和“轴4–6”均为单轴运动，分别可以操控轴1–3和轴4–6的运动，如图所示	
4	选中“轴1–3”，然后单击“确定”按钮，就可以对机器人轴1–3进行操作；选中“轴4–6”，然后单击“确定”按钮，就可以对机器人轴4–6进行操作（图示选择“轴1–3”进行操作）	
5	用手按下使能器按钮并在状态栏中确认已经正确进入“电机开启”状态	

续表

序号	操作步骤	示意图
6	操纵机器人示教器上的手动操纵杆，完成单轴运动。图示右下角显示的是轴 1–3 操纵杆方向，箭头方向代表正方向，表示操纵杆向所示方式拨动，机器人运动方向对应轴的正方向	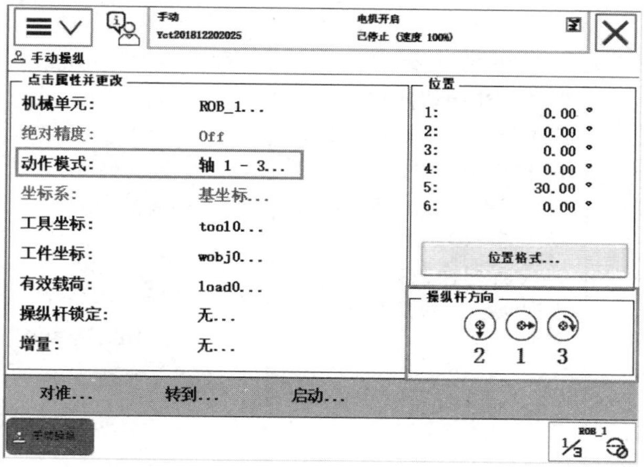

4.3.3　任务实施——单轴运动轴 1–3 与轴 4–6 的快捷切换

1. 任务要求

使用手动运行快捷按钮，完成单轴运动轴 1–3 与轴 4–6 的快捷切换。

2. 任务实操

序号	操作步骤	示意图
1	在示教器主界面侧边的手动运行快捷按钮中找到单轴运动轴 1–3/ 轴 4–6 快捷切换按钮，此时右下角“手动运行快捷设置菜单”显示为“轴 1–3”，如图所示	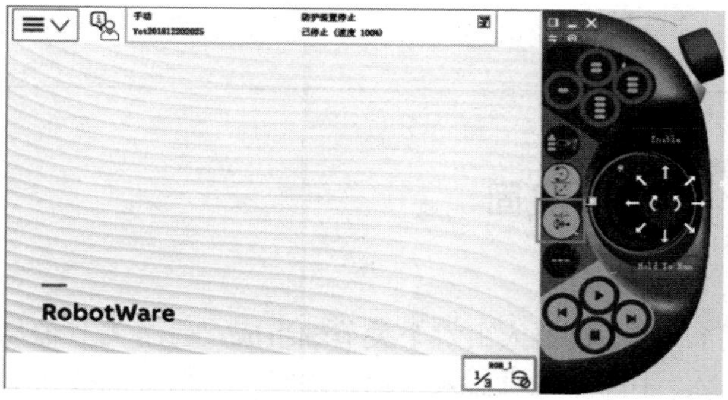

续表

序号	操作步骤	示意图
2	按压单轴运动轴 1–3/轴 4–6 快捷切换按钮，完成单轴运动的切换。此时右下角显示的“1/3”变换为“4/6”，完成单轴运动“轴 1–3”到轴“4–6”的快捷切换，如图所示。再次按压此快捷键，则切换到“轴 1–3”	手动 Yct201812202025 防护装置停止 已停止 (速度 100%) RobotWare ROB_1 4/6
3	“轴 1–3”与“轴 4–6”动作模式之间的切换，除了使用此快捷按钮之外，还可以单击“手动运行快捷设置菜单”按钮，在手动操纵的“显示详情”中进行选择，完成“轴 1–3”与“轴 4–6”动作模式之间的切换，如图所示	手动 Yct201812202025 防护装置停止 已停止 (速度 100%) ROB_1 tool0 wobj0 100 % 隐藏细节 >> ROB_1 4/6

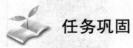

任务巩固

一、判断题

1. 工业机器人由六个关节轴组成，每个关节轴都能独立运动。　（　　）
2. 手动操纵机器人单轴运动时，有对应的按钮对各关节轴进行操纵。　（　　）

二、简答题

不同关节轴之间的运动如何实现快速切换？

任务 4.4　工业机器人的线性运动与重定位运动※

4.4.1　工业机器人使用的坐标系

工业机器人使用的坐标系

坐标系是从一个被称为原点的固定点通过轴定义的平面或空间，机器人目标和位置是通过沿坐标系轴的测量来定位。在机器人系统中可使用若干坐标系，每一坐标系都适用于特定类型的控制或编程。机器人系统常用的坐标系有大地坐标系、基坐标系、工具坐标系和工件坐标系，它们均属于笛卡尔坐标系。

1．大地坐标系

大地坐标系在机器人的固定位置有其相应的零点，是机器人出厂默认的，一般情况下，位于机器人底座上。大地坐标系有助于处理多个机器人或由外轴移动的机器人。

2．基坐标系

基坐标系一般位于机器人基座，是便于机器人本体从一个位置移动到另一个位置的坐标系（常应用于机器人扩展轴）。在默认情况下，大地坐标系与基坐标系是一致的，如图 4–6 所示。一般地，当操作人员正向面对机器人并在基坐标系下进行线性运动时，操纵杆向前和向后使机器人沿 X 轴移动；操纵杆向两侧使机器人沿 Y 轴移动；旋转操纵杆使机器人沿 Z 轴移动。

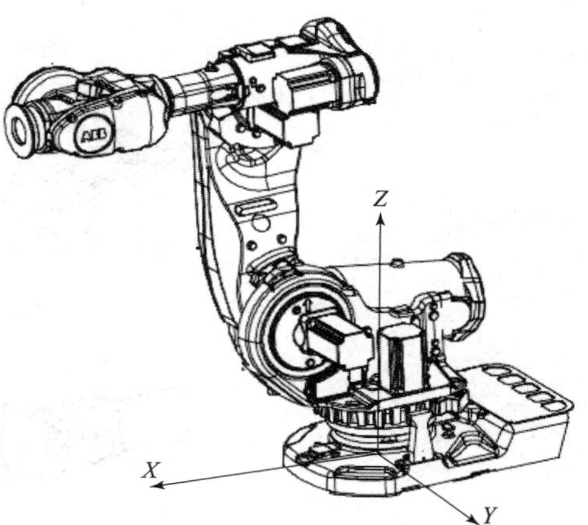

图 4–6　基坐标系的位置

3．工具坐标系

工具坐标系（Tool Center Point Frame，TCPF）将机器人第六轴法兰盘上携带工具的参照中心点设为坐标系原点，创建一个坐标系，该参照点称为 TCP（Tool Center Point），即工具中心点。TCP 与机器人所携带的工具有关，机器人出厂时末端未携带工具，此时机器人默认的 TCP 为第六轴法兰盘中心点。

工具坐标系的方向也与机器人所携带的工具有关，一般定义为，坐标系的 X 轴与工具的工作方向一致。

机器人出厂时末端未携带工具，机器人出厂默认的工具坐标系 $X_0Y_0Z_0$ 如图 4–7 所示。新工具坐标系（图 4–8）的位置是默认工具坐标系的偏移值。

4.4.2　线性运动与重定位运动

机器人的线性运动是指 TCP 在空间中沿坐标轴做线性运动。当需要 TCP 在直线上移动时，选择线性运动是最为快捷方便的。

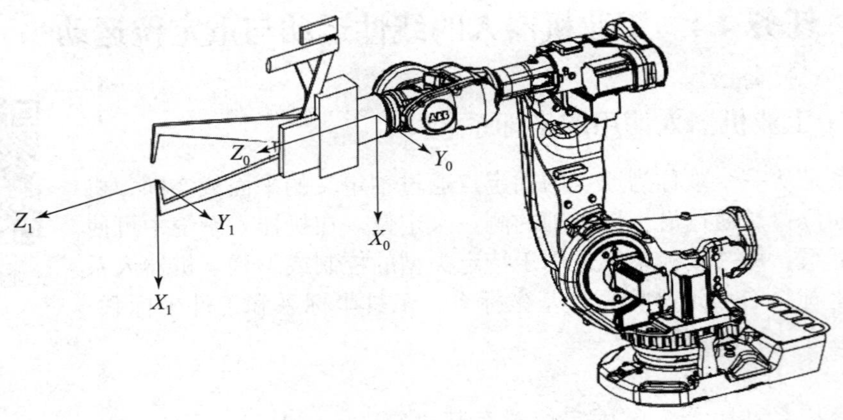

图 4-7　默认工具坐标系

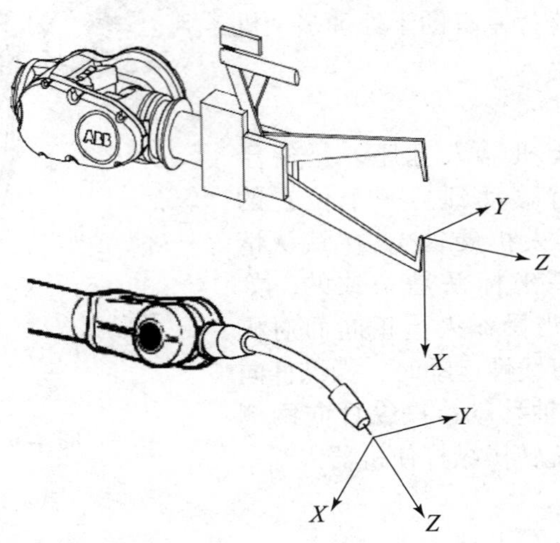

图 4-8　新工具坐标系

机器人的重定位运动是指 TCP 点在空间中绕着坐标轴旋转的运动，也可以理解为机器人绕着工具 TCP 点做姿态调整的运动。所以机器人在某一平面上进行机器人的姿态调整时，选择重定位运动是最为方便快捷的。

4.4.3　任务实施——手动操纵工业机器人

1. 任务引入

手动操纵工业机器人线性运动

在手动操纵机器人进行线性运动过程中，可以根据需求选择不同工具对应的坐标系。在默认情况下，坐标系选择基坐标系作为 TCP 移动方向的基准，在机器人末端没有工具（没有新建工具坐标）的情况下，工具坐标默认为机器人出厂默认的工具坐标系“tool0”。

2. 任务要求

操作手动操纵杆，操作工业机器人进行。

3. 任务实操

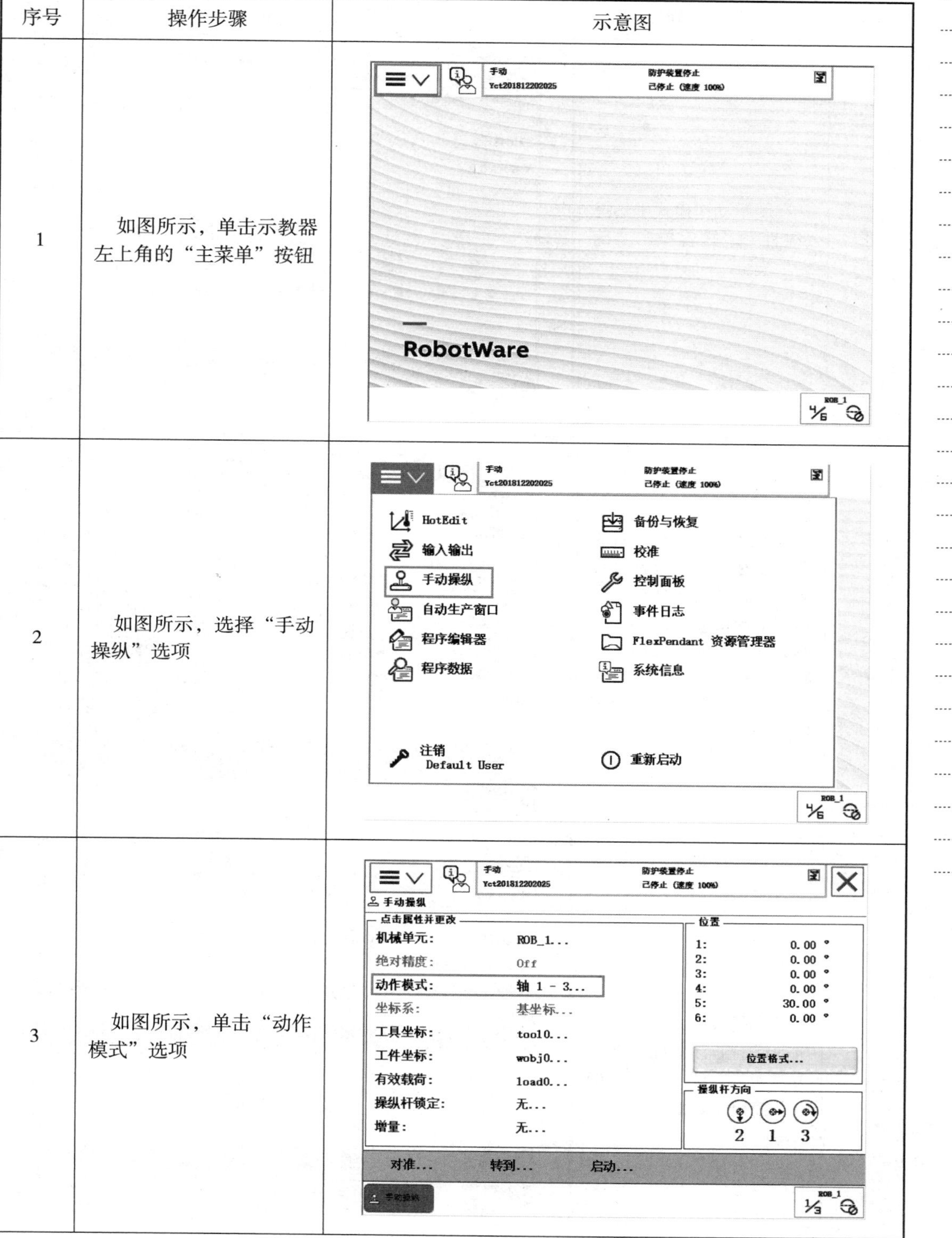

序号	操作步骤	示意图
1	如图所示，单击示教器左上角的“主菜单”按钮	
2	如图所示，选择“手动操纵”选项	
3	如图所示，单击“动作模式”选项	

续表

序号	操作步骤	示意图
4	在图示动作模式中选择“线性”，然后单击“确定”按钮	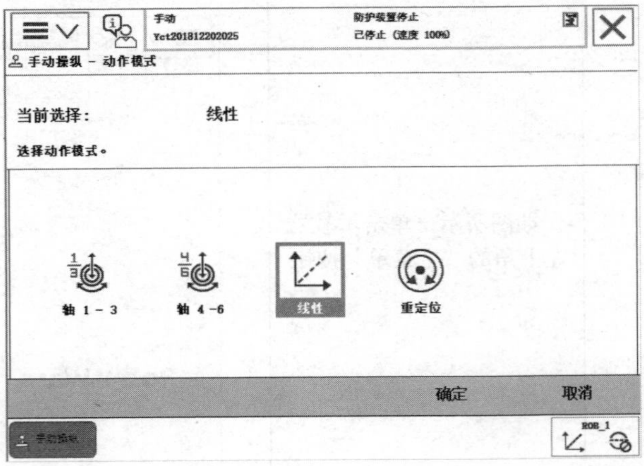 手动 Yct201812202025 防护装置停止 已停止（速度 100%） 手动操纵 - 动作模式 当前选择：线性 选择动作模式。 轴 1 - 3　轴 4 -6　线性　重定位 确定　取消
5	机器人的线性运动首先在“坐标系”中选择坐标系，再在“工具坐标”中指定对应的工具坐标（没有安装工具时，使用系统默认的“tool0”），单击“工具坐标”选项，如图所示	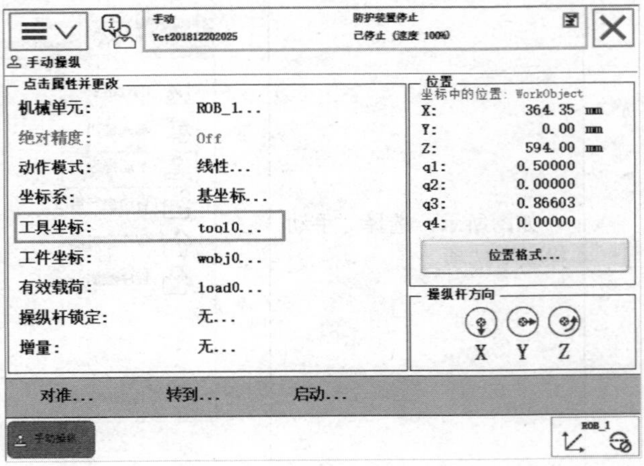 手动 Yct201812202025 防护装置停止 已停止（速度 100%） 手动操纵 点击属性并更改 机械单元：ROB_1... 绝对精度：Off 动作模式：线性... 坐标系：基坐标... 工具坐标：tool0... 工件坐标：wobj0... 有效载荷：load0... 操纵杆锁定：无... 增量：无... 位置 坐标中的位置：WorkObject X: 364.35 mm Y: 0.00 mm Z: 594.00 mm q1: 0.50000 q2: 0.00000 q3: 0.86603 q4: 0.00000 位置格式... 操纵杆方向 X Y Z 对准...　转到...　启动...
6	如果机器人末端装有工具，需选中对应的工具。本任务中，选择工具“tool1”（工具坐标系新建方法见4.4.9），单击“确定”按钮，如图所示	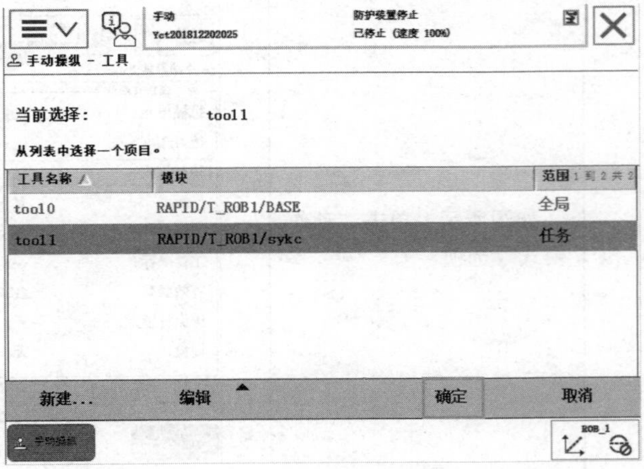 手动 Yct201812202025 防护装置停止 已停止（速度 100%） 手动操纵 - 工具 当前选择：tool1 从列表中选择一个项目。 工具名称　模块　范围 1 到 2 共 2 tool0　RAPID/T_ROB1/BASE　全局 tool1　RAPID/T_ROB1/sykc　任务 新建...　编辑　确定　取消

续表

序号	操作步骤	示意图
7	用手按下使能器按钮，并在状态栏中确认已正确进入“电机开启”状态，如图所示；手动操纵机器人控制手动操纵杆，完成所选坐标系轴 *X*、*Y*、*Z* 方向上的线性运动	

4.4.4　任务实施——手动操纵工业机器人重定位运动

1．任务引入

在手动操纵机器人进行重定位运动过程中，可以根据需求选择不同工具对应的坐标系。在没有选择更改坐标系的情况下，系统默认工具坐标系。在机器人末端没有工具（没有新建工具坐标系）的情况下，工具坐标默认为机器人出厂默认的工具坐标系“tool0”。

手动操纵工业机器人重定位运动

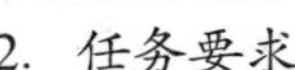

2．任务要求

操纵手动操纵杆，操作机器人进行重定位运动。

3．任务实操

序号	操作步骤	示意图
1	如图所示，单击示教器左上角的“主菜单”按钮	

续表

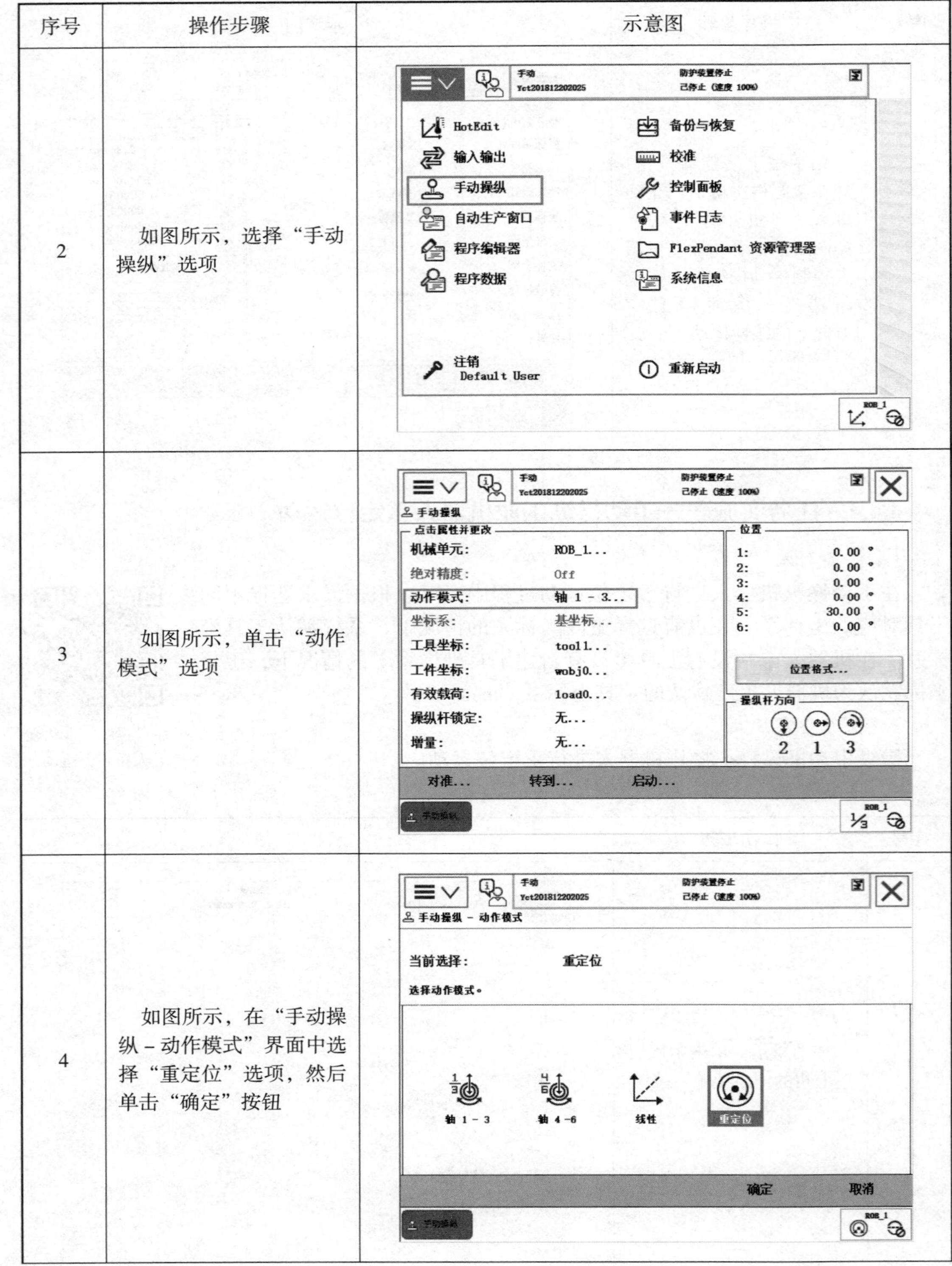

序号	操作步骤	示意图
2	如图所示，选择“手动操纵”选项	
3	如图所示，单击“动作模式”选项	
4	如图所示，在“手动操纵 - 动作模式”界面中选择“重定位”选项，然后单击“确定”按钮	

续表

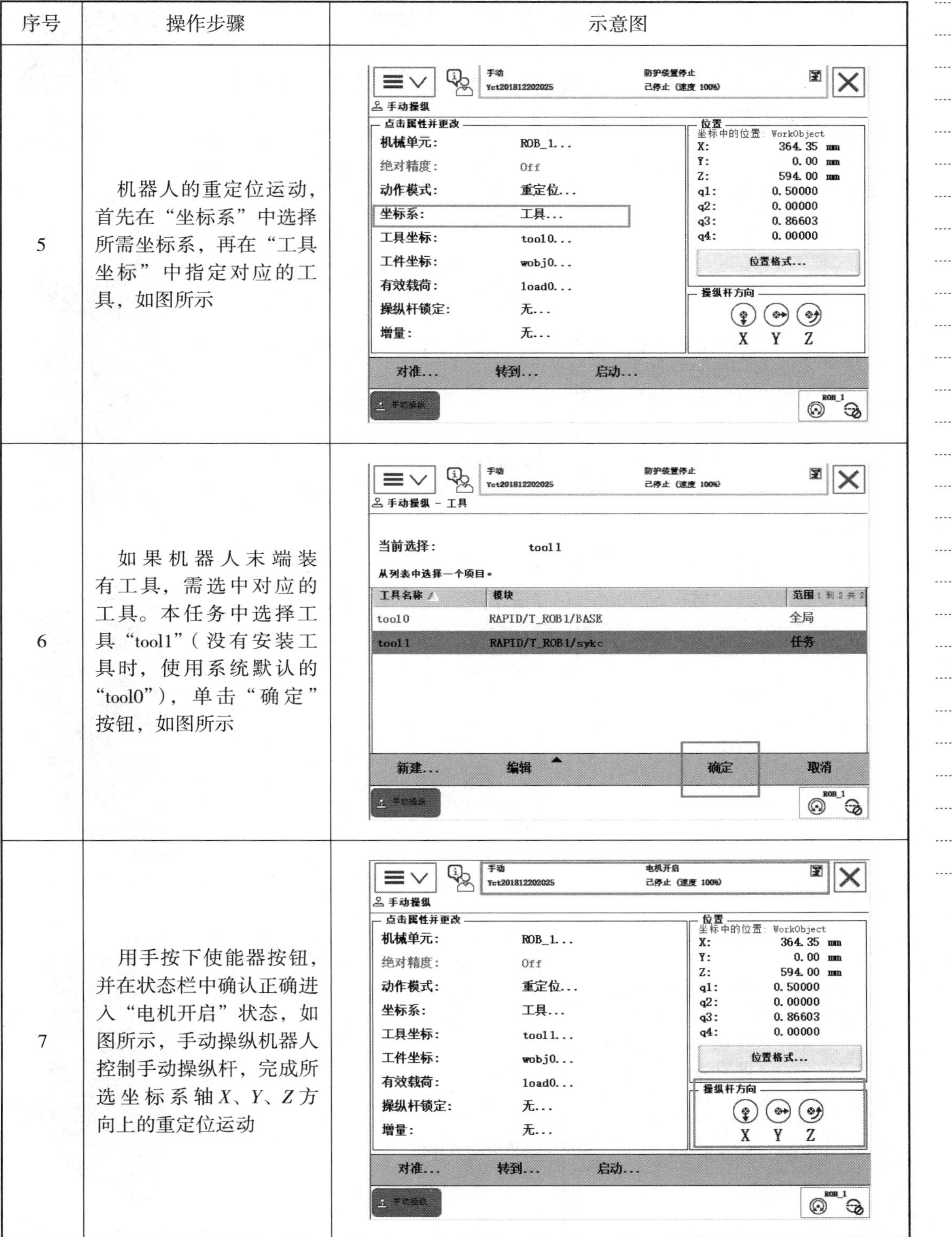

序号	操作步骤	示意图
5	机器人的重定位运动，首先在“坐标系”中选择所需坐标系，再在“工具坐标”中指定对应的工具，如图所示	
6	如果机器人末端装有工具，需选中对应的工具。本任务中选择工具“tool1”（没有安装工具时，使用系统默认的“tool0”），单击“确定”按钮，如图所示	
7	用手按下使能器按钮，并在状态栏中确认正确进入“电机开启”状态，如图所示，手动操纵机器人控制手动操纵杆，完成所选坐标系轴 X、Y、Z 方向上的重定位运动	

4.4.5 任务实施——线性运动与重定位运动的快捷切换

线性运动与重定位运动的快捷切换

1. 任务要求

使用手动运行快捷按钮，实现线性运动与重定位运动的快捷切换。

2. 任务实操

序号	操作步骤	示意图
1	如图所示，在示教器显示屏幕一侧的手动运行快捷按钮中，找到线性/重定位快捷切换按钮	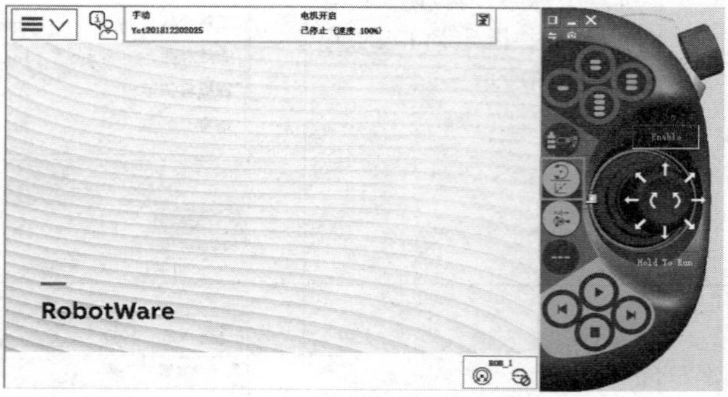
2	在图示右下角“快捷设置菜单”按钮显示中，运动模式显示为线性运动	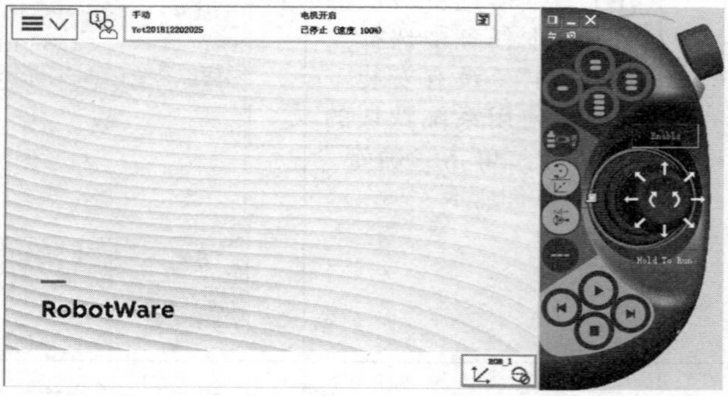
3	按下线性/重定位运动快捷切换按钮，观察右下角“快捷设置菜单”按钮显示，此时运动模式显示为重定位运动，即完成了线性/重定位运动的快捷切换，如图所示	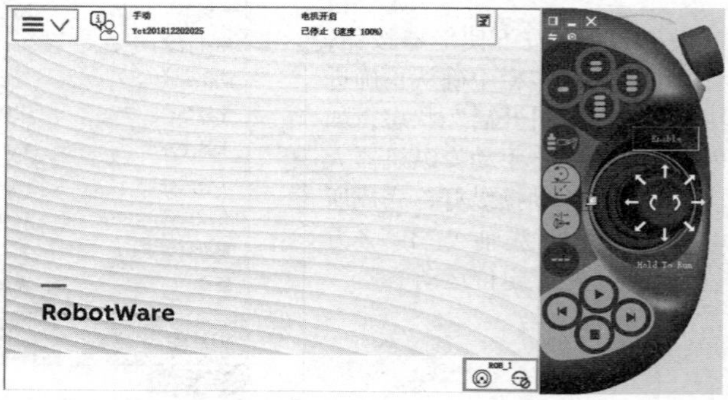

续表

序号	操作步骤	示意图
4	线性运动 / 重定位运动的快捷切换，除了使用此快捷按钮之外，还可以单击“手动运行快捷设置菜单”按钮，在手动操纵的“显示详情”中单击相应运动模式的按钮，即可完成线性 / 重定位运动的快捷切换，如图所示	

4.4.6　工业机器人紧急停止后的恢复方法

工业机器人紧急停止后的恢复方法

在机器人的手动操纵过程中，操作者因为操作不熟练引起碰撞或者发生其他突发状况时，会选择按下紧急停止按钮，启动机器人安全保护机制，停止机器人。在紧急停止机器人后，机器人停止的位置可能会处于空旷区域，也有可能被堵在障碍物之间。如果机器人处于空旷区域，可以选择手动操纵机器人运动到安全位置。如果机器人被堵在障碍物之间，在障碍物容易移动的情况下，可以直接移开周围的障碍物，再手动操纵机器人运动至安全位置。如果周围障碍物不易移动，也很难直接通过手动操纵机器人到达安全位置，那么可以选择按“松开抱闸”按钮，手动移动机器人到安全位置。操作方法为：一人先托住机器人（图 4–9），另一人按住“松开抱闸”按钮（图 4–10），电动机抱死状态解除后，托住机器人移动到安全位置后松开“松开抱闸”按钮。然后松开急停按钮，按下上电按钮，机器人系统恢复到正常工作状态。

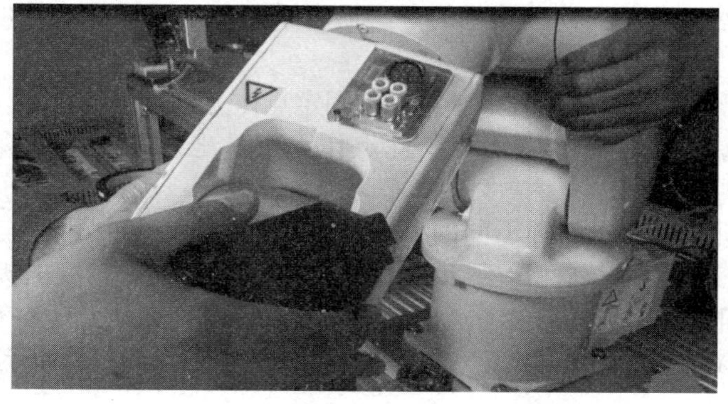

图 4–9　托住机器人

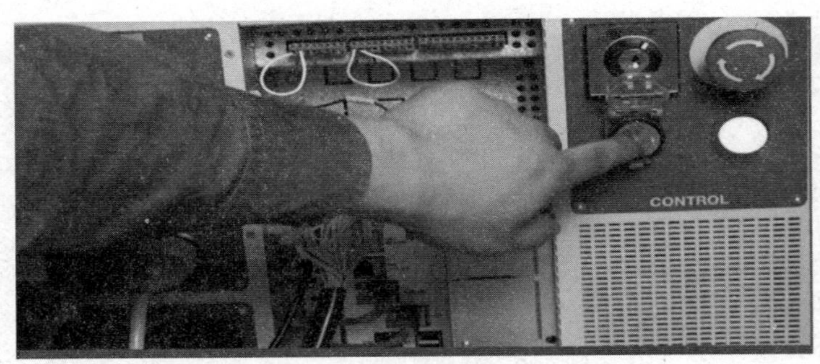

图 4–10　按住“松开抱闸”按钮

提示：此操作需要两人协作，在机器人移动到安全位置过程中，需一直按住“松开抱闸”按钮。

在此需注意的是，在紧急停止按钮按下的状态下，机器人处于急停状态中无法执行动作。在操纵其动作前，需要复位紧急停止按钮。急停复位后，便可手动操纵机器人到达安全位置。

4.4.7　工具坐标系的定义方法

工具坐标系的定义方法

为了让机器人以用户所需要的坐标系原点和方向为基准进行运动，用户可以自由定义工具坐标系。工具坐标系（参考 4.4.1）定义即定义工具坐标系的中心点 TCP 及坐标系各轴方向，其设定方法包括 N（$3 \leqslant N \leqslant 9$）点法、TCP 和 Z 法、TCP 和 Z，X 法。

（1）N（$3 \leqslant N \leqslant 9$）点法：机器人工具的 TCP 通过 N 种不同的姿态同参考点接触，得出多组解，通过计算得出当前工具 TCP 与机器人安装法兰中心点（默认 TCP）相对位置，其坐标系方向与默认工具坐标系（tool0）一致。

（2）TCP 和 Z 法：在 N 点法基础上，增加 Z 点与参考点的连线为坐标系 Z 轴的方向，改变了默认工具坐标系的 Z 方向。

（3）TCP 和 Z，X 法：在 N 点法基础上，增加 X 点与参考点的连线为坐标系 X 轴的方向，Z 点与参考点的连线为坐标系 Z 轴的方向，改变了默认工具坐标系的 X 和 Z 方向。

本书所述机器人设定工具坐标系的方法通常采用 TCP 和 Z，X 法（N=4）。其设定方法如下：

①首先在机器人工作范围内找一个精确的固定点作为参考点。

②然后在工具上确定一个参考点（此点作为工具坐标系的 TCP，最好是工具的中心点）。

③手动操纵机器人，以四种不同的姿态将工具上的参考点尽可能与固定点刚好重合接触。机器人前三个点的姿态相差尽量大些，这样有利于 TCP 精度的提高。为了获得更准确的 TCP，第四点是用工具的参考点垂直于固定点，第五点是工具参考点从固定点向将要设定为 TCP 的 X 方向移动，第六点是工具参考点从固定点向将要设定为 TCP 的 Z 方向移动。

④机器人通过这几个位置点的位置数据确定工具坐标系 TCP 的位置和坐标系的方向数据，然后将工具坐标系的这些数据保存在数据类型为 tooldata 的程序数据中，被程序进行调用。

在后文 4.4.9 中详细介绍了使用六点法即 TCP 和 Z，X 法（$N=4$）进行工具坐标系的设定操作方法。

4.4.8　工具数据

工具数据（tooldata）是机器人系统的一个程序数据类型，用于定义机器人的工具坐标系，出厂默认的工具坐标系数据被存储在命名为“tool0”的工具数据中，编辑工具数据可以对相应的工具坐标系进行修改（具体操作见 4.4.10）。如图 4–11 所示，设定 tooldata 的示教器界面，其中对应的设置参数如表 4–2 所示。使用预定义方法，即 4.4.7 介绍的几种方法设定工具坐标系时，在操纵机器人过程中，系统自动将表中数值填写到示教器中。如果已知工具的测量值，则可以在设定 tooltata 的示教器界面中对应的设置参数下输入这些数值，以设定工具坐标系。

工具数据建立工具坐标系并测试准确性

手动　Yct201812202025　电机开启　已停止（速度 100%）

编辑

名称：　tool1

点击一个字段以编辑值。

名称	值	数据类型
tool1:	[TRUE, [[0, 0, 0], [1, 0, 0...	tooldata
robhold :=	TRUE	bool
tframe:	[[0, 0, 0], [1, 0, 0, 0]]	pose
trans:	[0, 0, 0]	pos
x :=	0	num
y :=	0	num

1 到 6 共 26

撤销　确定　取消

I/O　手动操纵　ROB_1

图 4–11　设定 tooldata 的示教器界面

表 4–2　tooldata 参数 tframe 数值表

名称	参数	单位
工具中心的笛卡尔坐标系	tframe.trans.x	mm
	tframe.trans.y	
	tframe.trans.z	

续表

名称	参数	单位
工具的框架定向（必要情况下需要）	tframe.rot.q1	无
	tframe.rot.q2	
	tframe.rot.q3	
	tframe.rot.q4	
工具质量	tload.mass	kg
工具中心坐标系（必要情况下需要）	tload.cog.x	mm
	tload.cog.y	
	tload.cog.z	
力矩轴的方向（必要情况下需要）	tload.aom.q1	无
	tload.aom.q2	
	tload.aom.q3	
	tload.aom.q4	
工具的转动惯量（必要情况下需要）	tload.ix	$kg \cdot m^2$
	tload.iy	
	tload.iz	

4.4.9 任务实施——建立工具坐标系并测试准确性

1. 任务引入

在工业机器人的编程中，可以根据需求选择不同工具对应的坐标系。在没有选择更改坐标系的情况下，系统默认为工具坐标系。在机器人末端没有工具（没有新建工具坐标系）的情况下，工具坐标默认为机器人出厂时初始的工具坐标系“tool0”。在本任务实施中，介绍工具坐标系的新建和 TCP 和 Z，X 法（N=4）的设定，并检测新工具坐标系的准确性。

2. 任务要求

操作手动操纵杆，选择合适的运动方式，完成六点法设定工具坐标系以及准确性的测试。

3. 任务实操

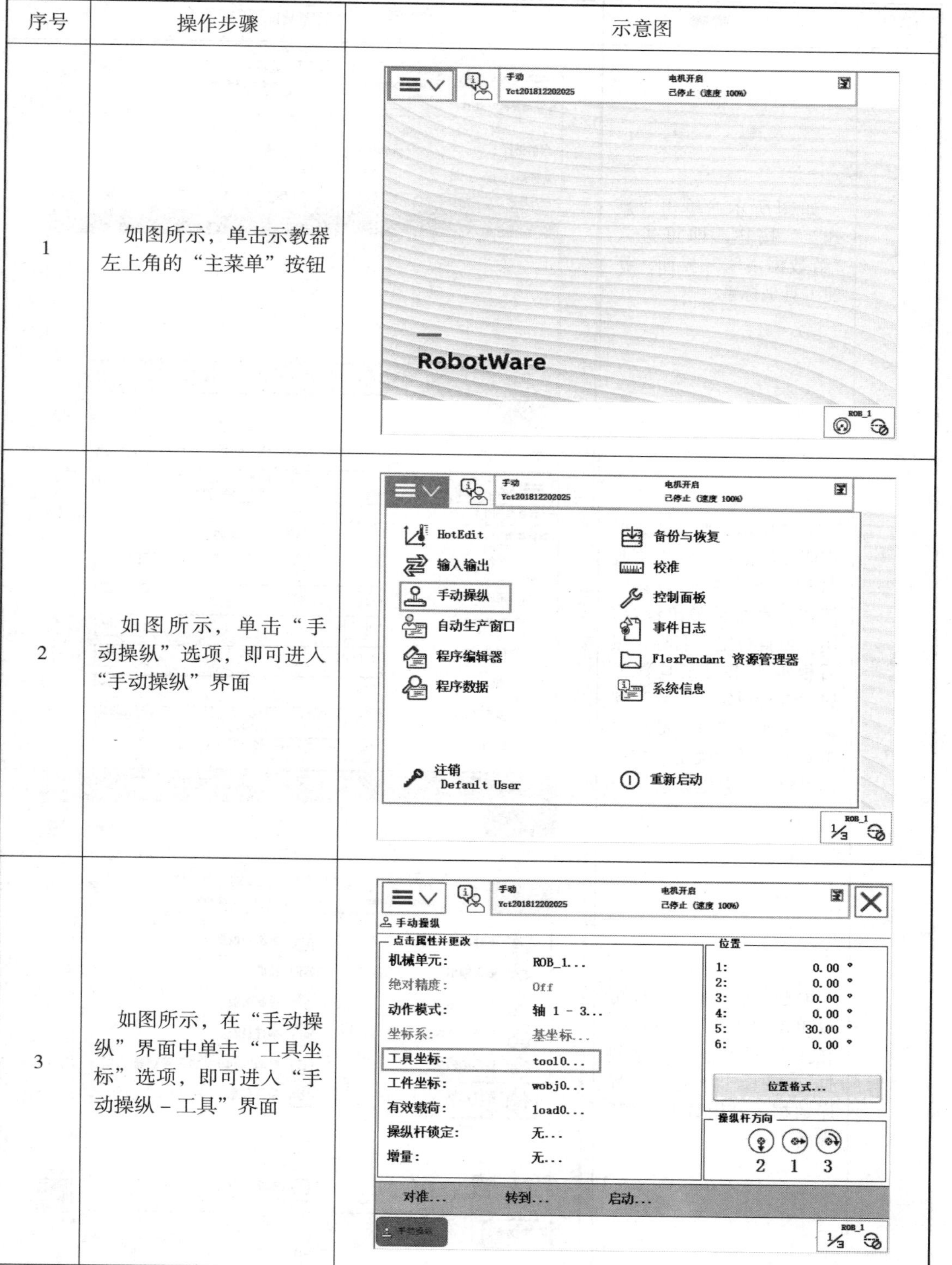

序号	操作步骤	示意图
1	如图所示，单击示教器左上角的“主菜单”按钮	
2	如图所示，单击“手动操纵”选项，即可进入“手动操纵”界面	
3	如图所示，在“手动操纵”界面中单击“工具坐标”选项，即可进入“手动操纵－工具”界面	

续表

序号	操作步骤	示意图
4	如图所示，单击“新建…”按钮，即可进入“新数据声明”界面，新建工具坐标系	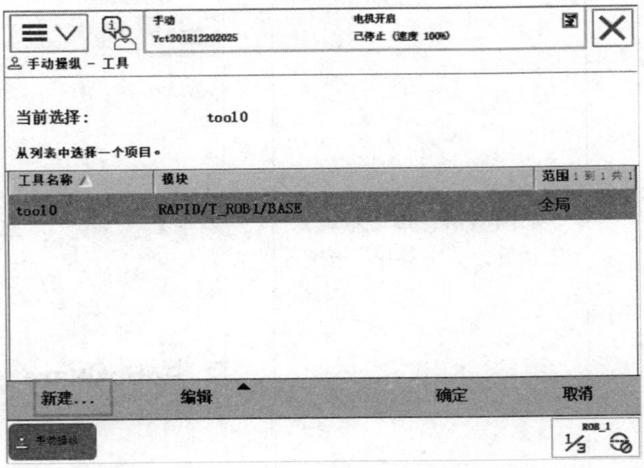
5	如图所示，在“新数据声明”界面中，如需更改名称，单击后面的“…”按钮，系统会弹出键盘，用户可自行定义名称，然后根据需求对工具数据属性进行设定（一般为默认，无须更改），最后单击右下角的“确定”按钮即可建立工具坐标系	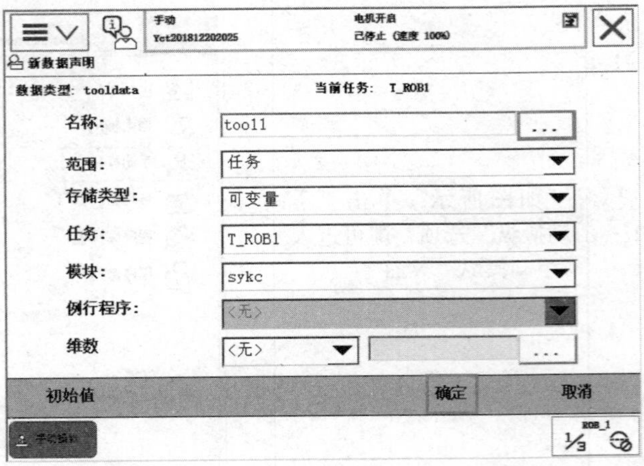
6	新建工具坐标系，还可以单击“主菜单”按钮。在主界面单击“程序数据”选项，即可进入“程序数据－已用数据类型”界面	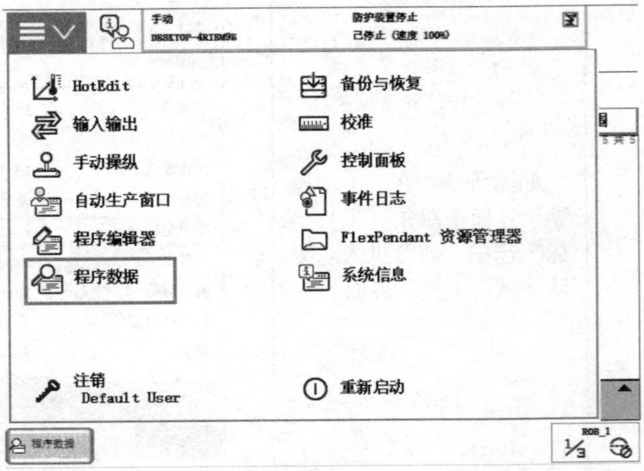

续表

序号	操作步骤	示意图
7	选择“tooldata”，单击“显示数据”按钮，系统进入“数据类型：tooldata”界面	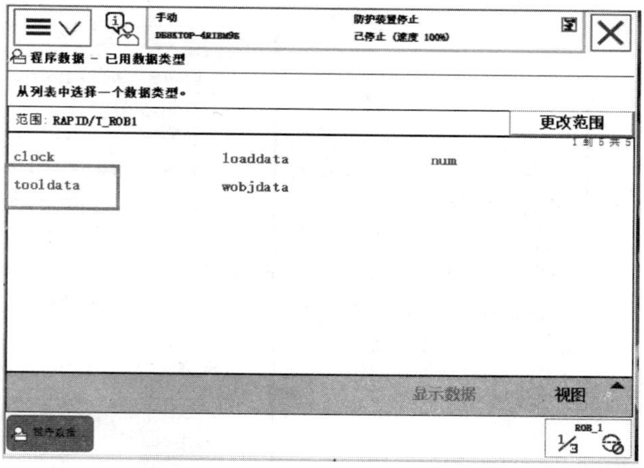
8	单击图示“新建...”按钮，系统弹出“新数据声明”界面，如需更改名称，单击后面的“…”按钮，系统会弹出键盘，可自行定义名称，然后对工具数据属性进行设定，最后单击“确定”按钮建立工具坐标系	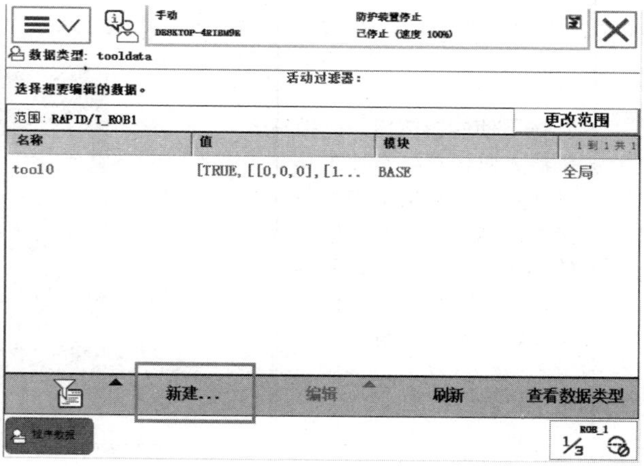
9	选中新建的“tool1”，单击“编辑”菜单，然后单击“定义”命令，进入下一步，如图所示	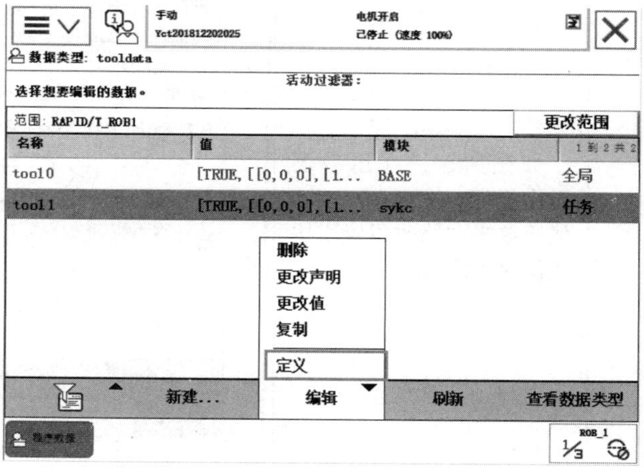

续表

<table>
<tr><th>序号</th><th>操作步骤</th><th>示意图</th></tr>
<tr><td>10</td><td>如图所示，在定义方法中选择“TCP 和 Z，X”6 点法来设定 TCP，其中“TCP（默认方向）”即为 4 点法设定 TCP，“TCP 和 Z”即为 5 点法设定 TCP</td><td>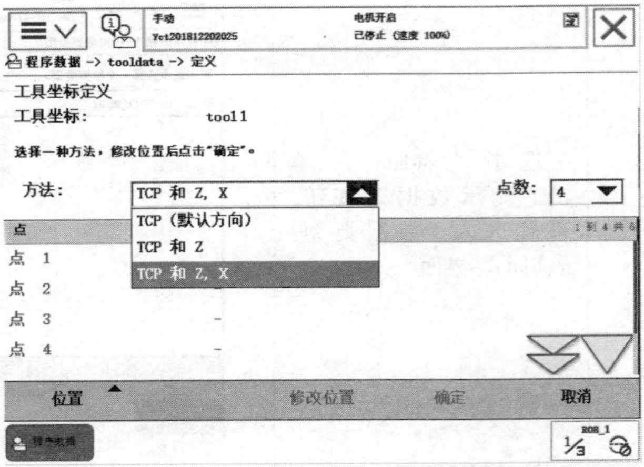
手动
Yct201812202025
电机开启
已停止 (速度 100%)
程序数据 -> tooldata -> 定义
工具坐标定义
工具坐标: tool1
选择一种方法，修改位置后点击“确定”。
方法: TCP 和 Z, X
点数: 4
TCP (默认方向)
TCP 和 Z
TCP 和 Z, X
点
1 到 4 共 6
点 1
点 2
点 3
点 4
位置
修改位置
确定
取消
ROB_1
1/3</td></tr>
<tr><td>11</td><td>按下使能器按钮，操控机器人以任意姿态使工具参考点（即笔尖）靠近并接触放置于 3D 轨迹板上的 TCP 参考点（即尖锥尖端），然后把当前位置作为第一点，如图所示</td><td>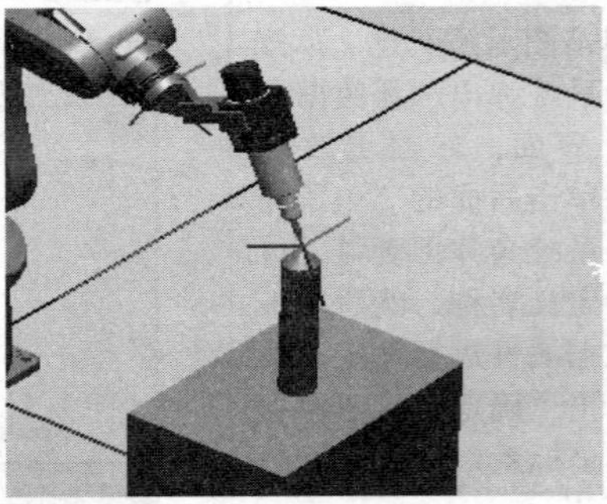</td></tr>
<tr><td>12</td><td>如图所示，在示教器操作界面，选中“点 1”，然后单击“修改位置”按钮保存当前位置</td><td>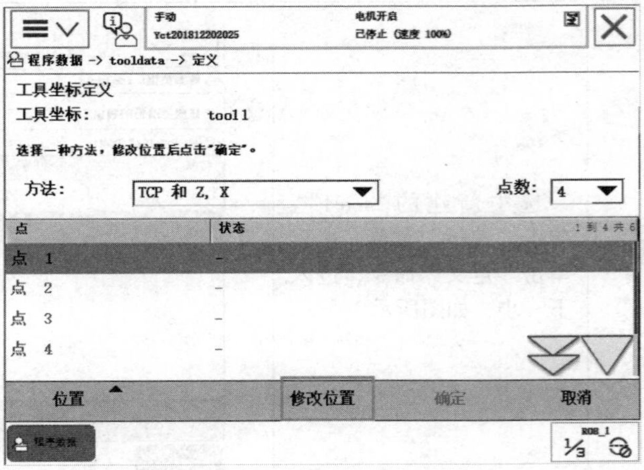
手动
Yct201812202025
电机开启
已停止 (速度 100%)
程序数据 -> tooldata -> 定义
工具坐标定义
工具坐标: tool1
选择一种方法，修改位置后点击“确定”。
方法: TCP 和 Z, X
点数: 4
点
状态
1 到 4 共 6
点 1
点 2
点 3
点 4
位置
修改位置
确定
取消
ROB_1
1/3</td></tr>
</table>

续表

序号	操作步骤	示意图
13	操控机器人变换另一种姿态使工具参考点（即笔尖）靠近并接触放置于3D轨迹板上的TCP参考点（即尖锥尖端），把当前位置作为第2点，如图所示。注意：机器人姿态变化越大，则越有利于TCP点的标定	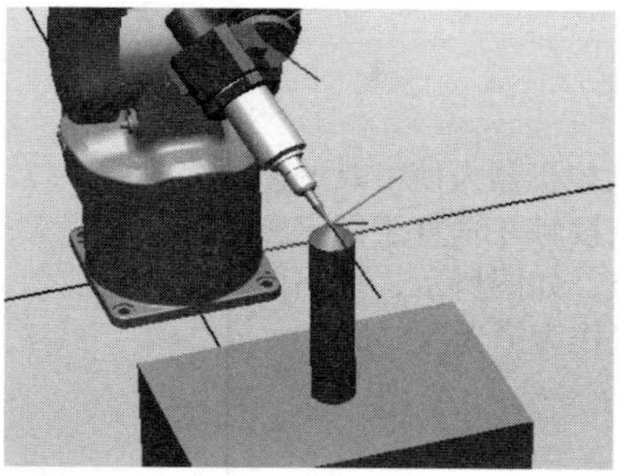
14	如图所示，在示教器界面，选中“点2”，然后单击“修改位置”按钮保存当前位置	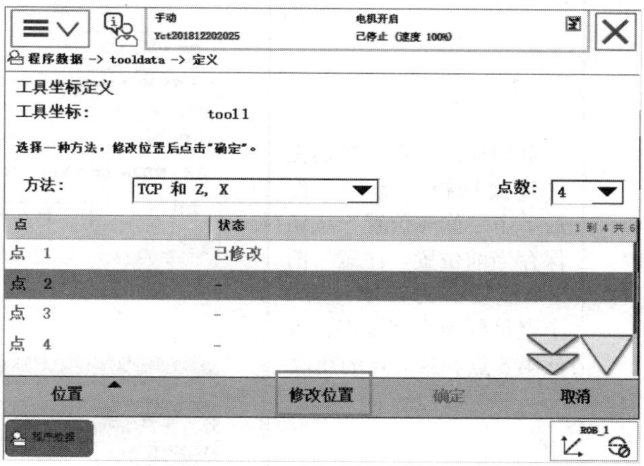
15	操控机器人再变换一种姿态，使工具参考点（即笔尖）靠近并接触放置于3D轨迹板上的TCP参考点（即尖锥尖端），如图所示，把当前位置作为第3点（注意：机器人姿态变化越大越有利于TCP点的标定）。单击“修改位置”按钮，保存当前位置	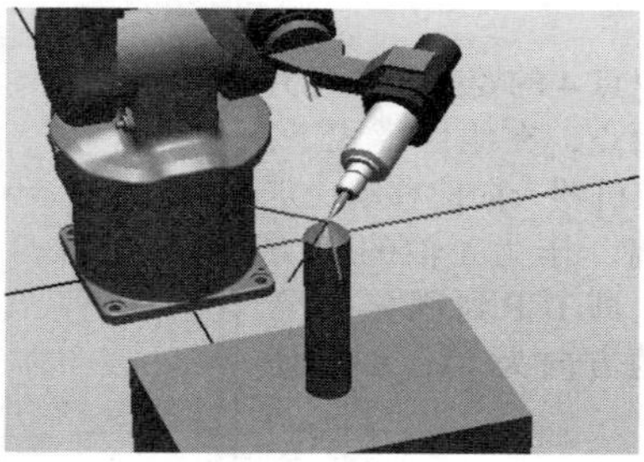

续表

序号	操作步骤	示意图
16	操控机器人使工具的参考点接触并垂直于固定参考点，如图所示，把当前位置作为第 4 点	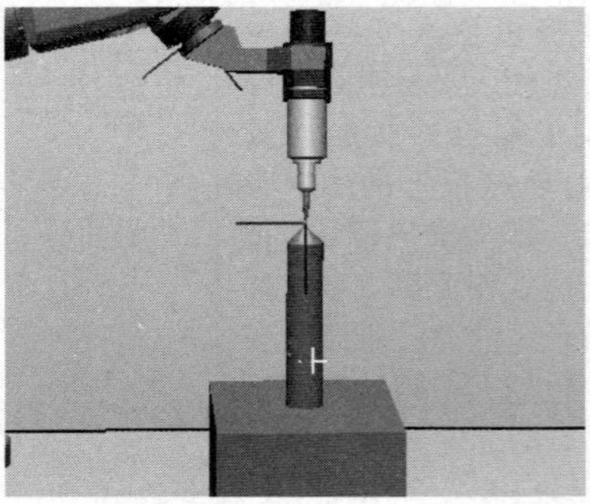
17	如图所示，在示教器操作界面选择“点 4”，然后单击“修改位置”按钮保存当前位置。注意：前 3 个点姿态为任取，第 4 个点最好为垂直姿态，方便第 5 点和第 6 点的获取	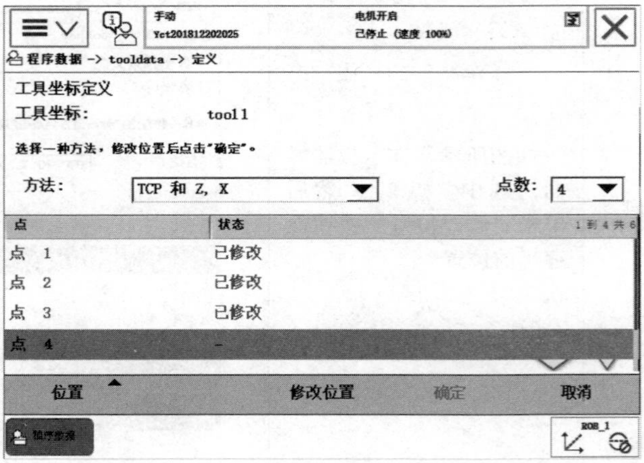
18	以点 4 的姿态和位置为起始点，在线性模式下，操控机器人向前移动一定距离，作为 X 轴的负方向，即 TCP 到固定参考点的方向为 $+X$，如图所示	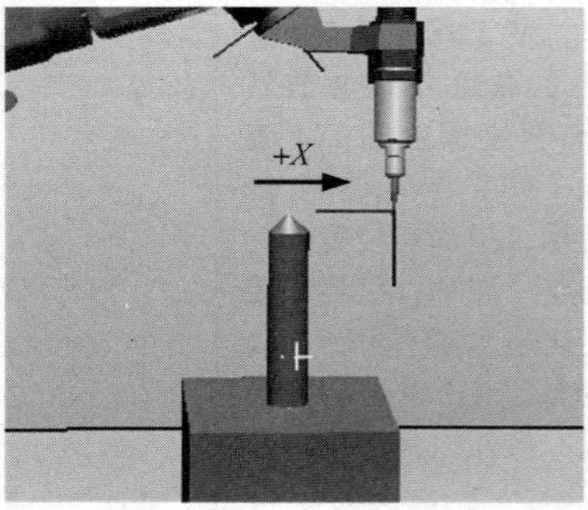

续表

序号	操作步骤	示意图
19	如图所示，选中“延伸器点X”，然后单击“修改位置”按钮，保存当前位置（使用4点法、5点法设定TCP时不用设定此点）	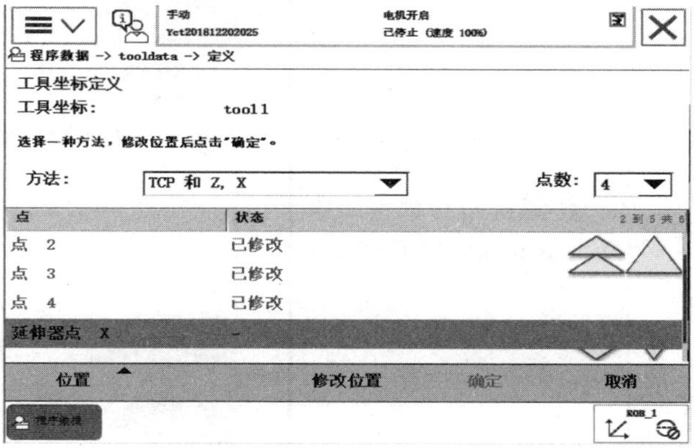 手动 Yet201812202025 电机开启 已停止（速度 100%） 程序数据 -> tooldata -> 定义 工具坐标定义 工具坐标：tool1 选择一种方法，修改位置后点击“确定”。 方法：TCP 和 Z, X　点数：4 点 | 状态　2 到 5 共 6 点 2 已修改 点 3 已修改 点 4 已修改 延伸器点 X - 位置　修改位置　确定　取消 程序数据　ROB_1
20	以点4为固定点，在线性模式下，操控机器人向上移动一定距离，作为*Z*轴负方向，即TCP到固定参考点的方向为+*Z*，如图所示	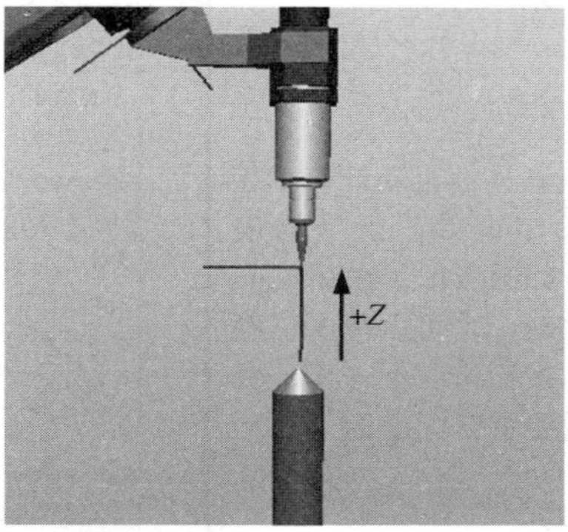 +Z
21	如图所示，选中“延伸器点Z”然后单击“修改位置”按钮保存当前位置（使用4点法、5点法设定TCP时不用设定此点）	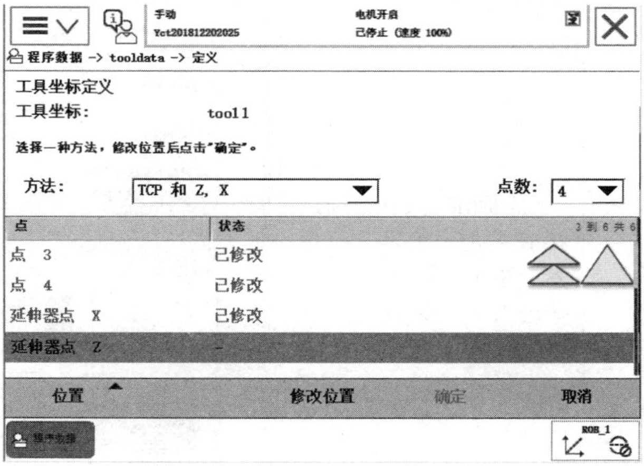 手动 Yet201812202025 电机开启 已停止（速度 100%） 程序数据 -> tooldata -> 定义 工具坐标定义 工具坐标：tool1 选择一种方法，修改位置后点击“确定”。 方法：TCP 和 Z, X　点数：4 点 | 状态　3 到 6 共 6 点 3 已修改 点 4 已修改 延伸器点 X 已修改 延伸器点 Z - 位置　修改位置　确定　取消 程序数据　ROB_1

续表

序号	操作步骤	示意图
22	如图所示，单击“确定”按钮完成 TCP 定义	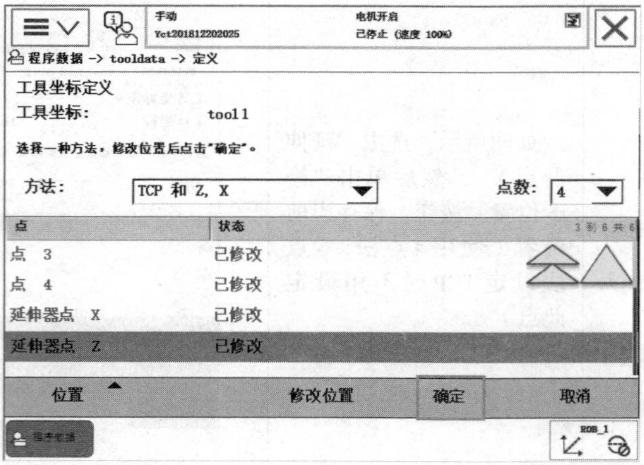
23	机器人会自动计算 TCP 的标定误差，当平均误差（如图所示）在 0.5 mm 以内时，才可以单击“确定”按钮进入下一步，否则需要重新标定 TCP	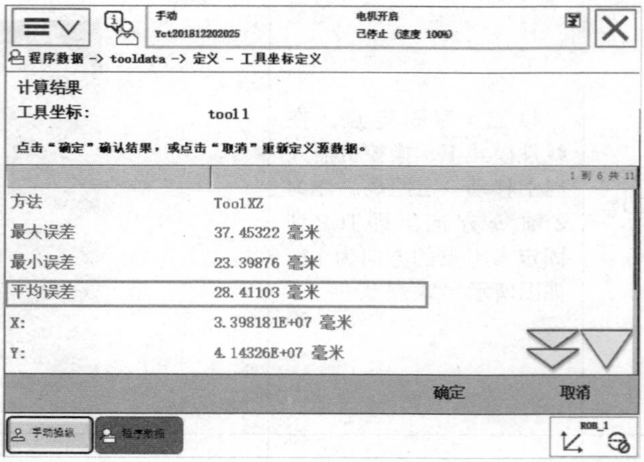
24	如图所示，选中“tool1”，接着单击“编辑”菜单，然后单击“更改值 ...”命令进入下一步	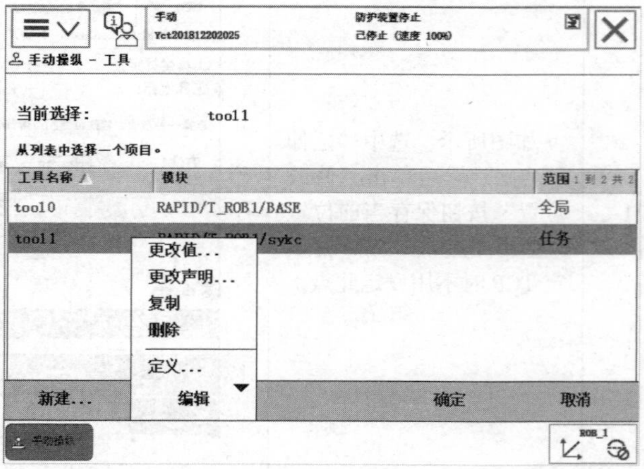

续表

序号	操作步骤	示意图
25	单击图示右下角三角形按钮，可进行翻页（单三角翻行，双三角翻页）找到名称“mass”，其含义为对应工具的质量（参考4.4.5），单位为kg，本任务中将“mass”的值更改为0.5，单击“mass”选项，在弹出的键盘中输入0.5，单击“确定”按钮	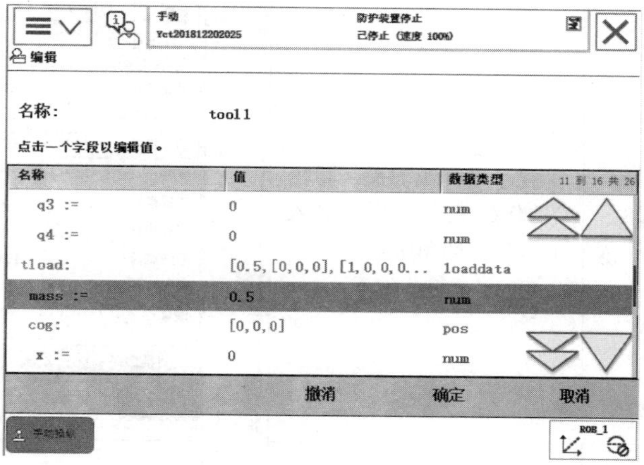 手动 Yct201812202025 防护装置停止 已停止（速度 100%） 编辑 名称：tool1 点击一个字段以编辑值。 名称 / 值 / 数据类型 11 到 16 共 26 q3 := 0 num q4 := 0 num tload: [0.5,[0,0,0],[1,0,0,0... loaddata mass := 0.5 num cog: [0,0,0] pos x := 0 num 撤消 确定 取消 ROB_1
26	x、y、z数值（参考4.4.4）是工具重心基于tool0的偏移量，单位为mm。在本任务中（如图所示），将z的值更改为“38”，然后单击“确定”按钮，返回到工具坐标系界面	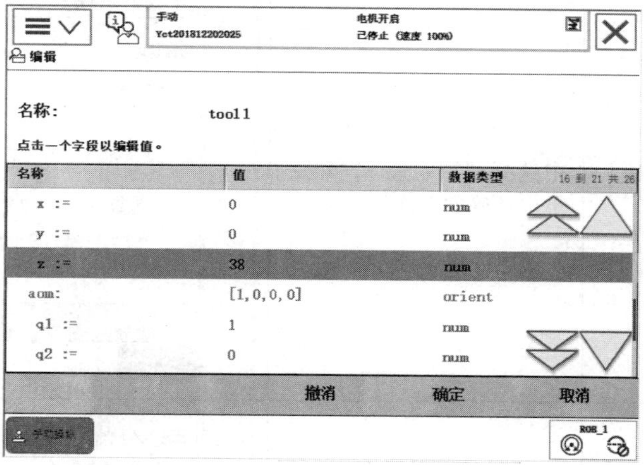 手动 Yct201812202025 电机开启 已停止（速度 100%） 编辑 名称：tool1 点击一个字段以编辑值。 名称 / 值 / 数据类型 16 到 21 共 26 x := 0 num y := 0 num z := 38 num aom: [1,0,0,0] orient q1 := 1 num q2 := 0 num 撤消 确定 取消 ROB_1
27	如图所示，选中新标定的工具坐标“tool1”，单击“确定”按钮，返回手动操纵界面，完成工业机器人工具坐标系TCP的设定	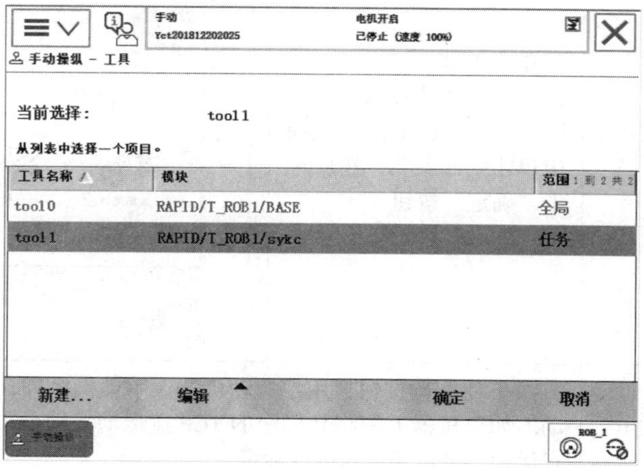 手动 Yct201812202025 电机开启 已停止（速度 100%） 手动操纵 - 工具 当前选择：tool1 从列表中选择一个项目。 工具名称 / 模块 / 范围 1 到 2 共 2 tool0 RAPID/T_ROB1/BASE 全局 tool1 RAPID/T_ROB1/sykc 任务 新建... 编辑 确定 取消 ROB_1

续表

序号	操作步骤	示意图
28	在手动操纵界面，单击“动作模式”选项，进入下一步，如图所示	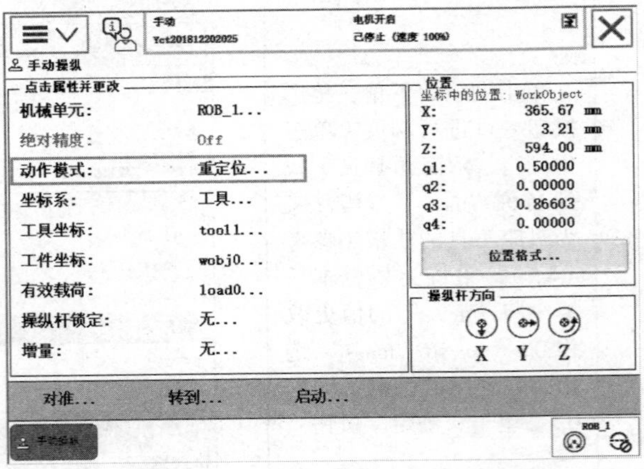
29	如图所示，在动作模式中选择“重定位”，然后单击“确定”按钮	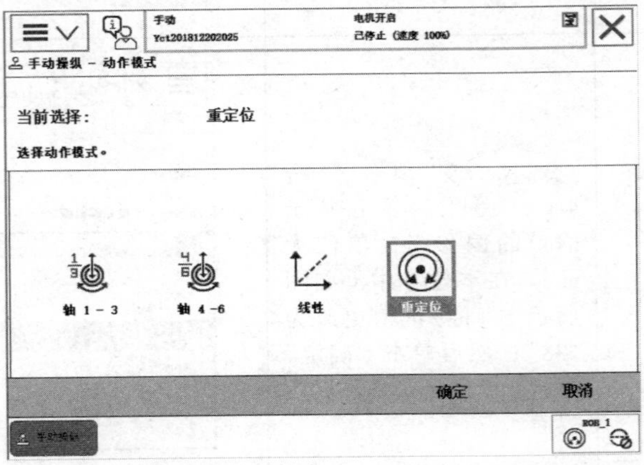
30	单击“坐标系”选项，进入坐标系选择窗口（如图所示），在坐标系选项中单击“工具”，然后单击“确定”按钮	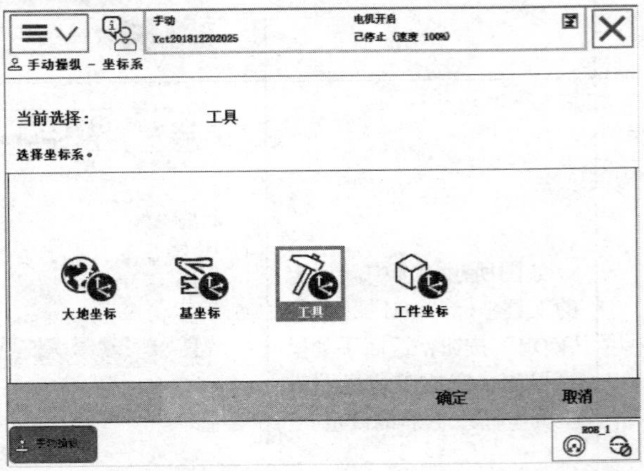
31	按下使能器按钮，用手拨动机器人手动操纵杆，检测机器人是否围绕新标定的TCP点运动。如果机器人围绕新标定的TCP点运动，则TCP标定成功；如果没有围绕新标定的TCP点运动，则需要重新进行标定	

4.4.10　任务实施——编辑工具数据

1. 任务要求

掌握如何手动编辑工具数据。

2. 任务实操

序号	操作步骤	示意图
1	方法一：在“手动操纵”界面下新建工具坐标系时，单击图示左下角“初始值”按钮，进入工具数据 tooldata 参数界面，翻页可看到所有“tframe 数值”（见表 4–2）	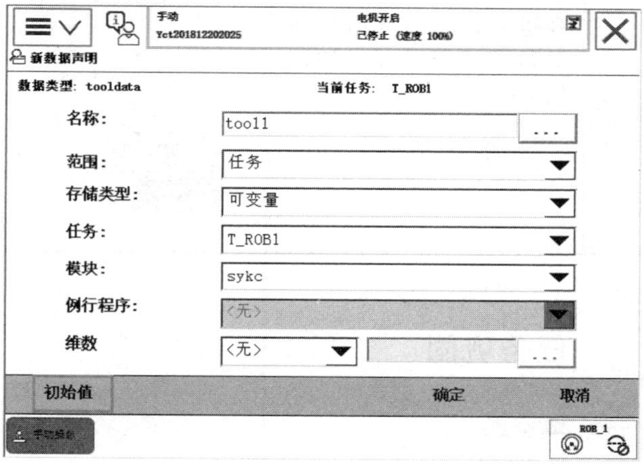
2	使用触摸屏用笔单击相应的“tframe 数值”即可对工具数据进行修改，单击右下角按钮，可进行翻页（单三角翻行，双三角翻页），如图所示	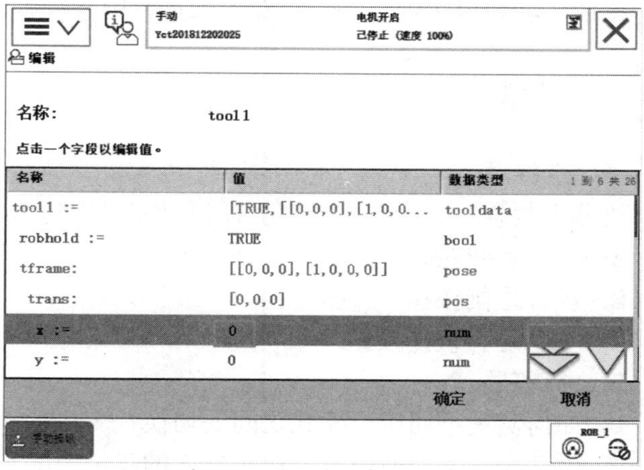

续表

序号	操作步骤	示意图
3	方法二：在建立好的工具坐标系列表中选择对应的工具，单击“编辑”菜单，选择“更改值…”命令进入 tooldata 参数界面对数据进行编辑，如图所示	

任务巩固

一、填空题

1. 机器人系统常用的坐标系有（　　　）、（　　　）、（　　　）和（　　　）。

2. 设定工具坐标系的方法有 N（$3 \leqslant N \leqslant 9$）点法，TCP 和 Z 法，TCP 和 Z、X 法，其中最常见的方法是（　　　）。

二、简答题

线性运动和重定位运动在机器人的运行中有什么区别？

习题

一、选择题

机器人紧急停止后，进行恢复操作时需要用到（　　）。

A．手动操纵按钮

B．松开抱闸按钮

C．手动运行快捷按钮

二、简答题

1．如何实现不同运行模式之间的切换？

2．手动模式下如何设置工业机器人的步进速度？

3．工业机器人可以实现哪几种运动方式？工业机器人常用的坐标系有哪些？

任务清单

<table>
<tr><td>姓名</td><td></td><td>工作名称</td><td colspan="2">工业机器人的手动运行</td></tr>
<tr><td>班级</td><td></td><td>小组成员</td><td colspan="2"></td></tr>
<tr><td>指导教师</td><td></td><td>分工内容</td><td colspan="2"></td></tr>
<tr><td>计划用时</td><td></td><td>实施地点</td><td colspan="2"></td></tr>
<tr><td>完成日期</td><td colspan="2"></td><td>备注</td><td></td></tr>
<tr><td colspan="5">工作准备</td></tr>
<tr><td colspan="3">资料</td><td>工具</td><td>设备</td></tr>
<tr><td colspan="3"></td><td></td><td></td></tr>
<tr><td colspan="5">工作内容与实施</td></tr>
<tr><td colspan="2">1. 设置工业机器人的运动模式</td><td colspan="3"></td></tr>
<tr><td colspan="2">2. 设置工业机器人的手动运行速度</td><td colspan="3"></td></tr>
<tr><td colspan="2">3. 操纵工业机器人的单轴运动</td><td colspan="3"></td></tr>
<tr><td colspan="2">4. 工业机器人的线性运动与重定位运动</td><td colspan="3"></td></tr>
</table>

工作评价

项目	评价内容				
	完成的质量（60分）	技能提升能力（20分）	知识掌握能力（10分）	团队合作（10分）	备注
自我评价					
小组评价					
教师评价					

1. 自我评价

班级：　　　　　　姓名：　　　　　　工作名称：

自我评价表

序号	评价项目			是	否
1	是否明确人员的职责				
2	能否按时完成工作任务的准备部分				
3	工作着装是否规范				
4	是否主动参与工作现场的清洁和整理工作				
5	是否主动帮助同学				
6	是否掌握设置工业机器人的运动模式方法				
7	是否完成工业机器人的手动运行速度设置				
8	是否操纵工业机器人的单轴运动				
9	是否掌握工业机器人的线性运动与重定位运动				
10	是否执行5S标准				
评价人		分数		时间	年　月　日

2. 小组评价

小组评价表

序号	评价项目	评价情况
1	与其他同学的沟通是否顺畅	
2	是否尊重他人	
3	工作态度是否积极主动	
4	是否服从教师安排	

续表

序号	评价项目	评价情况
5	着装是否符合标准	
6	能否正确地理解他人提出的问题	
7	能否按照安全和规范的规程操作	
8	能否保持工作环境的干净整洁	
9	是否遵守工作场所的规章制度	
10	是否有工作岗位的责任心	
11	是否全勤	
12	是否能正确对待肯定和否定的意见	
13	团队工作中的表现如何	
14	是否达到任务目标	
15	存在的问题和建议	

3. 教师评价表

教师评价表

课程	工业机器人现场编程	任务名称	工业机器人的手动运行	完成地点	
姓名		小组成员			
序号	项目		分值		
1	工业机器人手动 / 自动运行模式的切换		10		
2	操纵杆速率的设置		10		
3	使用增量模式调整步进速度		10		
4	手动操纵工业机器人单轴运动		10		
5	手动操纵工业机器人重定位运动		20		
6	线性运动与重定位运动的快捷切换		10		
7	建立工具坐标系并测试准确性		20		
8	编辑工具数据		10		

项目五

工业机器人 I/O 通信设置

项目导入

工业机器人配有丰富的 I/O 通信接口，可以轻松地实现与周边设备进行通信，机器人和 PLC 之间通过这些丰富的 I/O 通信接口进行信号的传递。本项目中将介绍接口定义，配置接口以实现机器人与外部的通信，信号的置位以及信号控制快捷键的设置。工业机器人 I/O 板如图 5-1 所示。

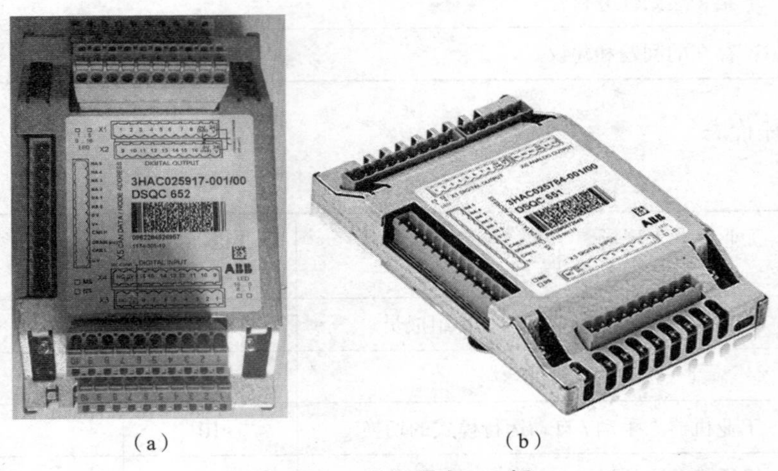

（a）　　　　　　（b）

图 5-1　工业机器人 I/O 板

（a）DSQC 652；（b）DSQC 651

项目目标

★知识目标

了解配置工业机器人标准 I/O 板（工业机器人职业技能等级证书考核要点）。

了解 I/O 信号的定义及监控（工业机器人职业技能等级证书考核要点）。

了解备份工业机器人系统的作用（工业机器人职业技能等级证书考核要点）。

★能力目标

能实现 DSQC 652 标准 I/O 板的配置（工业机器人职业技能等级证书考核要点）。

能定义数字量输入 / 输出信号（工业机器人职业技能等级证书考核要点）。

能定义数字量输入 / 输出组信号（工业机器人职业技能等级证书考核要点）。

掌握 I/O 信号的监控查看、强制置位和快捷键设置（工业机器人职业技能等级证书考核要点）。

★素质目标

通过本项目的训练，教育引导学生践行知行统一、一丝不苟的工匠精神，强化劳动观念，弘扬劳动精神，让学生具有必备的劳动能力，培育积极向上的劳动精神和认真负责的劳动态度。

任务 5.1 配置工业机器人的标准 I/O 板※

5.1.1 工业机器人 I/O 通信的种类

工业机器人 I/O 通信的种类

机器人拥有丰富的 I/O 通信接口，可以轻松地实现与周边设备进行通信，其具备的 I/O 通信方式如表 5-1 所示，其中 RS232 通信，OPC server、Socket Message 是与 PC 通信时的通信协议，与 PC 进行通信时需在 PC 端下载 PS SDK 添加“PC-INTERFACE”选项方可使用；DeviceNet、Profibus-DP、Profinet、Ethernet IP 则是不同厂商推出的现场总线协议，根据需求进行选配使用合适的现场总线；如果使用机器人标准 I/O 板，就必须有 DeviceNet 的总线。

关于机器人 I/O 通信接口的说明：

（1）标准 I/O 板提供的常用信号有数字输入 DI、数字输出 DO、模拟输入 AI、模拟输出 AO，以及输送链跟踪（如 DSQC 337A），常用的标准 I/O 板有 DSQC 651 和 DSQC 652。

（2）机器人可以选配标准的 PLC（本体同厂家的 PLC），既省去了与外部 PLC 进行通信的设置，又可以直接在机器人的示教器上实现与 PLC 相关的操作。

表 5-1 机器人 I/O 通信方式

PC 通信协议	现场总线协议	机器人标准
RS232 通信（串口外接条形码读取及视觉捕捉等）	DeveiceNet	标准 I/O 板
OPC server	Profibus	PLC
Socket Message（网口）	Profibus-DP	PLC
—	Profinet	PLC
—	EtherNet IP	PLC

DSQC 651 的标准 I/O 板

5.1.2 DSQC 651 的标准 I/O 板

机器人常用的标准 I/O 板（表 5–2）有 DSQC 651、DSQC 652、DSQC 653、DSQC 355A、DSQC 377A 五种，除分配地址不同外，其配置方法基本相同。

表 5–2 常用的标准 I/O 板

序号	序号	说明
1	DSQC 651	分布式 I/O 模块，di8、do8、ao2
2	DSQC 652	分布式 I/O 模块，di16、do16
3	DSQC 653	分布式 I/O 模块，di8、do8，带继电器
4	DSQC 355A	分布式 I/O 模块，ai4、ao4
5	DSQC 377A	输送链跟踪单元

DSQC 651 板主要提供 8 个数字输入信号、8 个数字输出信号和 2 个模拟输出信号的处理。DSQC 651 板如图 5–2 所示，包括数字信号输出指示灯、X1 数字输出接口、X3 数字输入接口、X5 DeveiceNet 接口、X6 模拟输出接口、模块状态指示灯和数字输入信号指示灯。

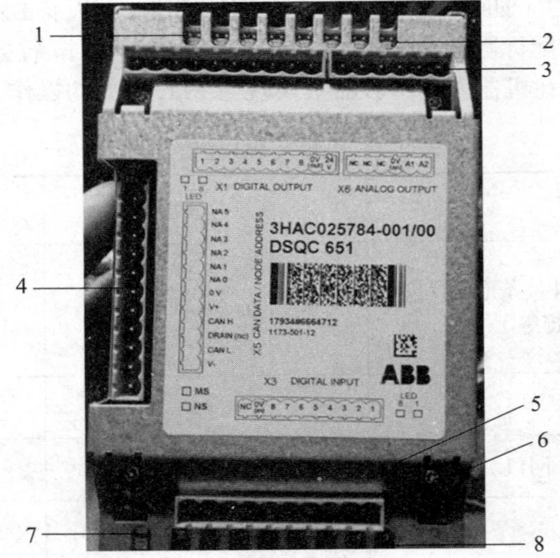

图 5–2 DSQC 651 板

1—数字信号输出指示灯；2—X1 数字输出接口；3—X6 模拟输出接口；
4—X5 DeviceNet 接口；5—X3 数字输入接口；6—模块状态指示灯；
7—数字输入信号指示灯

DSQC 651 板的 X1、X3、X5、X6 模块接口连接说明如下：

1. X1 端子

X1 端子接口包括 8 个数字输出，其地址分配如表 5-3 所示。

表 5-3　DSQC 651 板的 X1 端子地址分配

X1 端子编号	使用定义	地址分配
1	OUTPUT CH1	32
2	OUTPUT CH2	33
3	OUTPUT CH3	34
4	OUTPUT CH4	35
5	OUTPUT CH5	36
6	OUTPUT CH6	37
7	OUTPUT CH7	38
8	OUTPUT CH8	39
9	0 V	—
10	24 V	—

2. X3 端子

X3 端子接口包括 8 个数字输入，其地址分配如表 5-4 所示。

表 5-4　DSQC 651 板的 X3 端子地址分配

X3 端子编号	使用定义	地址分配
1	INPUT CH1	0
2	INPUT CH2	1
3	INPUT CH3	2
4	INPUT CH4	3
5	INPUT CH5	4
6	INPUT CH6	5
7	INPUT CH7	6
8	INPUT CH8	7
9	0 V	—
10	未使用	—

3. X5 端子

X5 端子是 DeviceNet 接口，其地址分配如表 5–5 所示。

表 5–5　DSQC 651 板的 X5 端子地址分配

X5 端子编号	使用定义	X5 端子编号	使用定义
1	0 V BLACK	7	模块 ID bit0（LSB）
2	CAN 信号线 low BLUE	8	模块 ID bit1（LSB）
3	屏蔽线	9	模块 ID bit2（LSB）
4	CAN 信号线 high WHITE	10	模块 ID bit3（LSB）
5	24 V RED	11	模块 ID bit4（LSB）
6	GND 地址选择公共端	12	模块 ID bit5（LSB）

4. X6 端子

X6 端子接口包括 2 个模拟输出，其地址分配如表 5–6 所示。

表 5–6　DSQC 651 板的 X6 端子地址分配

X6 端子编号	使用定义	地址分配
1	未使用	—
2	未使用	—
3	未使用	—
4	0 V	—
5	模拟输出 ao1	0 ~ 15
6	模拟输出 ao2	16 ~ 31

5.1.3　DSQC 652 的标准 I/O 板

DSQC 652 板主要提供 16 个数字输入信号和 16 个数字输出信号的处理，如图 5–3 所示，其中包括信号输出指示灯、X1 和 X2 数字输出接口、X5 DeviceNet 接口、模块状态指示灯、X3 和 X4 数字输入接口、数字输入信号指示灯。

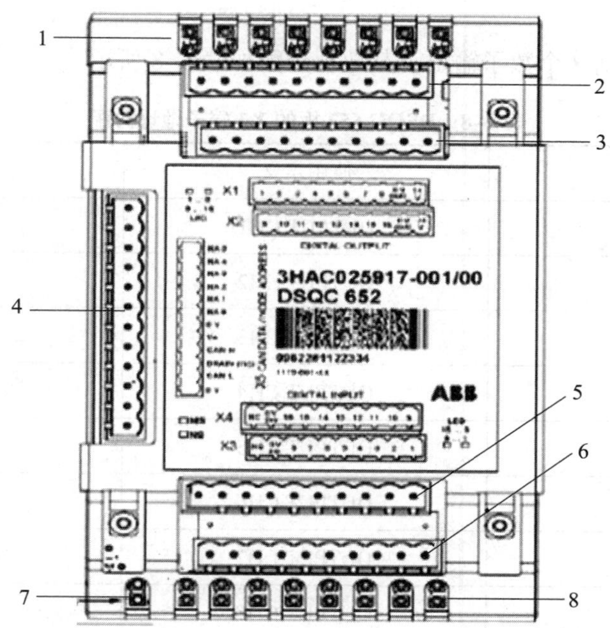

图 5-3　DSQC 652 板

1—信号输出指示灯；2—X1 数字输出接口；3—X6 模拟输出接口；4—X5 DeviceNet 接口；5—X3 数字输入接口；6—模块状态指示灯；7—数字输入信号指示灯

DSQC 652 板的 X1、X3、X5、X6 模块接口连接说明如下：

1. X1 端子

X1 端子接口包括 8 个数字输出，其地址分配如表 5-7 所示。

表 5-7　DSQC 652 板 X1 的端子地址分配

X1 端子编号	使用定义	地址分配
1	OUTPUT CH1	0
2	OUTPUT CH2	1
3	OUTPUT CH3	2
4	OUTPUT CH4	3
5	OUTPUT CH5	4
6	OUTPUT CH6	5
7	OUTPUT CH7	6
8	OUTPUT CH8	7
9	0 V	—
10	24 V	—

2. X2 端子

X2 端子端口包括 8 个数字输出，其地址分配如表 5-8 所示。

表 5-8　DSQC 652 板的 X2 端子地址分配

X2 端子编号	使用定义	地址分配
1	OUTPUT CH1	8
2	OUTPUT CH2	9
3	OUTPUT CH3	10
4	OUTPUT CH4	11
5	OUTPUT CH5	12
6	OUTPUT CH6	13
7	OUTPUT CH7	14
8	OUTPUT CH8	15
9	0 V	—
10	24 V	—

3. X3 端子

X3 端子接口包括 8 个数字输入，其地址分配如表 5-9 所示。

表 5-9　DSQC 652 板的 X3 端子地址分配

X3 端子编号	使用定义	地址分配
1	INPUT CH1	0
2	INPUT CH2	1
3	INPUT CH3	2
4	INPUT CH4	3
5	INPUT CH5	4
6	INPUT CH6	5
7	INPUT CH7	6
8	INPUT CH8	7
9	0 V	—
10	未使用	—

4. X4 端子

X4 端子接口包括 8 个数字输入，其地址分配如表 5-10 所示。

表 5-10　DSQC 652 板的 X4 端子地址分配

X4 端子编号	使用定义	地址分配
1	INPUT CH9	8
2	INPUT CH10	9
3	INPUT CH11	10
4	INPUT CH12	11
5	INPUT CH13	12
6	INPUT CH14	13
7	INPUT CH15	14
8	INPUT CH16	15
9	0 V	—
10	未使用	—

5. X5 端子

DSQC 652 标准 I/O 板是下挂在 DeviceNet 现场总线下的设备，通过 X5 端口与 DeviceNet 现场总线进行通信，端子使用定义如表 5-11 所示。

表 5-11　X5 端子使用定义

X5 端子编号	使用定义	X5 端子编号	使用定义
1	0 V BLACK	7	模块 ID bit0（LSB）
2	CAN 信号线 low BLUE	8	模块 ID bit1（LSB）
3	屏蔽线	9	模块 ID bit2（LSB）
4	CAN 信号线 high WHITE	10	模块 ID bit3（LSB）
5	24 V RED	11	模块 ID bit4（LSB）
6	GND 地址选择公共端	12	模块 ID bit5（LSB）

如图 5-4 所示，X5 为 DeviceNet 通信端子，其中 1～5 为 DeviceNet 接线端子，其上的编号 6～12 跳线用来决定模块（I/O 板）在总线中的地址，可用范围为 10～63。7～12 跳线剪断，地址分别对应 1、2、4、8、16、32。图 5-4 中跳线 8 和跳线 10 剪断，对应数值相加得 10，即为 DSQC 652 总线地址。DSQC 652 标准 I/O 板总线连接参数如表 5-12 所示。

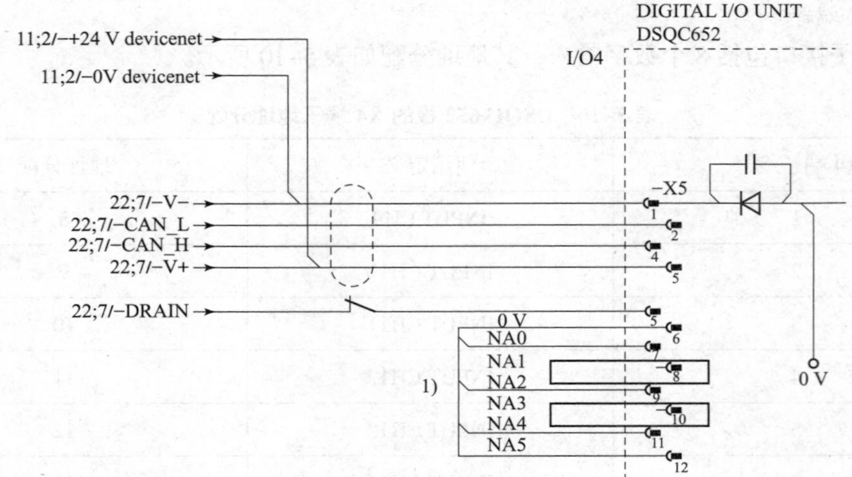

图 5–4　X5 端口接线图

表 5–12　DSQC 652 标准 I/O 板总线连接参数

参数名称	设定值	说明
Name	d652	设定 I/O 板在系统中的名字
Type of Device	DSQC 652	设定 I/O 板的类型
DeviceNet Address	10	设定 I/O 板在总线中的地址

5.1.4　任务实施——配置标准 I/O 板 DSQC 652 ※

1. 任务要求

掌握如何配置标准 I/O 板 DSQC 652。

2. 任务实操

序号	操作步骤	示意图
1	进入主菜单，在示教器操作界面中单击“控制面板”，如图所示	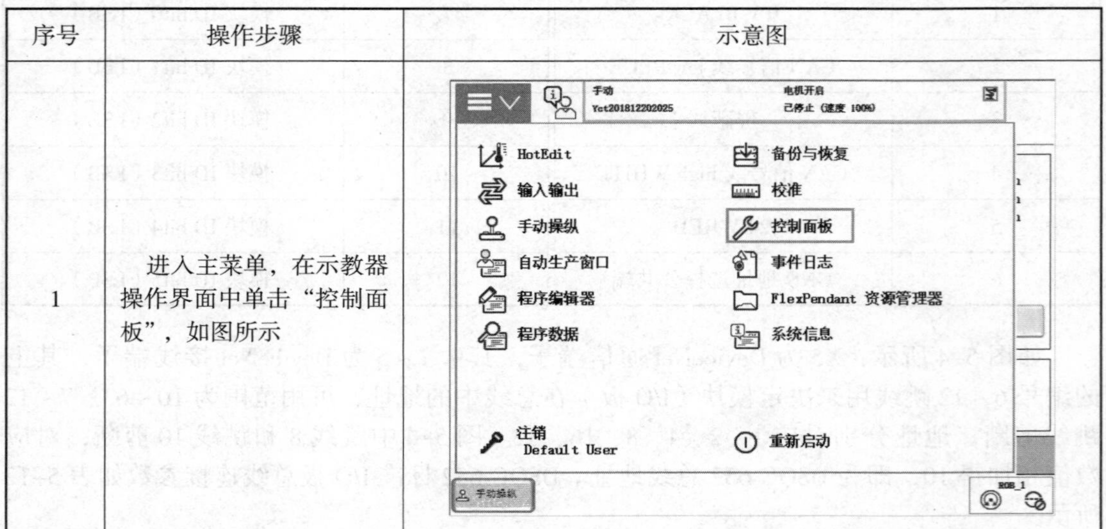

续表

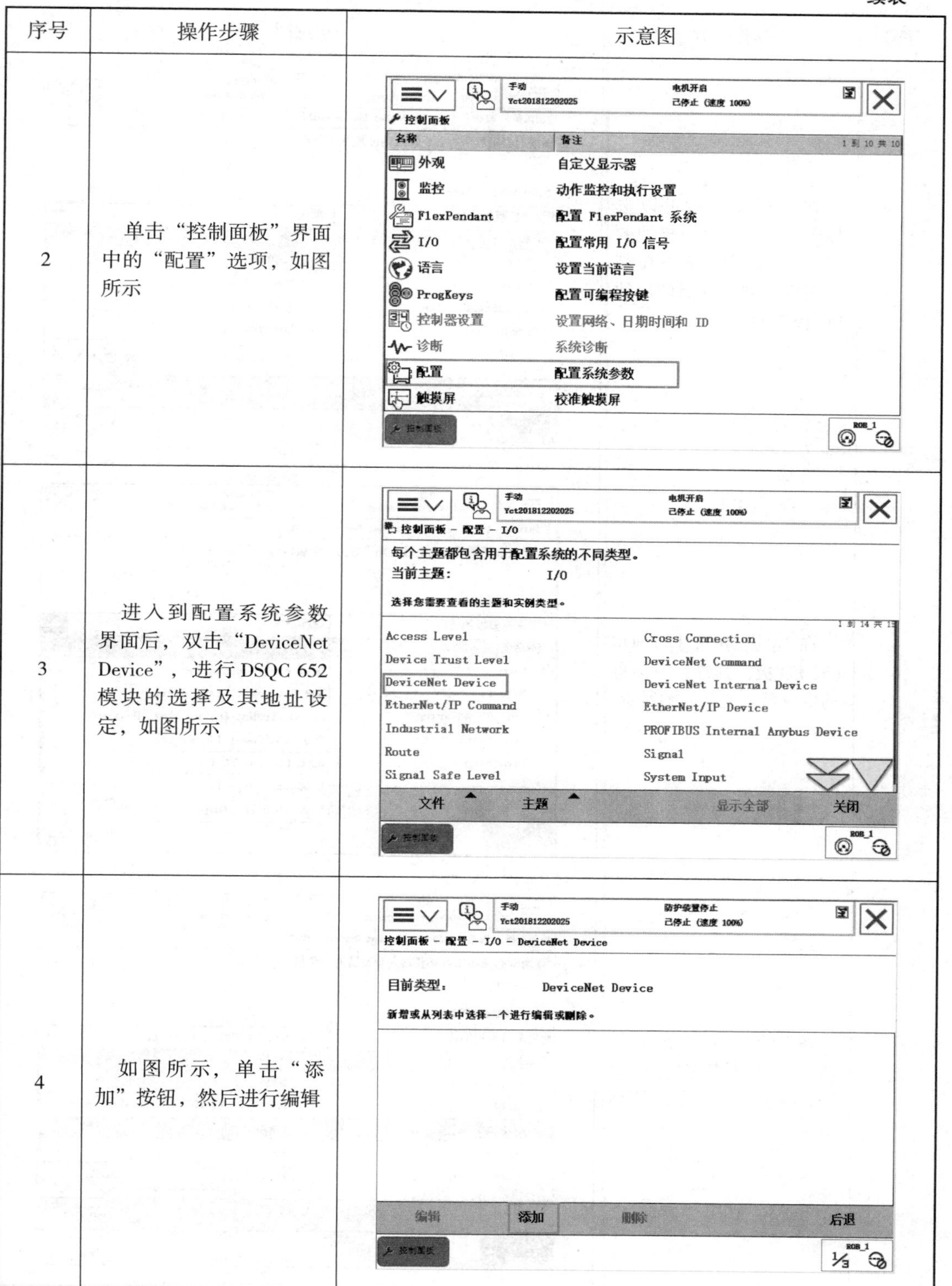

序号	操作步骤	示意图
2	单击“控制面板”界面中的“配置”选项，如图所示	
3	进入到配置系统参数界面后，双击“DeviceNet Device”，进行 DSQC 652 模块的选择及其地址设定，如图所示	
4	如图所示，单击“添加”按钮，然后进行编辑	

续表

序号	操作步骤	示意图
5	在进行编辑时可以选择图示“使用来自模块的值”，单击右上方下拉箭头图标，就能选择使用的I/O板类型	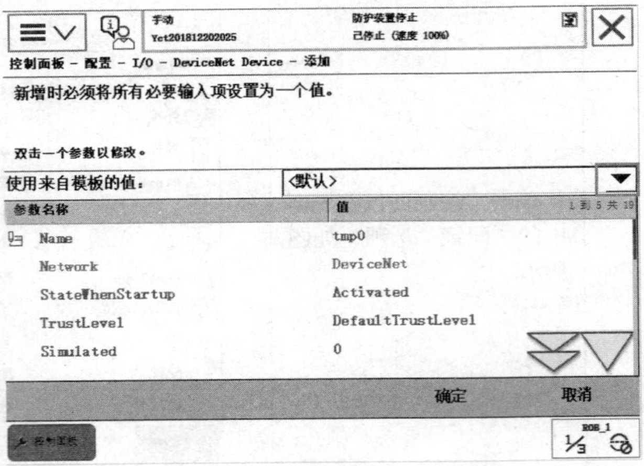
6	在模板中选择DSQC 652 I/O板，其参数值会自动生成默认值，如图所示	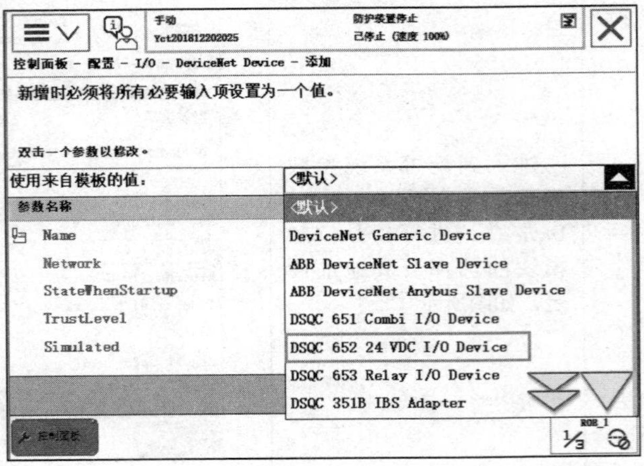
7	单击界面右下角翻页箭头，下翻界面，找到“Address”这一项，如图所示	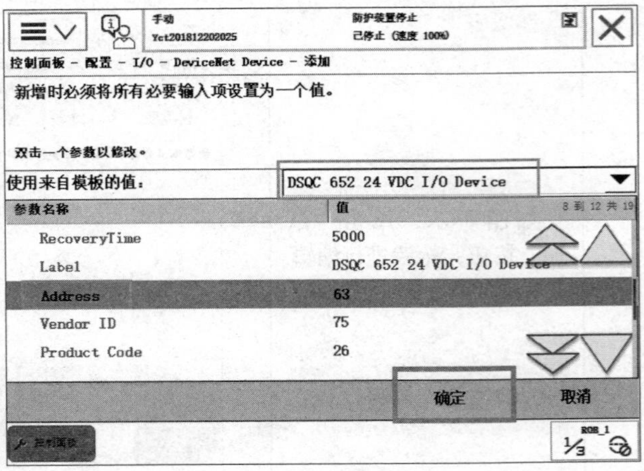

续表

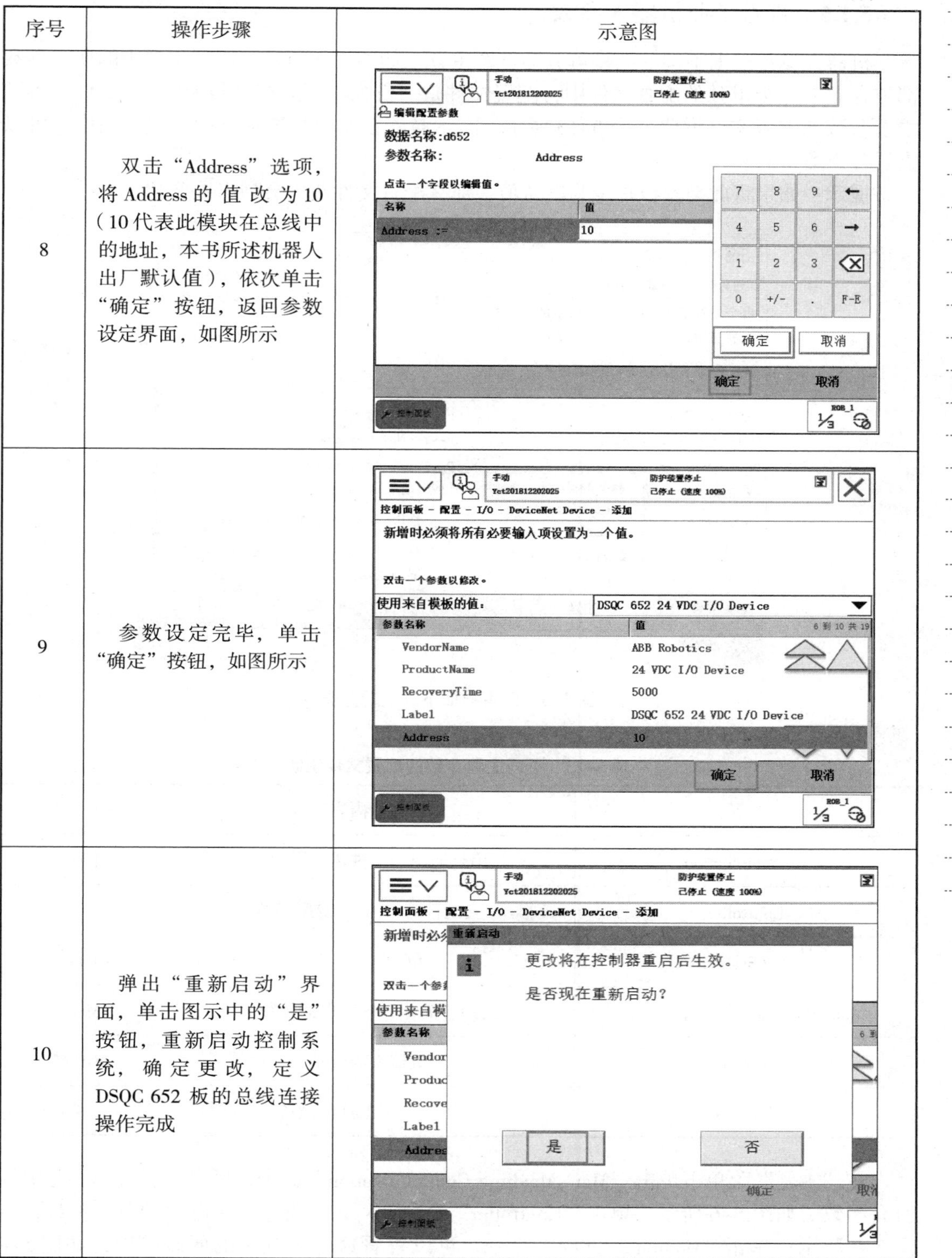

序号	操作步骤	示意图
8	双击“Address”选项，将 Address 的值改为 10（10 代表此模块在总线中的地址，本书所述机器人出厂默认值），依次单击“确定”按钮，返回参数设定界面，如图所示	
9	参数设定完毕，单击“确定”按钮，如图所示	
10	弹出“重新启动”界面，单击图示中的“是”按钮，重新启动控制系统，确定更改，定义 DSQC 652 板的总线连接操作完成	

5.1.5 查看工业机器人参数

机器人参数根据不同的类型可分为五个主题，如图 5-5 所示。同一主题中的所有参数都被存储在一个单独的配置文件中，配置文件是一份列出了系统参数值的 cfg 文件，不同主题参数的配置文件说明如表 5-13 所示。在示教器控制面板选项下的配置选项中，可以查看各个类型的参数。

提示：如果将此类参数指定为默认值，那么配置文件便不会列出该参数。

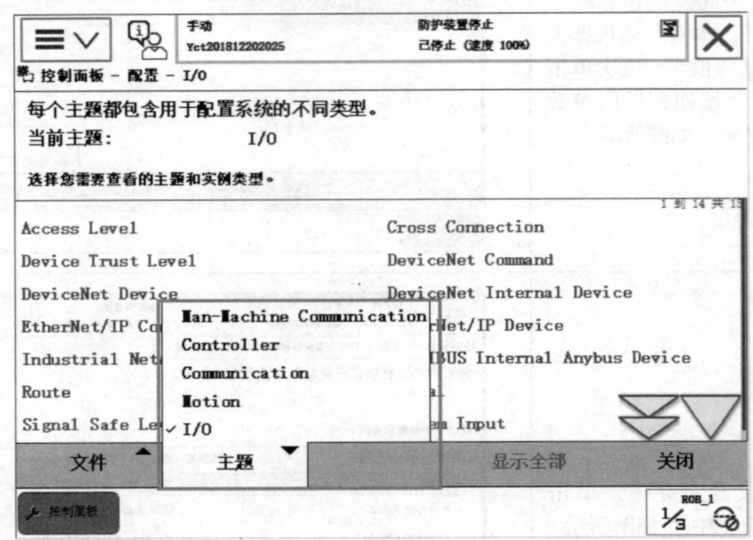

图 5-5 配置界面下的主题分类

表 5-13 不同主题参数的配置文件说明

主题	配置内容	配置文件
Communication	串行通道与文件传输层协议	SIO.cfg
Controller	安全性与 RAPID 专用函数	SYS.cfg
I/O System	I/O 板与信号	EIO.cfg
Man-Machine Communication	用于简化系统工作的函数	MMC.cfg
Motion	机器人与外轴	MOC.cfg
Process	工艺专用工具与设备	PROC.cfg

在“主题”菜单下单击“Man-Machine Communication”命令，可以查看这一主题中的所有参数，如图 5-6 所示；单击“Controller”命令，可以查看这一主题中的所有参数，如图 5-7 所示；单击“Communication”命令，可以查看这一主题中的所有参数，如图 5-8

所示；单击“Motion”命令，可以查看这一主题中的所有参数，如图 5-9 所示。如需进入某个具体参数进行查看和修改，只要选择对应的参数后，单击显示全部，便可查看到参数，选择对应的选项，便可以对参数的配置进行编辑和添加等。

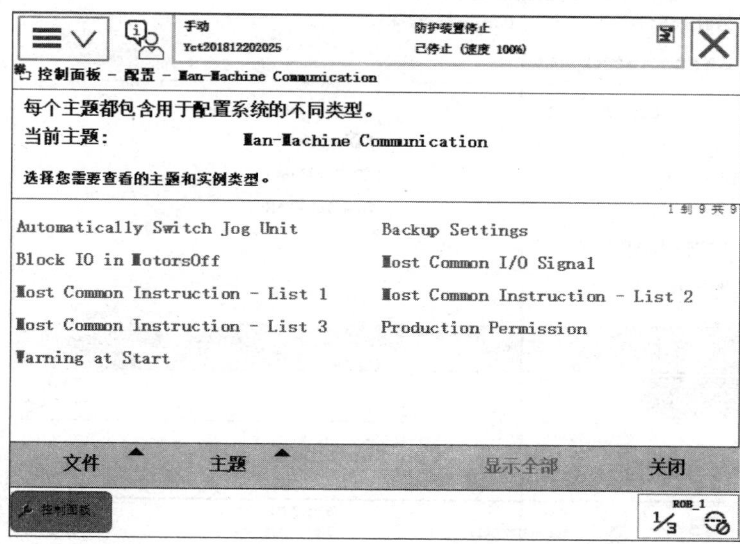

图 5-6 “Man-Machine Communication”界面

手动
Yct201812202025
防护装置停止
已停止 (速度 100%)
控制面板 - 配置 - Controller
每个主题都包含用于配置系统的不同类型。
当前主题: Controller
选择您需要查看的主题和实例类型。
1 到 12 共 12
Auto Condition Reset
Automatic Loading of Modules
Cyclic Bool Settings
Event Routine
General Rapid
ModPos Settings
Operator Safety
Options
Path Return Region
Run Mode Settings
Safety Runchain
Task
文件
主题
显示全部
关闭
控制面板
ROB_1
1/3

图 5-7 “Controller”界面

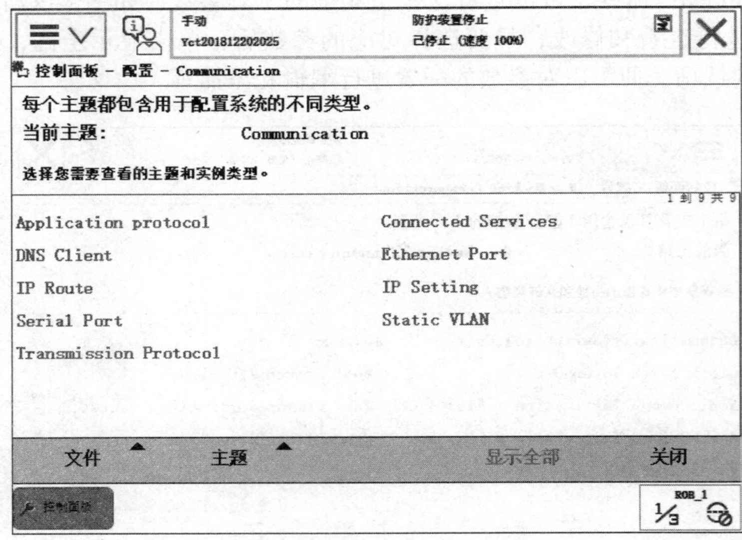

图 5–8 “Communication”界面

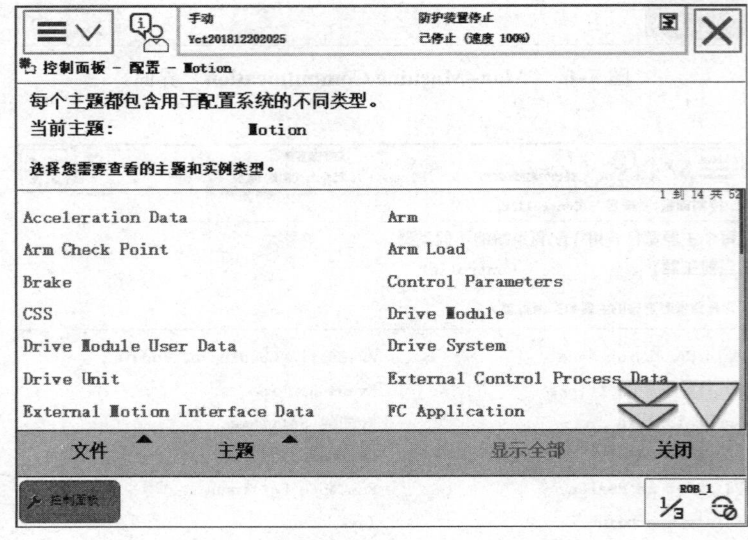

图 5–9 “Motion”界面

任务巩固

一、填空题

机器人的 I/O 通信方式有（　　　　）、（　　　　）、（　　　　）。

二、选择题

标准 DSQC 652 板，主要提供（　　）的处理?

A．16 个数字输入信号和 16 个数字输出信号

B．8 个数字输入信号和 8 个数字输出信号

C．32 个数字输入信号和 32 个数字输出信号

三、问答题

机器人的几种 I/O 通信方式分别是如何实现通信的？

任务 5.2　I/O 信号的定义及监控※

任务操作——定义数字量输入信号和定义数字量输出信号

5.2.1　任务实施——定义数字量输入信号

1. 任务引入

5.1.2 已介绍过 DSQC 652 的标准 I/O 板。DSQC 652 板主要提供 16 个数字输入信号和 16 个数字输出信号的处理。数字量输入信号 di1 地址可选择范围为 0～15，在此需了解定义数字量输入信号 di1 的参数，如表 5-14 所示。

表 5-14　数字量输入信号 di1 参数表

参数名称	设定值	说明
Name	di1	设定数字输入信号的名字
Type of Signal	Digital Input	设定信号的种类
Assigned to Device	d652	设定信号所在的 I/O 模块
Device Mapping	8	设定信号所占用的地址

2. 任务要求

掌握如何定义数字量输入信号 di1。

3. 任务实操

序号	操作步骤	示意图
1	进入到主菜单，在示教器操作界面中单击“控制面板”选项，如图所示	手动 Yct201812202025 防护装置停止 已停止（速度 100%） HotEdit　备份与恢复 输入输出　校准 手动操纵　控制面板 自动生产窗口　事件日志 程序编辑器　FlexPendant 资源管理器 程序数据　系统信息 注销 Default User　重新启动 ROB_1 1/3

续表

序号	操作步骤	示意图
2	单击“配置”选项，如图所示	手动 Yct201812202025 防护装置停止 已停止（速度 100%） 控制面板 名称 备注 1 到 10 共 10 外观 自定义显示器 监控 动作监控和执行设置 FlexPendant 配置 FlexPendant 系统 I/O 配置常用 I/O 信号 语言 设置当前语言 ProgKeys 配置可编程按键 控制器设置 设置网络、日期时间和 ID 诊断 系统诊断 配置 配置系统参数 触摸屏 校准触摸屏
3	进入到配置系统参数界面后，双击“Signal”选项，如图所示	手动 Yct201812202025 防护装置停止 已停止（速度 100%） 控制面板 - 配置 - I/O 每个主题都包含用于配置系统的不同类型。 当前主题： I/O 选择您需要查看的主题和实例类型。 Access Level　Cross Connection Device Trust Level　DeviceNet Command DeviceNet Device　DeviceNet Internal Device EtherNet/IP Command　EtherNet/IP Device Industrial Network　PROFIBUS Internal Anybus Device Route　Signal Signal Safe Level　System Input 文件 主题 显示全部 关闭
4	单击图示“添加”按钮，然后进行编辑	手动 Yct201812202025 防护装置停止 已停止（速度 100%） 控制面板 - 配置 - I/O - Signal 目前类型： Signal 新增或从列表中选择一个进行编辑或删除。 ES1　ES2 SOFTESI　EN1 EN2　AUTO1 AUTO2　MAN1 MANFS1　MAN2 MANFS2　USERDOOVLD MONPB　AS1 编辑 添加 删除 后退

续表

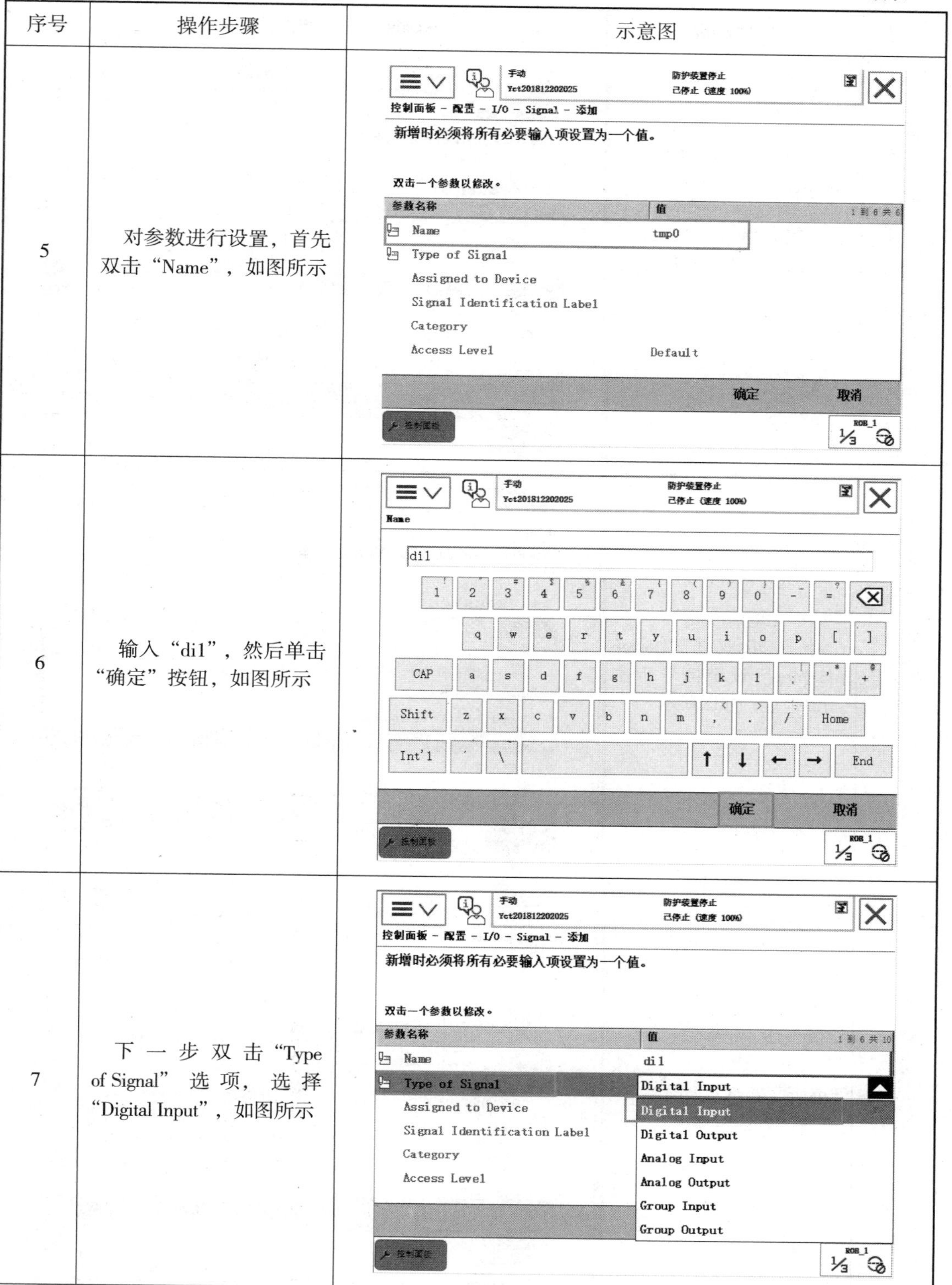

序号	操作步骤	示意图
5	对参数进行设置，首先双击“Name”，如图所示	
6	输入“di1”，然后单击“确定”按钮，如图所示	
7	下一步双击“Type of Signal”选项，选择“Digital Input”，如图所示	

续表

序号	操作步骤	示意图
8	再双击"Assigned to Device"选项，选择"d652"，如图所示	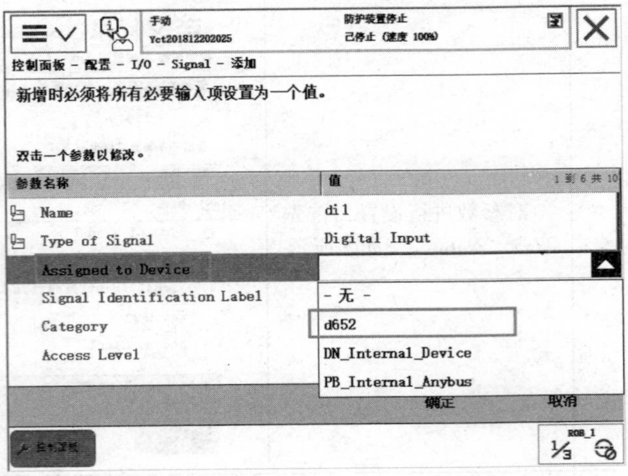
9	下一步双击"Device Mapping"设定信号所占用的地址，如图所示	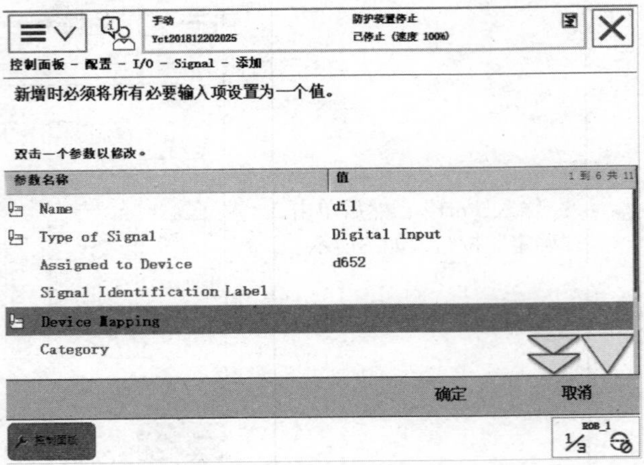
10	输入"8"，然后单击"确定"按钮，如图所示	

续表

序号	操作步骤	示意图
11	单击图示中的“确定”按钮，完成设定	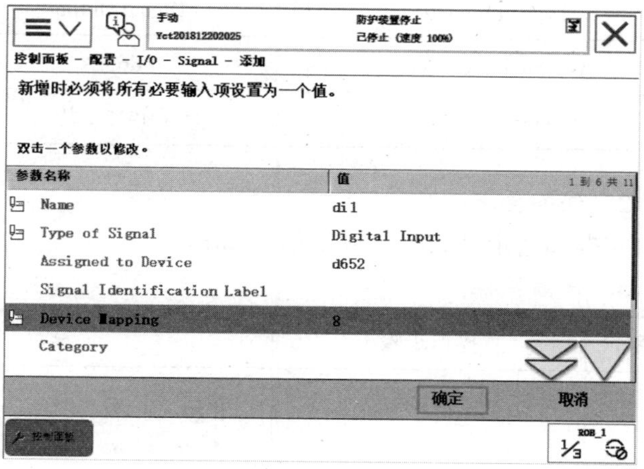 手动 Yct201812202025 防护装置停止 已停止（速度 100%） 控制面板 - 配置 - I/O - Signal - 添加 新增时必须将所有必要输入项设置为一个值。 双击一个参数以修改。 参数名称 | 值 | 1 到 6 共 11 Name | di1 Type of Signal | Digital Input Assigned to Device | d652 Signal Identification Label Device Mapping | 8 Category 确定　取消 ROB_1
12	在弹出的“重新启动”界面中单击“是”按钮，重启控制器以完成设置，如图所示	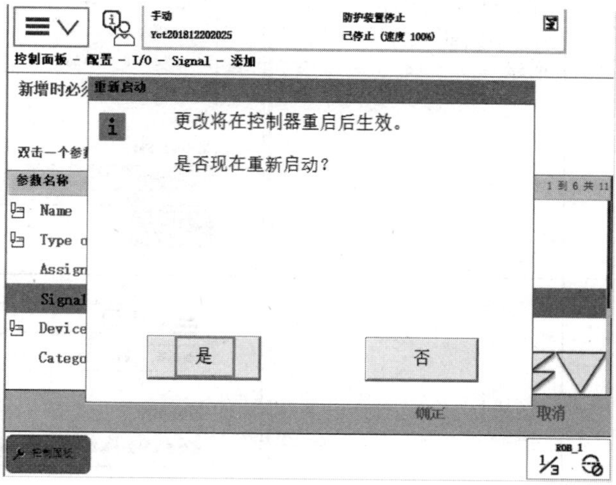 手动 Yct201812202025 防护装置停止 已停止（速度 100%） 控制面板 - 配置 - I/O - Signal - 添加 重新启动 更改将在控制器重启后生效。 是否现在重新启动？ 是　否 确定　取消 ROB_1

5.2.2　任务实施——定义数字量输出信号

1. 任务引入

在 5.2.1 中，介绍了数字量输入信号 di1 的定义。在此任务中，我们可以采用相同的方法完成数字量输出信号 do1 定义，如表 5-15 所示。

表 5–15　数字量输出信号 do1 参数表

参数名称	设定值	说明
Name	do1	设定数字输出信号的名字
Type of Signal	Dignal Output	设定信号的种类
Assigned to Device	d652	设定信号所在的 I/O 模块
Device Mapping	15（0–15）均可	设定信号所占用的地址

2. 任务要求

掌握如何定义数字量输出信号 do1。

3. 任务实操

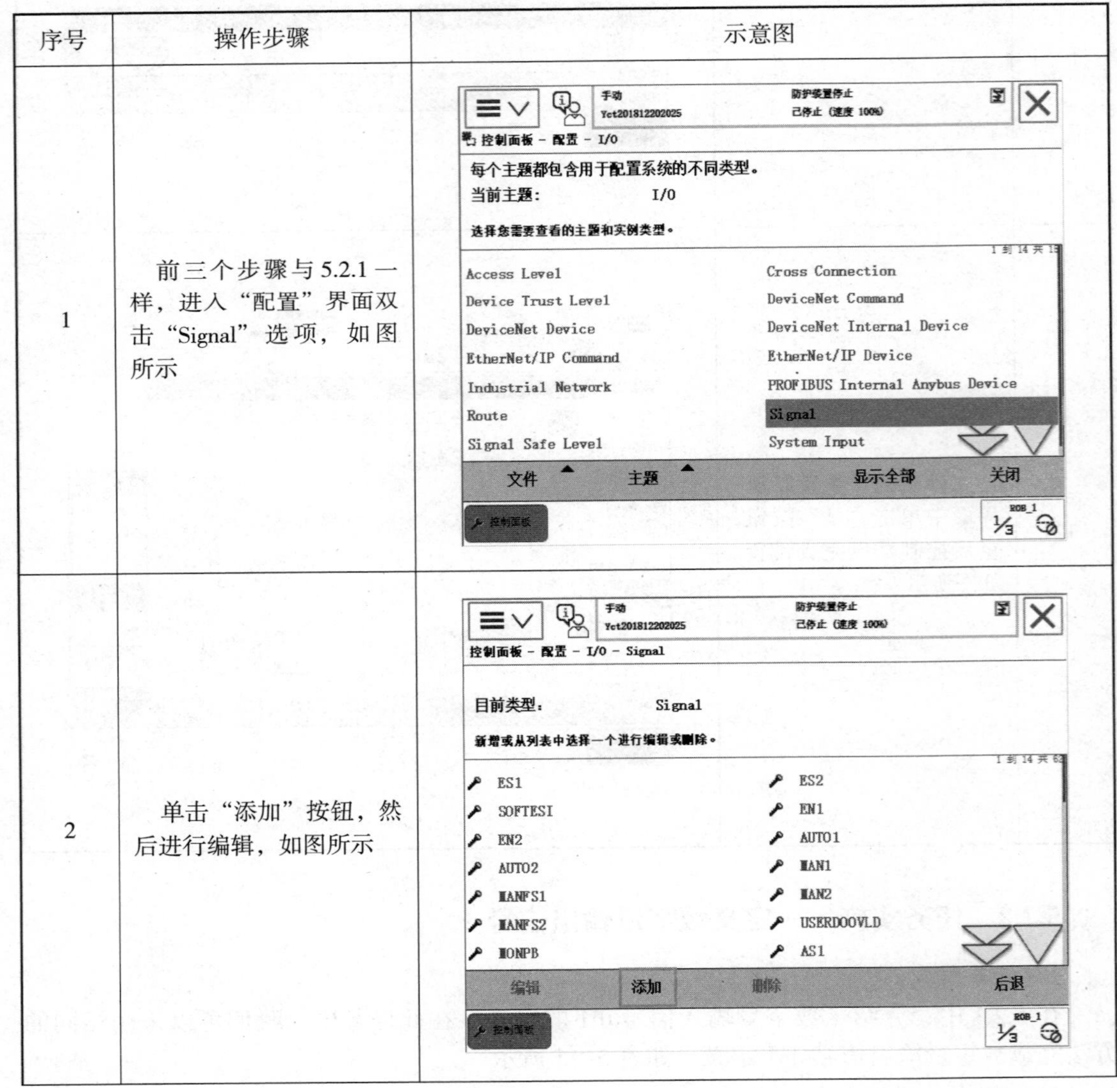

序号	操作步骤	示意图
1	前三个步骤与 5.2.1 一样，进入“配置”界面双击“Signal”选项，如图所示	
2	单击“添加”按钮，然后进行编辑，如图所示	

续表

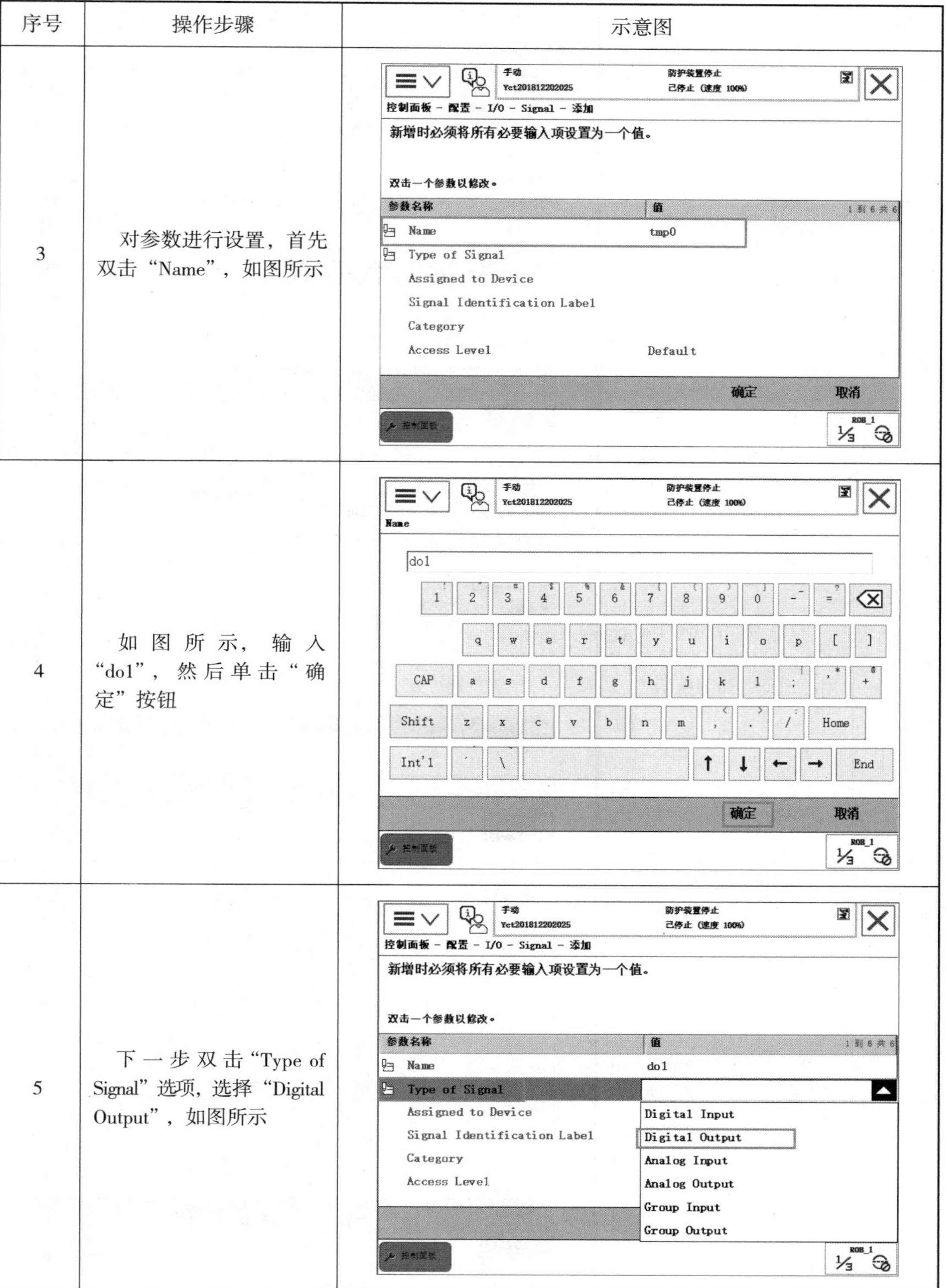

序号	操作步骤	示意图
3	对参数进行设置，首先双击“Name”，如图所示	
4	如图所示，输入“do1”，然后单击“确定”按钮	
5	下一步双击“Type of Signal”选项，选择“Digital Output”，如图所示	

续表

序号	操作步骤	示意图
6	如图所示，再双击“Assigned to Device”选项，选择“d652”	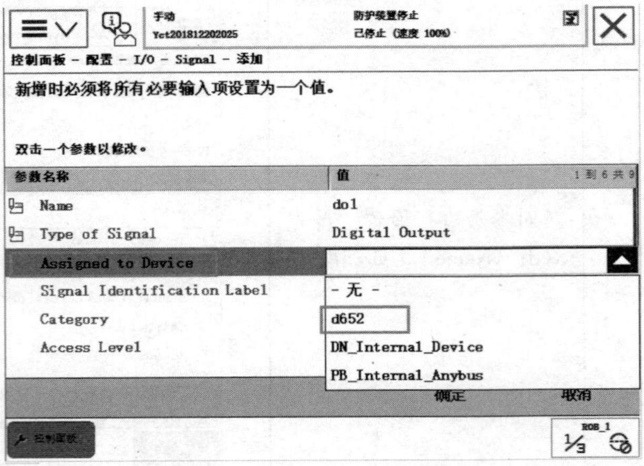
7	下一步双击“Device Mapping”设定信号所占用的地址，如图所示	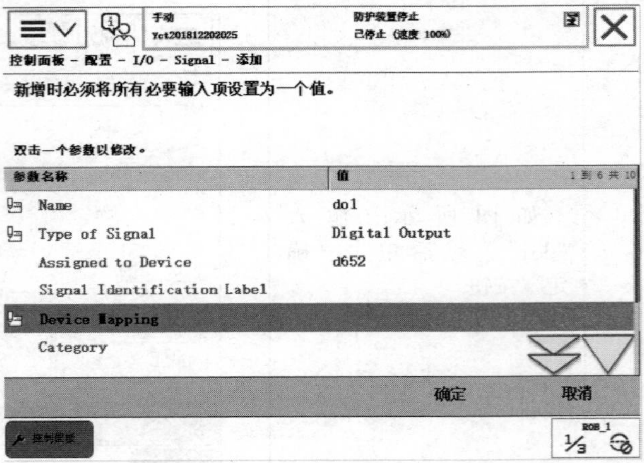
8	输入“15”，然后单击“确定”按钮，如图所示	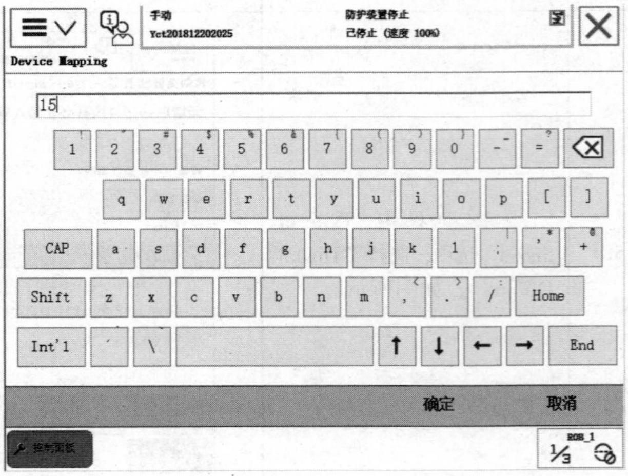

续表

序号	操作步骤	示意图
9	如图所示，单击“确定”按钮，完成设定	手动 Yct201812202025 防护装置停止 已停止（速度 100%） 控制面板 - 配置 - I/O - Signal - 添加 新增时必须将所有必要输入项设置为一个值。 双击一个参数以修改。 参数名称 值 1 到 6 共 10 Name do1 Type of Signal Digital Output Assigned to Device d652 Signal Identification Label Device Mapping 15 Category 确定 取消 控制面板 ROB_1 1/3
10	在弹出的重新启动界面单击“是”按钮，重启控制器以完成设置，如图所示	手动 Yct201812202025 防护装置停止 已停止（速度 100%） 控制面板 - 配置 - I/O - Signal - 添加 重新启动 更改将在控制器重启后生效。 是否现在重新启动？ 是 否 确定 取消 控制面板 ROB_1 1/3

5.2.3　任务实施——定义数字量组输入信号

任务操作——定义数字量组输入信号和定义数字量组输出信号

1．任务引入

组输入信号，就是将几个数字输入信号组合起来使用，用于输入 BCD 编码的十进制数。组输入信号 gi1 的相关参数如表 5-16 所示。gi1 占用地址 0～7 共 8 位，可以代表十进制数 0～255。

表 5-16　数字量组输入信号 gi1 的相关参数表

参数名称	设定值	说明
Name	gi1	设置组输入信号的名字
Type of Signal	Group Input	设定信号的种类
Assigned to Device	d652	设定信号所在的 I/O 模块
Device Mapping	0–7	设定信号所占用的地址

2. 任务要求

掌握如何定义数字量组输入信号 gi1。

3. 任务实操

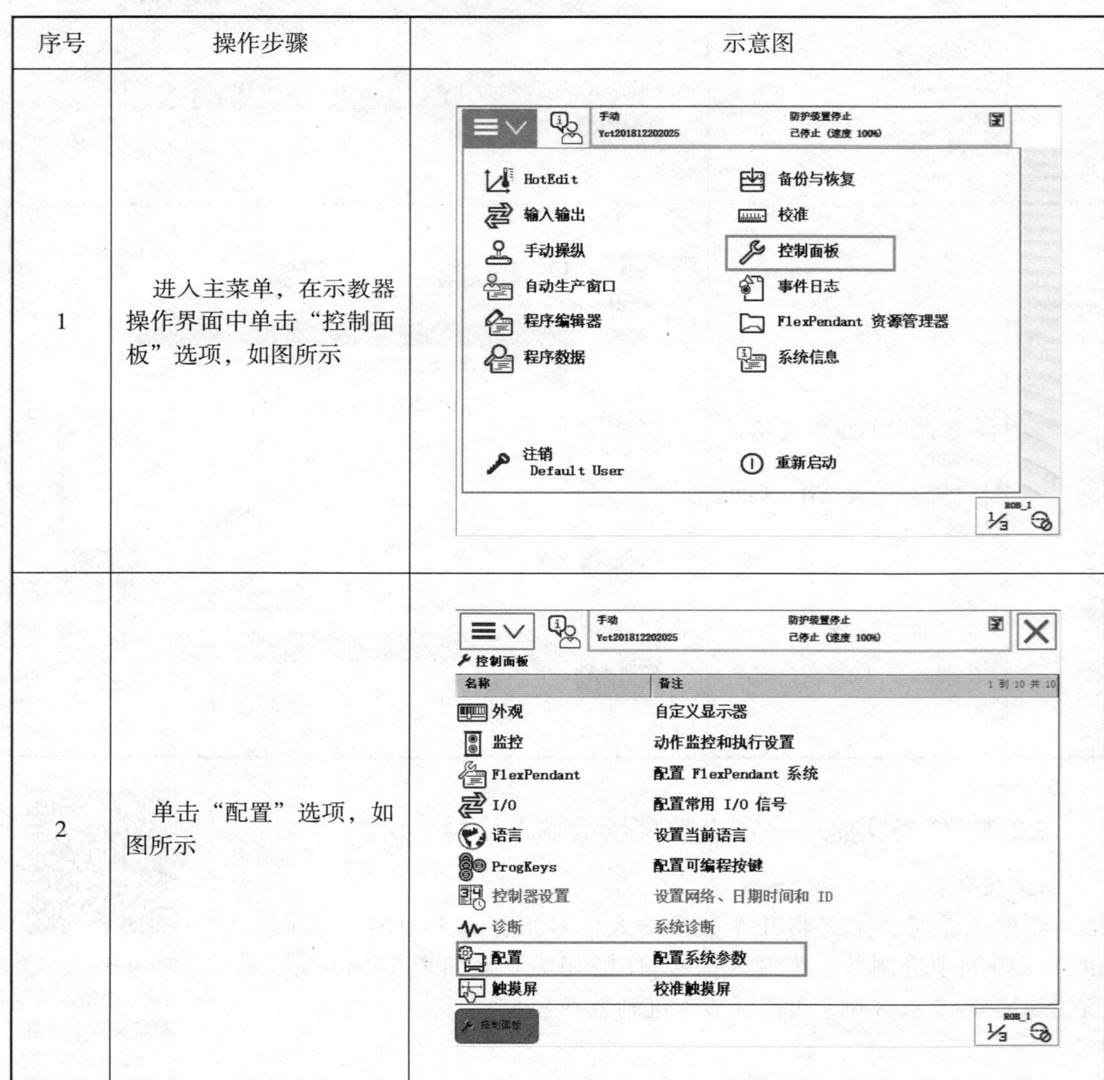

序号	操作步骤	示意图
1	进入主菜单，在示教器操作界面中单击“控制面板”选项，如图所示	
2	单击“配置”选项，如图所示	

续表

序号	操作步骤	示意图
3	进入到配置系统参数界面后，双击“Signal”选项，如图所示	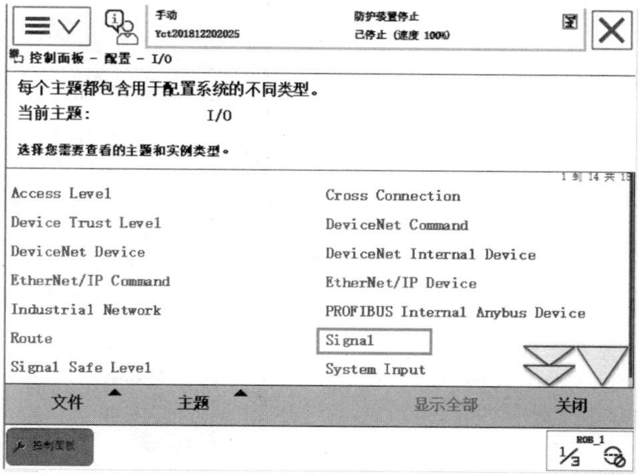 手动 Yct201812202025 防护装置停止 已停止（速度 100%） 控制面板 - 配置 - I/O 每个主题都包含用于配置系统的不同类型。 当前主题： I/O 选择您需要查看的主题和实例类型。 1 到 14 共 1… Access Level　Cross Connection Device Trust Level　DeviceNet Command DeviceNet Device　DeviceNet Internal Device EtherNet/IP Command　EtherNet/IP Device Industrial Network　PROFIBUS Internal Anybus Device Route　Signal Signal Safe Level　System Input 文件　主题　显示全部　关闭 ROB_1 1/3
4	如图所示，单击“添加”按钮，然后进行编辑	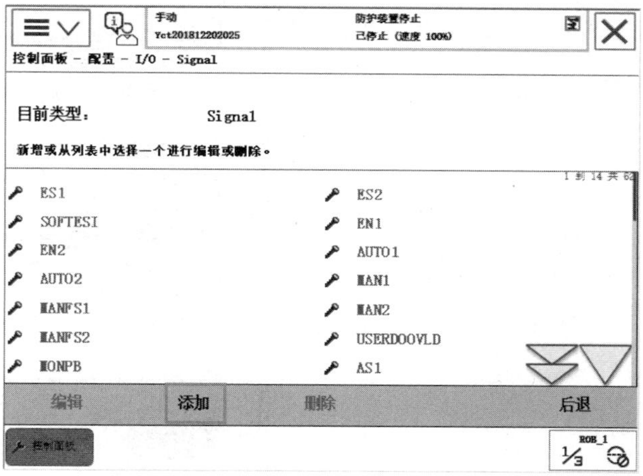 手动 Yct201812202025 防护装置停止 已停止（速度 100%） 控制面板 - 配置 - I/O - Signal 目前类型： Signal 新增或从列表中选择一个进行编辑或删除。 1 到 14 共 62 ES1　ES2 SOFTESI　EN1 EN2　AUTO1 AUTO2　MAN1 MANFS1　MAN2 MANFS2　USERDOOVLD MONPB　AS1 编辑　添加　删除　后退 ROB_1 1/3
5	对参数进行设置，首先双击“Name”选项，如图所示	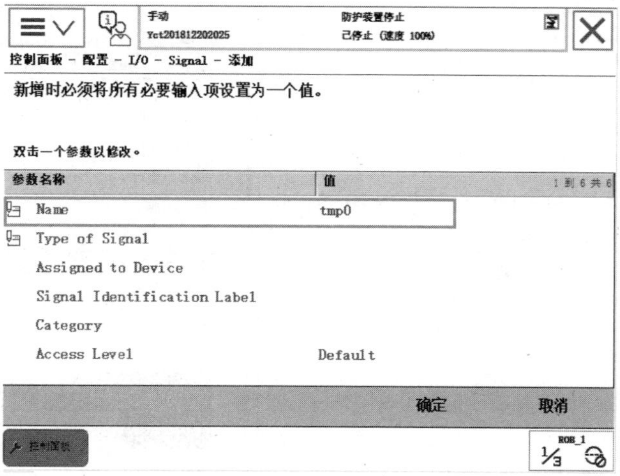 手动 Yct201812202025 防护装置停止 已停止（速度 100%） 控制面板 - 配置 - I/O - Signal - 添加 新增时必须将所有必要输入项设置为一个值。 双击一个参数以修改。 参数名称　值　1 到 6 共 6 Name　tmp0 Type of Signal Assigned to Device Signal Identification Label Category Access Level　Default 确定　取消 ROB_1 1/3

续表

序号	操作步骤	示意图
6	输入“gi1”，然后单击“确定”按钮，如图所示	
7	下一步双击“Type of Signal”选项，选择“Group Input”，如图所示	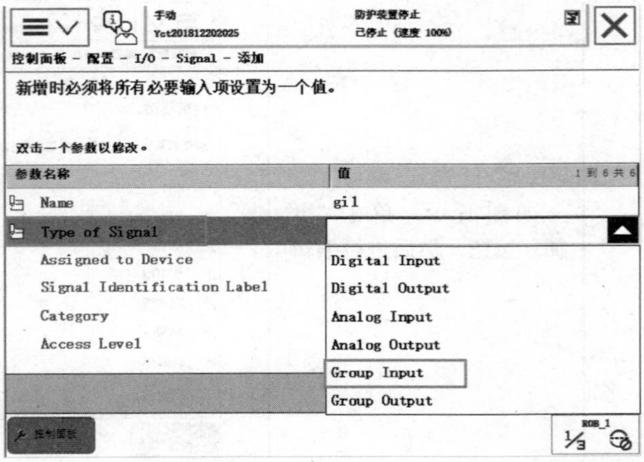
8	再双击“Assigned to Device”选项，选择“d652”，如图所示	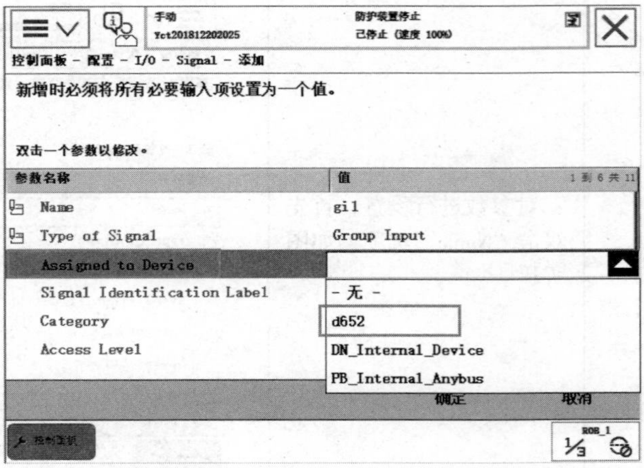

续表

序号	操作步骤	示意图
9	下一步双击“Device Mapping”选项设定信号所占用的地址	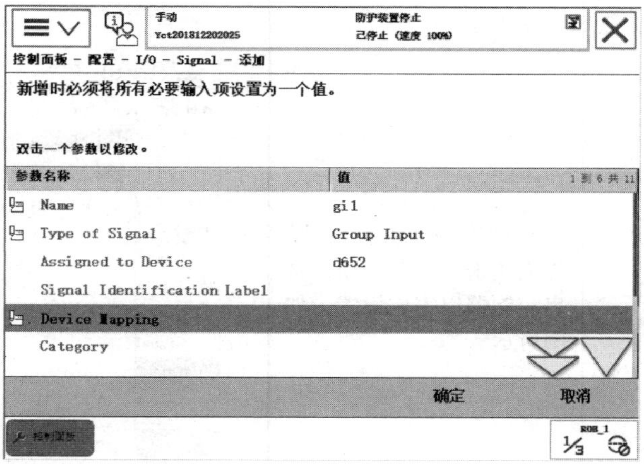
10	输入“0-7”，然后单击“确定”按钮，如图所示	
11	单击“确定”按钮，完成设定，如图所示	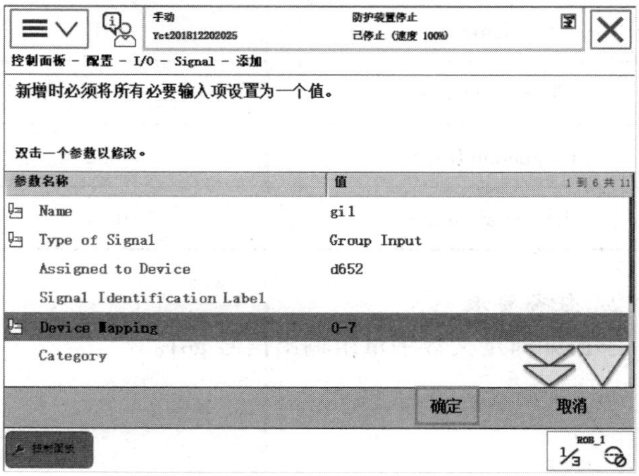

续表

序号	操作步骤	示意图
12	在弹出的“重新启动”界面单击“是”按钮，重启控制器以完成设置，如图所示	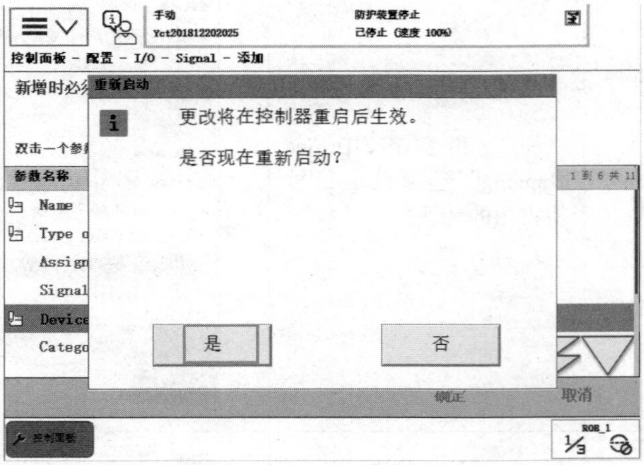

5.2.4 任务实施——定义数字量组输出信号

1. 任务引入

组输出信号，就是将几个数字输出信号组合起来使用，用于输出 BCD 编码的十进制数。数字量组输出信号 go1 的相关参数如表 5-17 所示。go1 占用地址 0 ~ 7 共 8 位，可以代表十进制 0 ~ 255。

表 5-17 数字量组输出信号 go1 的相关参数

参数名称	设定值	说明
Name	go1	设定组输出信号的名字
Type of Signal	Group Output	设定信号的种类
Assigned to Device	d652	设定信号所在的 I/O 模块
Device Mapping	0–7	设定信号所占用的地址

2. 任务要求

掌握如何定义数字量组输出信号 go1。

3. 任务实操

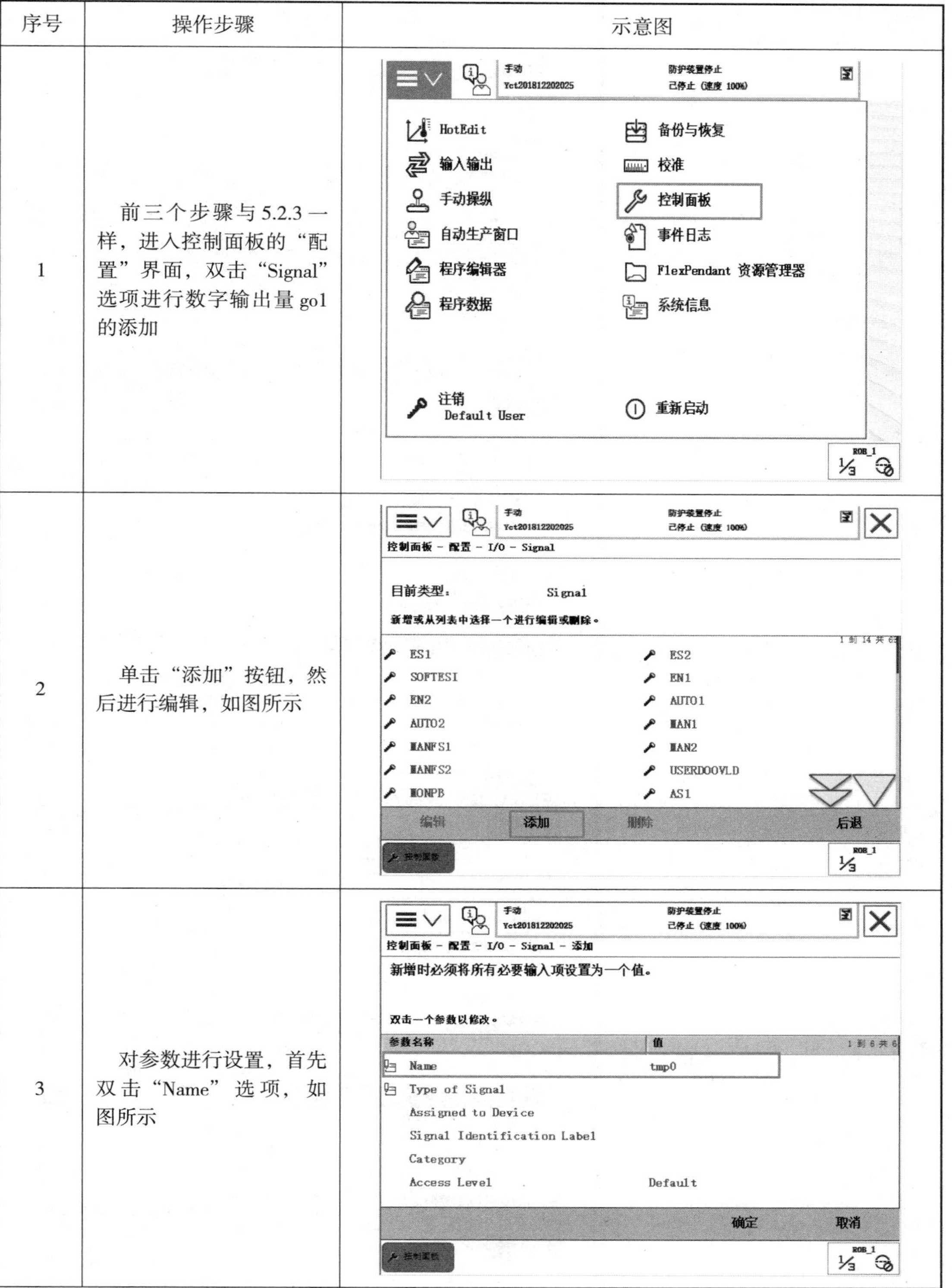

序号	操作步骤	示意图
1	前三个步骤与 5.2.3 一样，进入控制面板的“配置”界面，双击“Signal”选项进行数字输出量 go1 的添加	
2	单击“添加”按钮，然后进行编辑，如图所示	
3	对参数进行设置，首先双击“Name”选项，如图所示	

续表

序号	操作步骤	示意图
4	输入“go1”，然后单击“确定”按钮，如右图所示	
5	下一步双击“Type of Signal”选项，选择“Group Output”，如图所示	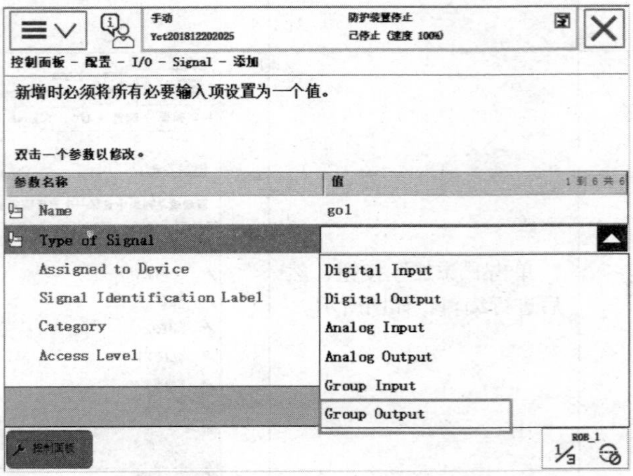
6	再双击“Assigned to Device”选项，选择“d652”，如图所示	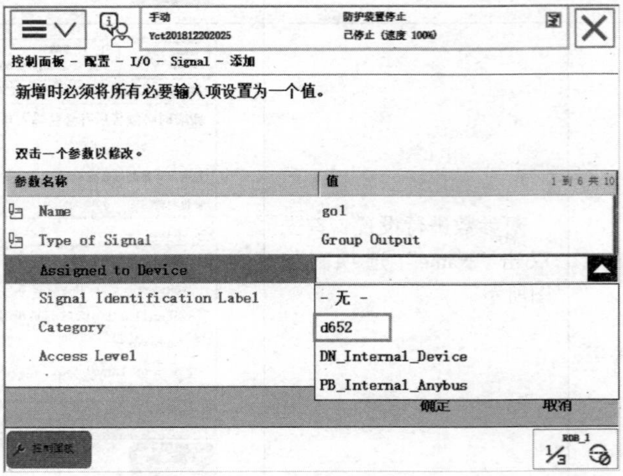

续表

序号	操作步骤	示意图
7	下一步双击“Device Mapping”设定信号所占用的地址，如图所示	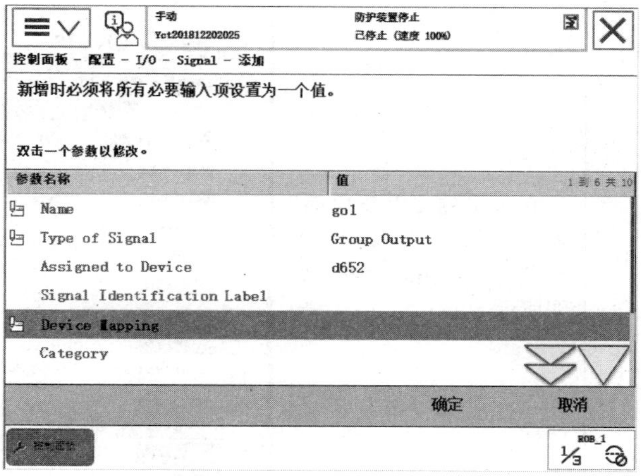手动 Yct201812202025 防护装置停止 已停止 (速度 100%) 控制面板 - 配置 - I/O - Signal - 添加 新增时必须将所有必要输入项设置为一个值。 双击一个参数以修改。 参数名称 值 1 到 6 共 10 Name go1 Type of Signal Group Output Assigned to Device d652 Signal Identification Label Device Mapping Category 确定 取消 ROB_1 1/3
8	输入“0–7”，然后单击“确定”按钮，如图所示	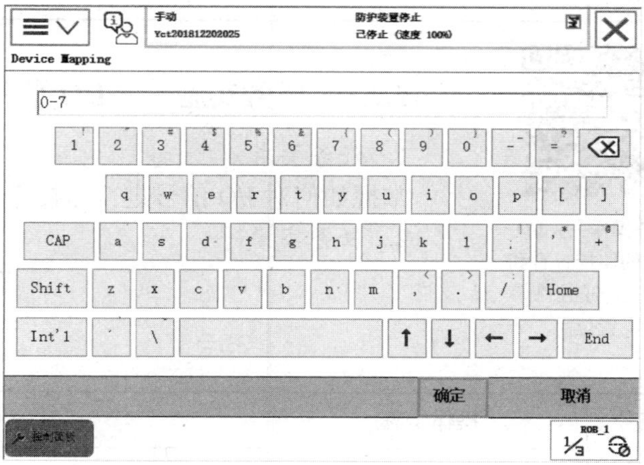手动 Yct201812202025 防护装置停止 已停止 (速度 100%) Device Mapping 0-7 CAP Shift Int'l Home End 确定 取消 ROB_1 1/3
9	如图所示，单击“确定”按钮，完成设定	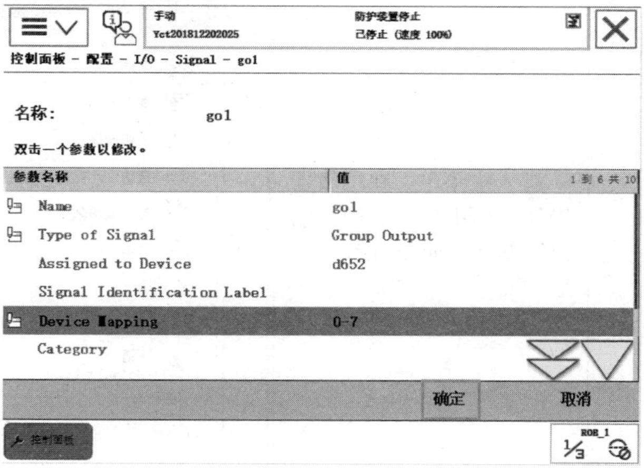手动 Yct201812202025 防护装置停止 已停止 (速度 100%) 控制面板 - 配置 - I/O - Signal - go1 名称: go1 双击一个参数以修改。 参数名称 值 1 到 6 共 10 Name go1 Type of Signal Group Output Assigned to Device d652 Signal Identification Label Device Mapping 0-7 Category 确定 取消 ROB_1 1/3

续表

序号	操作步骤	示意图
10	在弹出的“重新启动”界面单击“是”按钮，重启控制器以完成设置，如图所示	

任务操作——I/O信号的监控查看和I/O信号的强制置位

5.2.5 任务实施——I/O 信号的监控查看

1. 任务要求

掌握如何对 I/O 信号进行监控查看。

2. 任务实操

序号	操作步骤	示意图
1	进入主菜单，在示教器操作界面中单击“输入输出”选项，如图所示	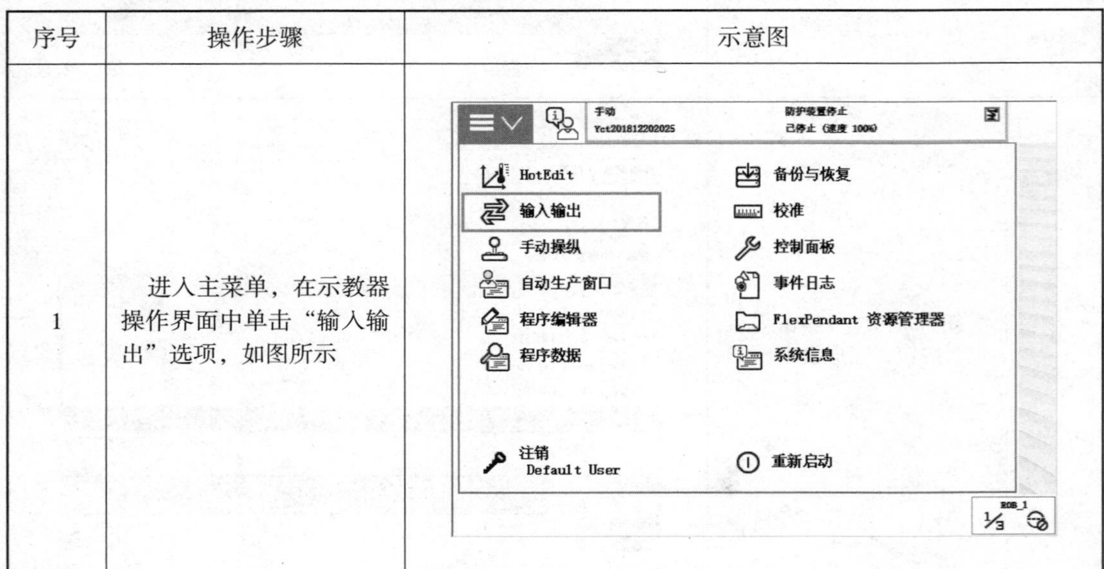

续表

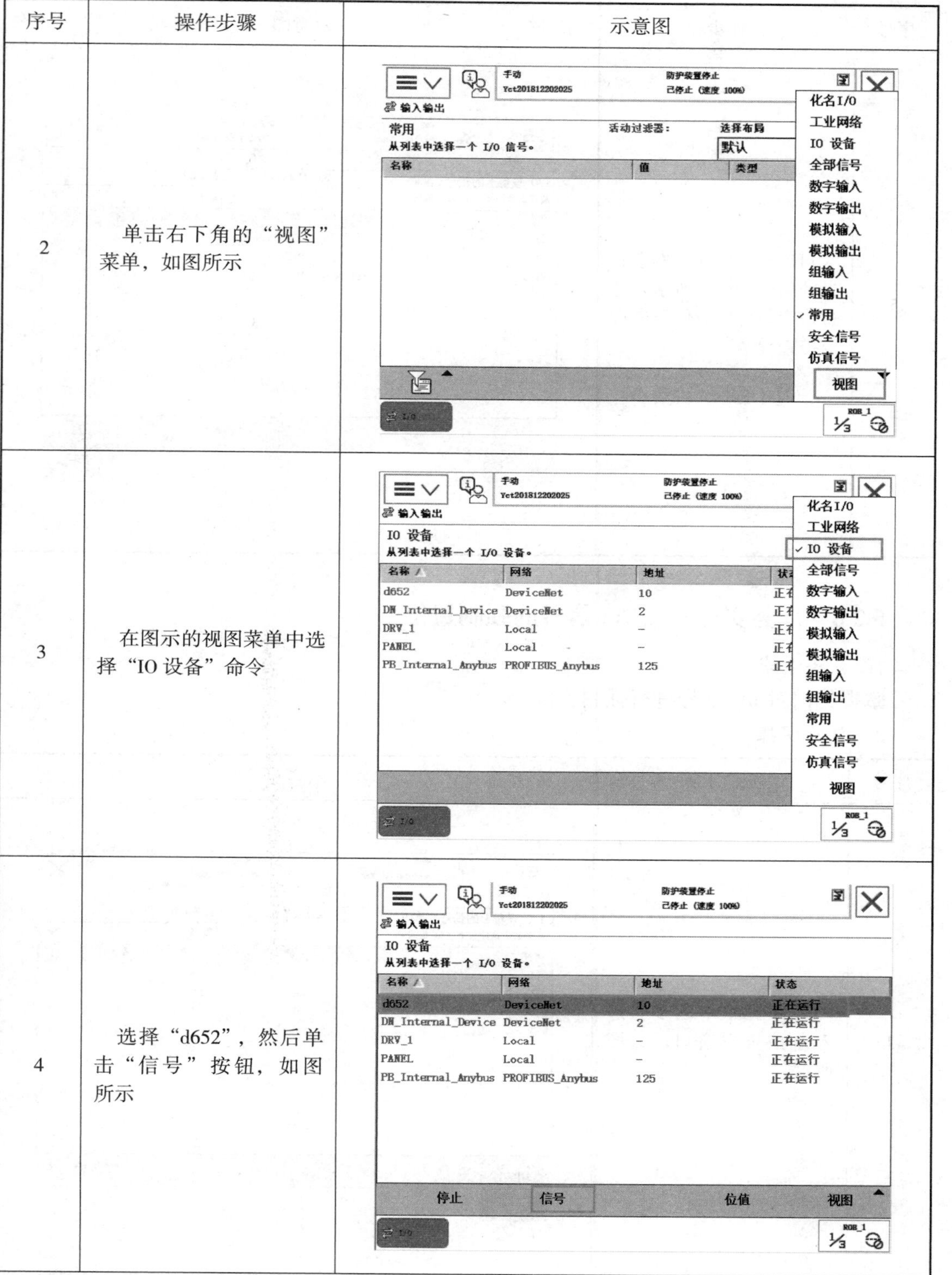

序号	操作步骤	示意图
2	单击右下角的“视图”菜单，如图所示	
3	在图示的视图菜单中选择“IO 设备”命令	
4	选择“d652”，然后单击“信号”按钮，如图所示	

续表

序号	操作步骤	示意图
5	可以看到之前实操定义过的信号，如图所示，通过该窗口可以对信号进行监控查看	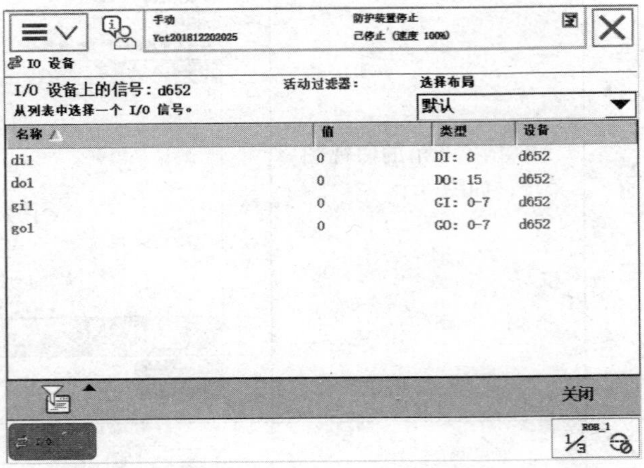 手动 Yct201812202025 防护装置停止 已停止（速度 100%） IO 设备 I/O 设备上的信号：d652 从列表中选择一个 I/O 信号。 活动过滤器： 选择布局 默认 名称 / 值 / 类型 / 设备 di1 0 DI: 8 d652 do1 0 DO: 15 d652 gi1 0 GI: 0-7 d652 go1 0 GO: 0-7 d652 关闭 I/O ROB_1 1/3

5.2.6 任务实操——I/O 信号的强制置位

1. 任务要求

掌握如何对 I/O 信号进行强制置位

2. 任务实操

序号	操作步骤	示意图
1	采取 5.2.5 中的步骤进入监控查看窗口，如图所示	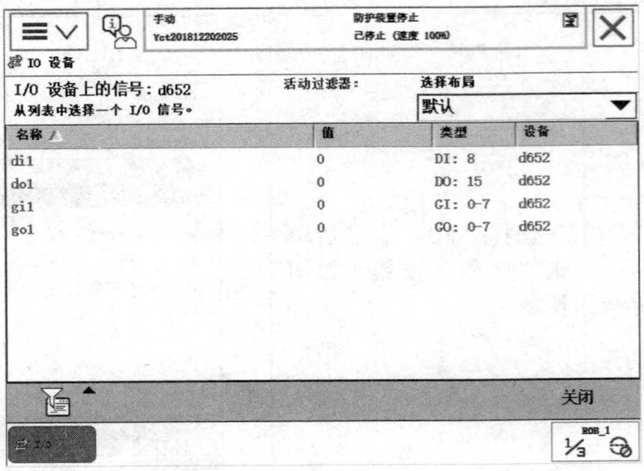 手动 Yct201812202025 防护装置停止 已停止（速度 100%） IO 设备 I/O 设备上的信号：d652 从列表中选择一个 I/O 信号。 活动过滤器： 选择布局 默认 名称 / 值 / 类型 / 设备 di1 0 DI: 8 d652 do1 0 DO: 15 d652 gi1 0 GI: 0-7 d652 go1 0 GO: 0-7 d652 关闭 I/O ROB_1 1/3

续表

序号	操作步骤	示意图
2	如图所示，选中“di1”（或其他想进行强制的信号）然后单击“仿真”按钮	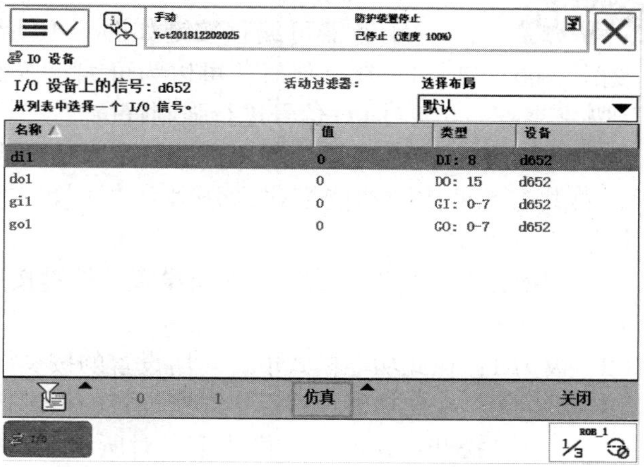
3	单击“0”或“1”，可以将“di1”的状态仿真置位 0 或 1，如图所示	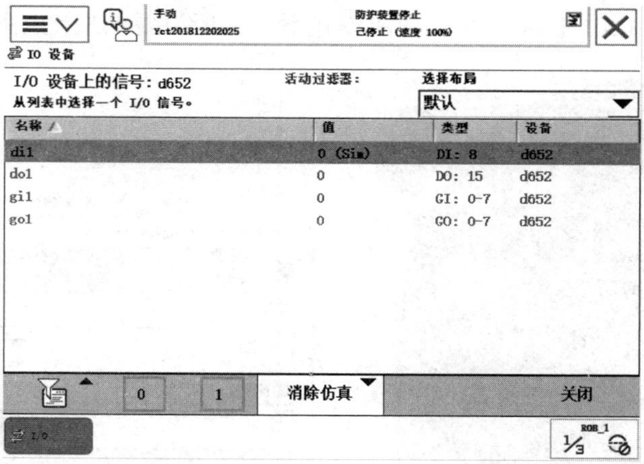
4	例如单击“1”，便将 di1 的状态仿真置位 1，如图所示	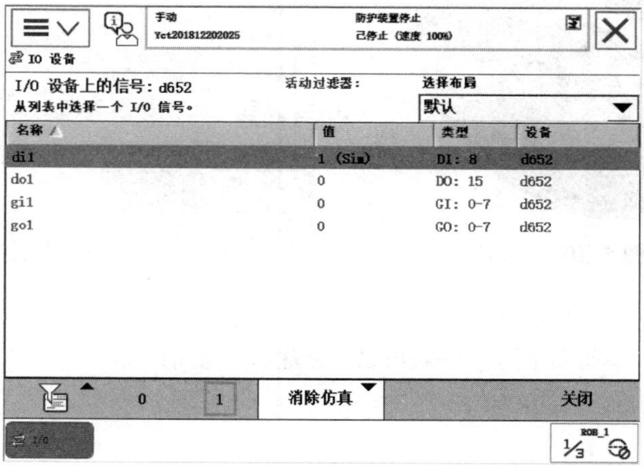

任务操作——I/O 信号的快捷键设置

5.2.7 任务实施——I/O 信号的快捷键设置

1. 任务引入

示教器可编程按键如图 5-10 所示，方框内的 4 个按键，分为按键 1 ~ 4，在操作时，可以为可编程按键分配需要快捷控制的 I/O 信号，以方便对 I/O 信号进行强制置位。

在对可编程按键进行设置时可选择不同的按键功能模式，如图 5-11 所示，总共有 5 种按键功能模式，分别为“切换”“设为 1”“设为 0”“按下 / 松开”和“脉冲”。

（1）切换：在此功能模式下，对所设置的按键按压时，信号将在“0”或“1”之间进行切换。

（2）设为 1：在此功能模式下，对所设置的按键按压时，信号将设为 1。

（3）设为 0：在此功能模式下，对所设置的按键按压时，信号将设为 0。

（4）按下 / 松开：在此功能模式下，对所设置的按键长按时，信号将设为 1；松开设置的按键时，信号将设为 0。

（5）脉冲：在此功能模式下，对所设置的按键按压时，输出一个脉冲。

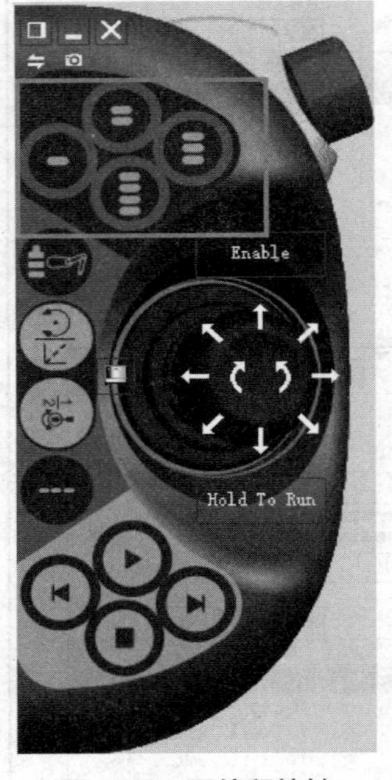

图 5-10 可编程按键

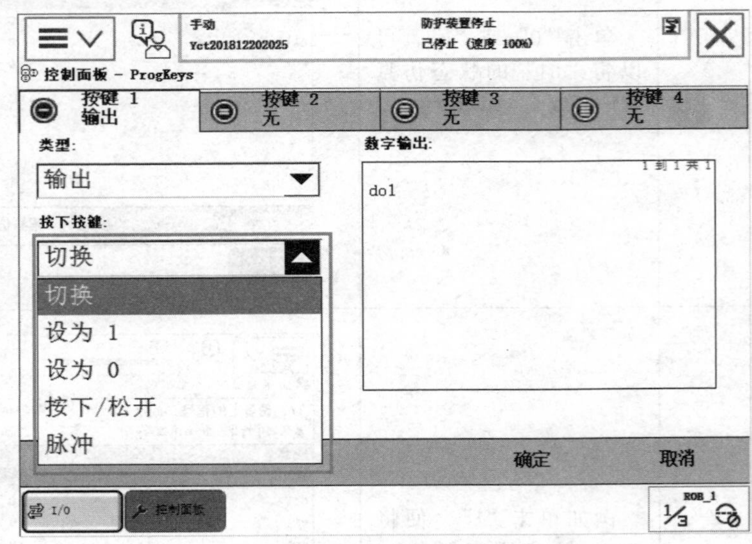

图 5-11 按键功能模式

2. 任务要求

掌握如何对可编程按键配置数字量信号。

3. 任务实操

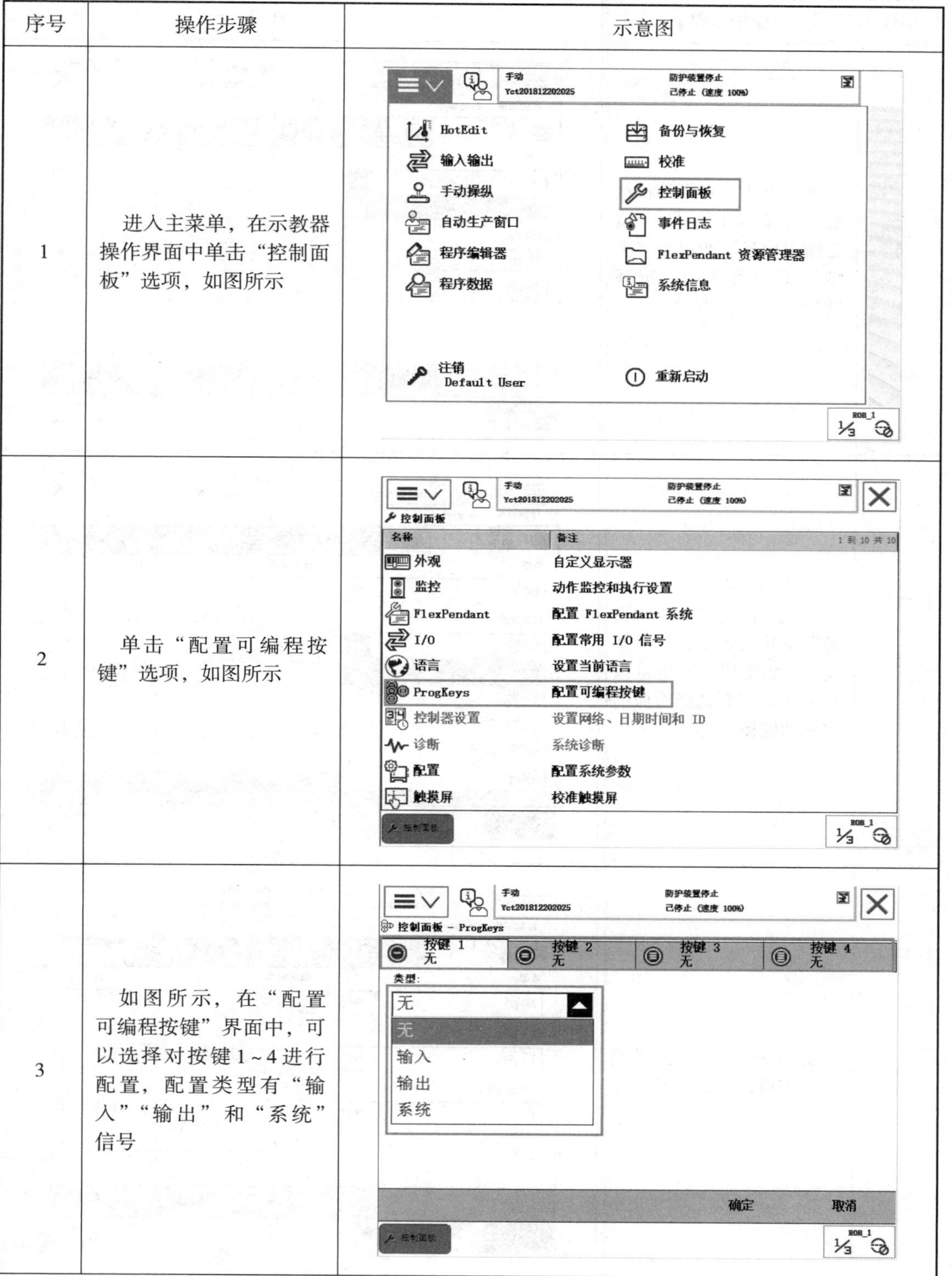

序号	操作步骤	示意图
1	进入主菜单，在示教器操作界面中单击“控制面板”选项，如图所示	
2	单击“配置可编程按键”选项，如图所示	
3	如图所示，在“配置可编程按键”界面中，可以选择对按键 1～4 进行配置，配置类型有“输入”“输出”和“系统”信号	

续表

序号	操作步骤	示意图
4	本任务中，对可编程按键 1 设置 do1 信号。do1 是输出信号，所以在“类型”下拉菜单中，选择“输出”，如图所示	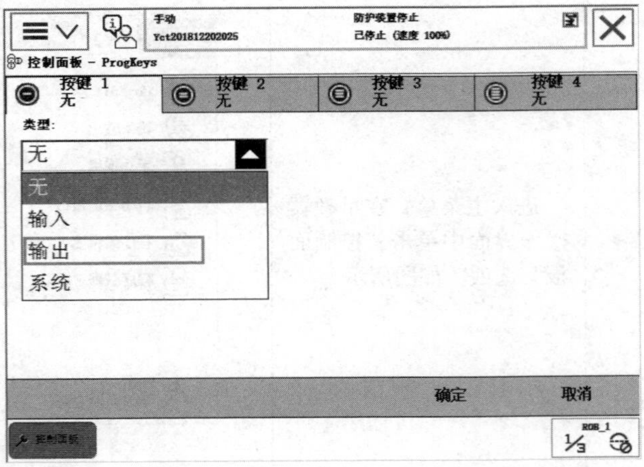手动 Yct201812202025 防护装置停止 已停止 (速度 100%) 控制面板 - ProgKeys 按键 1 无 按键 2 无 按键 3 无 按键 4 无 类型: 无 无 输入 输出 系统 确定 取消 ROB_1 1/3
5	在数字输出中选中“do1”，再在“按下按键”下拉菜单中选择“切换”，如图所示；也可以根据实际需要选择对应的按键功能模式	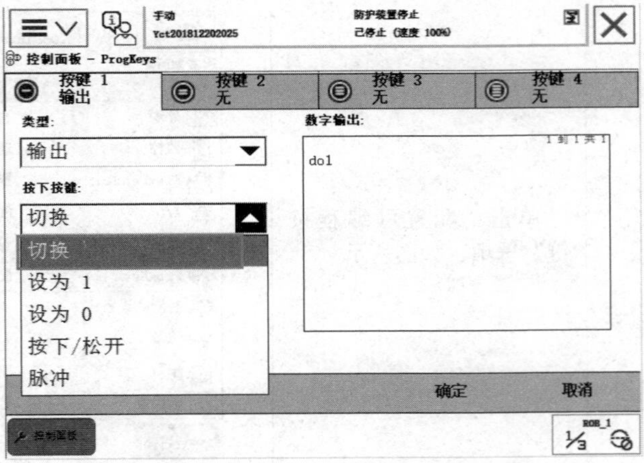手动 Yct201812202025 防护装置停止 已停止 (速度 100%) 控制面板 - ProgKeys 按键 1 输出 按键 2 无 按键 3 无 按键 4 无 类型: 输出 数字输出: 1 到 1 共 1 do1 按下按键: 切换 切换 设为 1 设为 0 按下/松开 脉冲 确定 取消 ROB_1 1/3
6	如图所示，单击“确定”按钮，完成设置	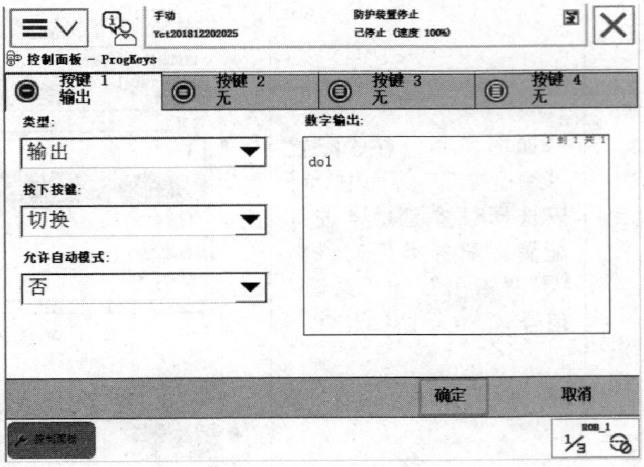手动 Yct201812202025 防护装置停止 已停止 (速度 100%) 控制面板 - ProgKeys 按键 1 输出 按键 2 无 按键 3 无 按键 4 无 类型: 输出 数字输出: 1 到 1 共 1 do1 按下按键: 切换 允许自动模式: 否 确定 取消 ROB_1 1/3

续表

序号	操作步骤	示意图
7	配置后就可以通过可编程按键 1 在手动状态下对 do1 数字输出信号进行强制的操作，余下的可编程按键也可以参照上面步骤对其进行设置	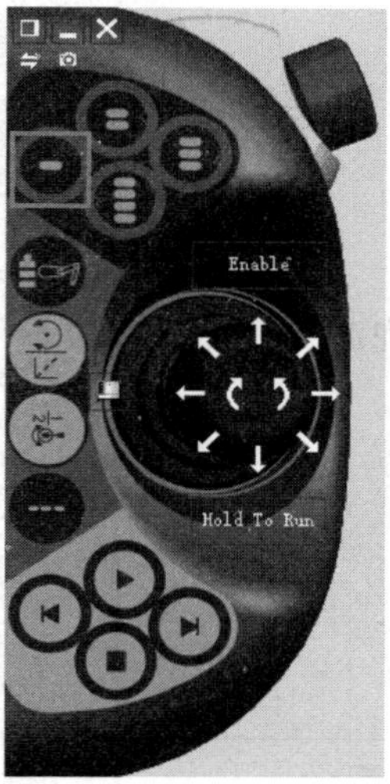

5.2.8　任务实施——输入输出信号与 I/O 的关联

1．任务引入

建立系统输入输出信号与 I/O 关联，可实现对机器人系统的控制，比如电机开启、程序启动等；也可以实现对外围设备的控制，比如电机主轴的转动、夹具的开启等。此任务操作中将以机器人的电机控制为例进行详细叙述。

2．任务要求

掌握如何建立系统输入输出信号与 I/O 的连接。

3．任务实操

序号	操作步骤	示意图
1	进入主菜单，在示教器操作界面中单击“控制面板”选项，如图所示	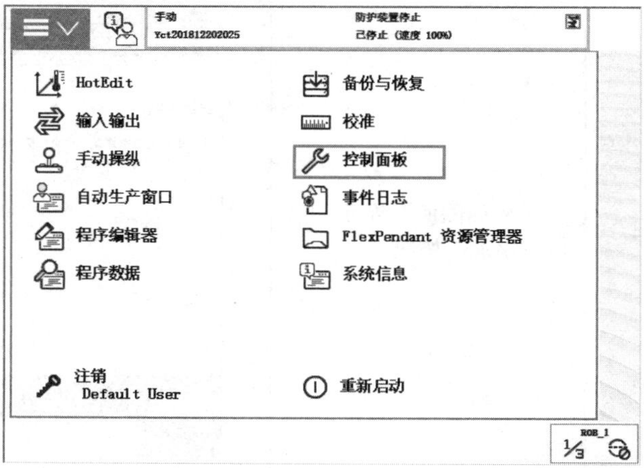

续表

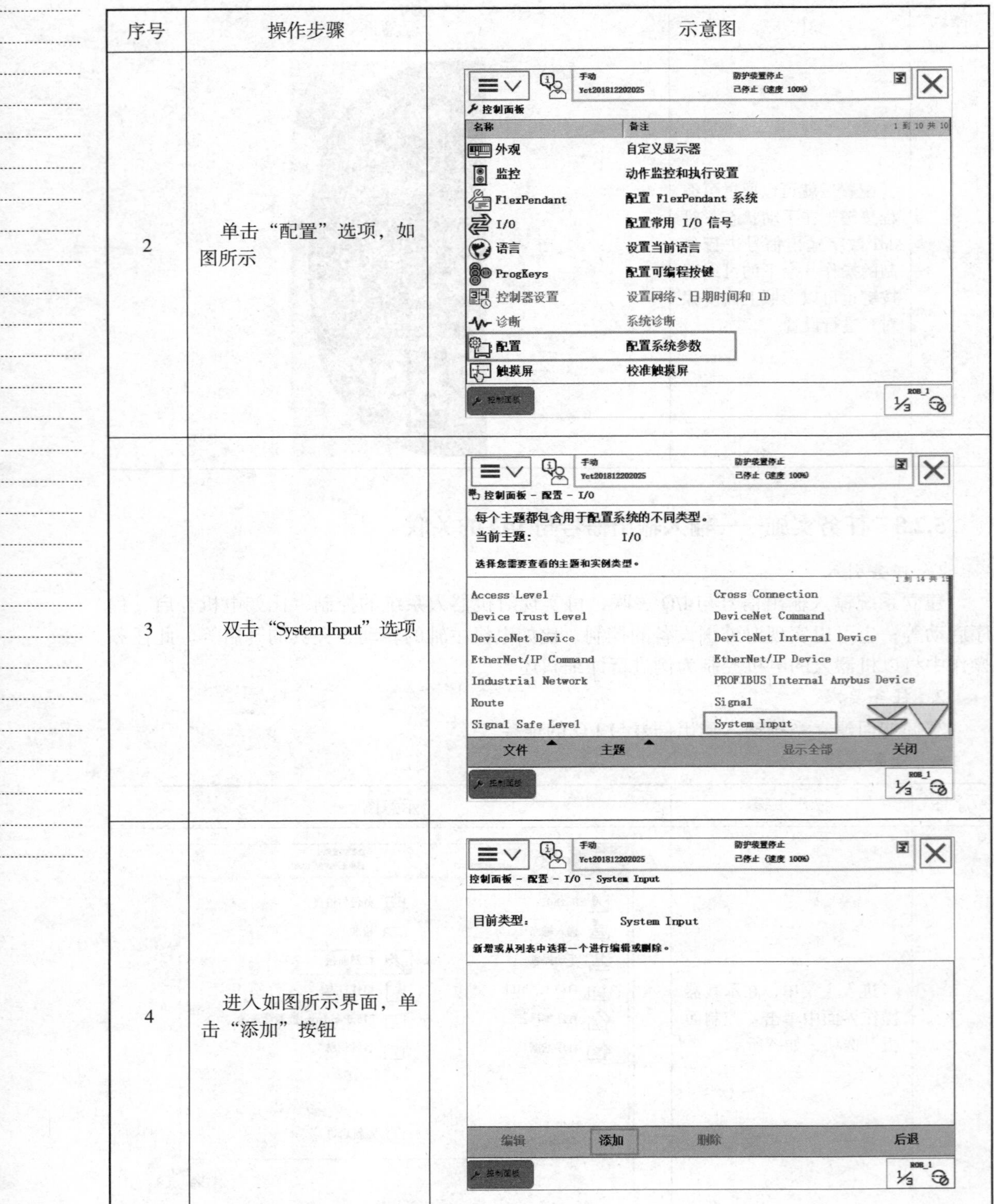

序号	操作步骤	示意图
2	单击“配置”选项，如图所示	
3	双击“System Input”选项	
4	进入如图所示界面，单击“添加”按钮	

续表

序号	操作步骤	示意图
5	双击图示中的“Signal Name”选项	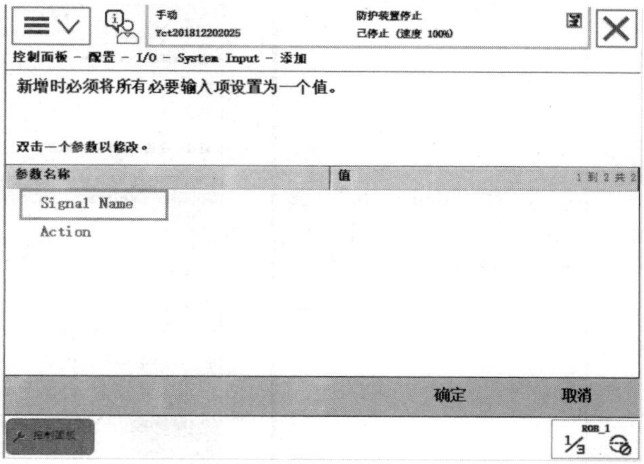 手动 Yct201812202025 防护装置停止 已停止（速度 100%） 控制面板 - 配置 - I/O - System Input - 添加 新增时必须将所有必要输入项设置为一个值。 双击一个参数以修改。 参数名称 值 1 到 2 共 2 Signal Name Action 确定 取消 ROB_1 1/3
6	选择图示中的输入信号“di1”，并单击“确定”按钮	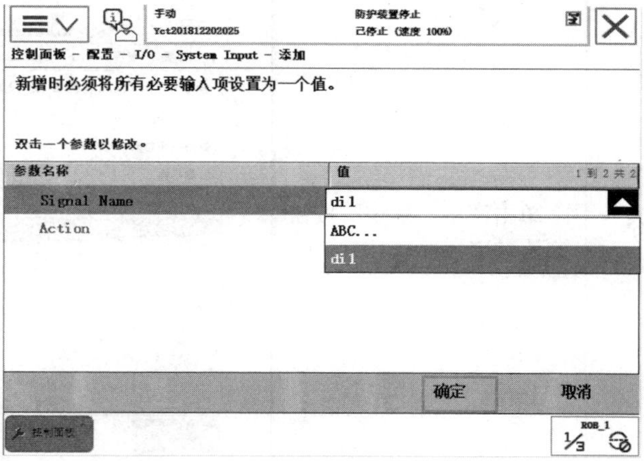 手动 Yct201812202025 防护装置停止 已停止（速度 100%） 控制面板 - 配置 - I/O - System Input - 添加 新增时必须将所有必要输入项设置为一个值。 双击一个参数以修改。 参数名称 值 1 到 2 共 2 Signal Name di1 Action ABC... di1 确定 取消 ROB_1 1/3
7	如图所示，双击“Action”选项	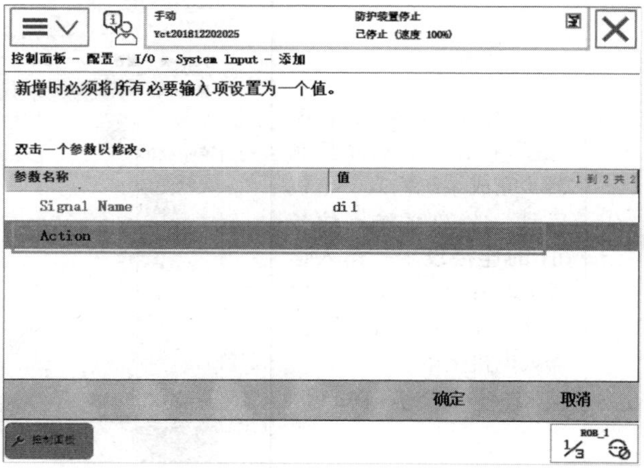 手动 Yct201812202025 防护装置停止 已停止（速度 100%） 控制面板 - 配置 - I/O - System Input - 添加 新增时必须将所有必要输入项设置为一个值。 双击一个参数以修改。 参数名称 值 1 到 2 共 2 Signal Name di1 Action 确定 取消 ROB_1 1/3

续表

序号	操作步骤	示意图
8	选择"Motors On"选项，然后单击"确定"按钮，如图所示	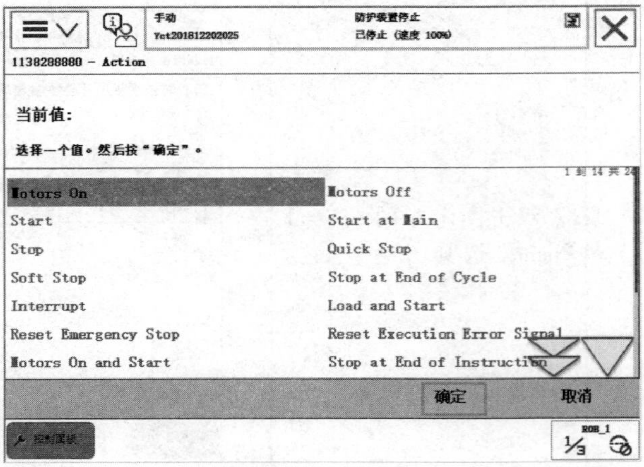
9	单击图中"确定"按钮确认设定	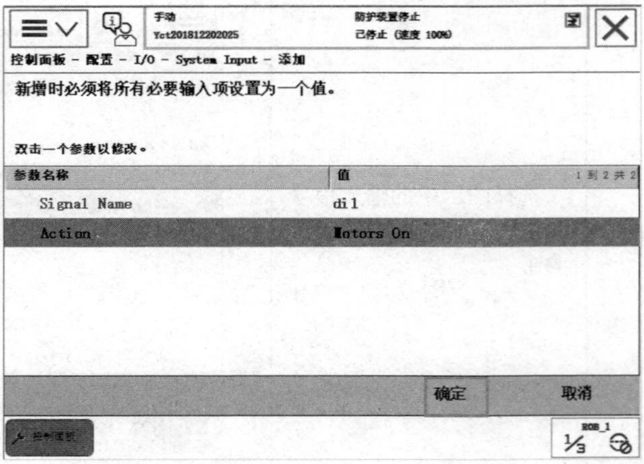
10	单击图示界面中的"是"按钮重新启动控制器，完成系统输入"电机启动"与数字输入信号di1的连接设定。输入信号关联好后，若在自动模式下，将di1置1，则机器人电机上电	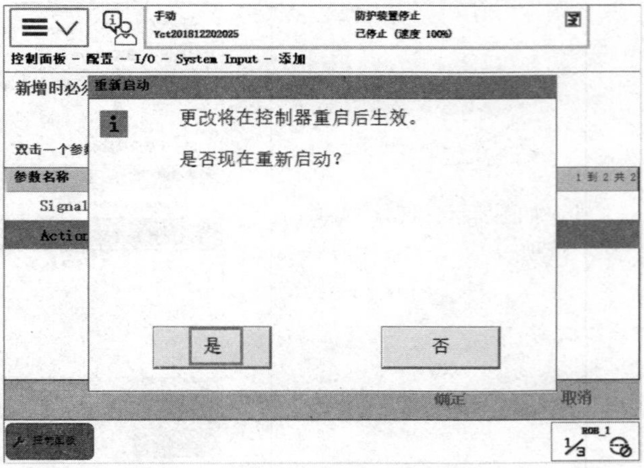

续表

序号	操作步骤	示意图
11	参考步骤 1 ~ 10，进行系统输出“电机开启”与数字输出信号 do1 的连接。首先，双击“System Output”选项，如图所示	
12	进入如图所示界面，单击“添加”按钮	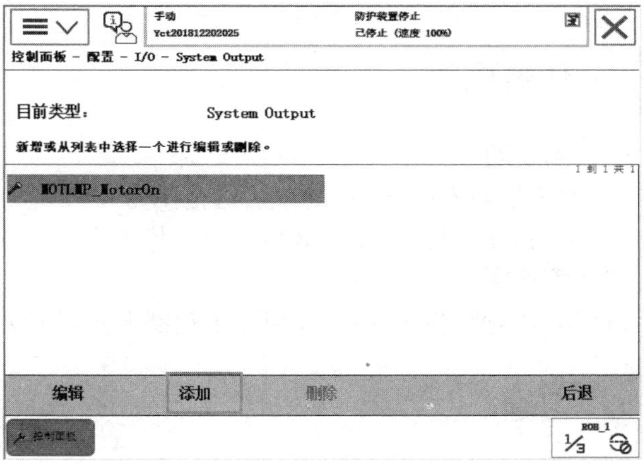
13	参考步骤 5 ~ 9，完成图示中的“Signal Name”（do1）和“Status”（Motors On）的设定。输出信号关联好后，若机器人电机上电，则 do1 置 1	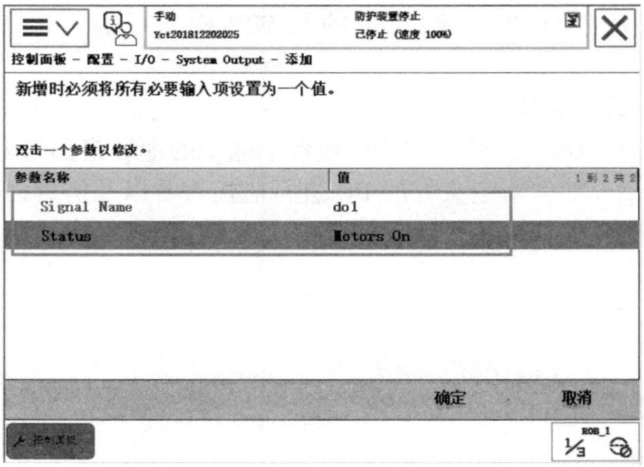

续表

序号	操作步骤	示意图
14	与步骤 10 一样，单击图示界面“是”按钮重新启动控制器，完成系统输出“电机开启”与数字输出信号 do1 的连接设定	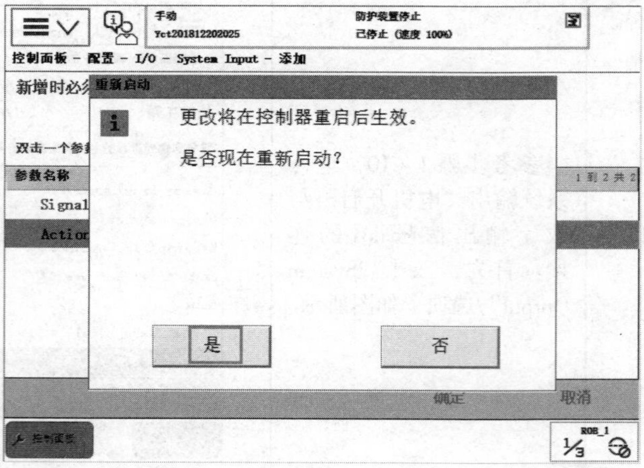 手动 Yct201812202025 防护装置停止 已停止（速度 100%） 控制面板 - 配置 - I/O - System Input - 添加 重新启动 更改将在控制器重启后生效。 是否现在重新启动？ 是 否 确定 取消

任务巩固

一、判断题

1．数字量输入信号 di1 地址可选范围为 0 ~ 16。（　　）

2．go1 占用地址 0 ~ 7 共 8 位，可以代表十进制数 0 ~ 255。（　　）

二、简答题

I/O 信号的种类有哪些？如何在示教器上实现 I/O 信号的定义？

习题

一、填空题

DSQC 652 标准 I/O 板的基本结构组成有（　　　　）、（　　　　）、（　　　　）、（　　　　）、（　　　　）、（　　　　）。

二、简答题

1．DSQC 652 标准 I/O 板各个端子的地址是如何分配的？

2．如何对定义好的 I/O 进行监控查看以及仿真强制？

3．如何配置可编程按键，实现 I/O 信号的快捷调用？

任务清单

<table>
<tr><td>姓名</td><td></td><td>工作名称</td><td colspan="2">工业机器人 I/O 通信设置</td></tr>
<tr><td>班级</td><td></td><td>小组成员</td><td colspan="2"></td></tr>
<tr><td>指导教师</td><td></td><td>分工内容</td><td colspan="2"></td></tr>
<tr><td>计划用时</td><td></td><td>实施地点</td><td colspan="2"></td></tr>
<tr><td>完成日期</td><td colspan="2"></td><td>备注</td><td></td></tr>
<tr><td colspan="5">工作准备</td></tr>
<tr><td colspan="3">资料</td><td>工具</td><td>设备</td></tr>
<tr><td colspan="3"></td><td></td><td></td></tr>
<tr><td colspan="5">工作内容与实施</td></tr>
<tr><td colspan="2">1．配置标准 I/O 板 DSQC 652</td><td colspan="3"></td></tr>
<tr><td colspan="2">2．定义数字量输入、输出信号</td><td colspan="3"></td></tr>
<tr><td colspan="2">3．定义数字量组输入、输出信号</td><td colspan="3"></td></tr>
<tr><td colspan="2">4．I/O 信号的监控查看与强制置位</td><td colspan="3"></td></tr>
<tr><td colspan="2">5．I/O 信号的快捷键设置</td><td colspan="3"></td></tr>
<tr><td colspan="2">6．输入输出信号与 I/O 的关联</td><td colspan="3"></td></tr>
</table>

工作评价

项目	评价内容				
	完成的质量（60分）	技能提升能力（20分）	知识掌握能力（10分）	团队合作（10分）	备注
自我评价					
小组评价					
教师评价					

1. 自我评价

班级：　　　　　　　　姓名：　　　　　　　　工作名称：

自我评价表

序号	评价项目	是	否
1	是否明确人员的职责		
2	能否按时完成工作任务的准备部分		
3	工作着装是否规范		
4	是否主动参与工作现场的清洁和整理工作		
5	是否主动帮助同学		
6	是否掌握工业机器人配置标准 I/O 板 DSQC 652 的方法		
7	是否掌握工业机器人定义数字量输入、输出信号		
8	是否了解工业机器人定义数字量组输入、输出信号		
9	是否掌握 I/O 信号的监控查看与强制置位技能		
10	是否掌握 I/O 信号的快捷键设置的技能		
11	是否执行 5S 标准		

评价人		分数		时间	年　月　日

2. 小组评价

小组评价表

序号	评价项目	评价情况
1	与其他同学的沟通是否顺畅	
2	是否尊重他人	
3	工作态度是否积极主动	

续表

序号	评价项目	评价情况
4	是否服从教师安排	
5	着装是否符合标准	
6	能否正确地理解他人提出的问题	
7	能否按照安全和规范的规程操作	
8	能否保持工作环境的干净整洁	
9	是否遵守工作场所的规章制度	
10	是否有工作岗位的责任心	
11	是否全勤	
12	是否能正确对待肯定和否定的意见	
13	团队工作中的表现如何	
14	是否达到任务目标	
15	存在的问题和建议	

3. 教师评价表

教师评价表

<table>
<tr><td>课程</td><td>工业机器人现场编程</td><td>任务名称</td><td>工业机器人 I/O 通信设置</td><td>完成地点</td><td></td></tr>
<tr><td>姓名</td><td></td><td>小组成员</td><td colspan="3"></td></tr>
<tr><td>序号</td><td colspan="2">项目</td><td>分值</td><td colspan="2"></td></tr>
<tr><td>1</td><td colspan="2">配置标准 I/O 板 DSQC 652</td><td>20</td><td colspan="2"></td></tr>
<tr><td>2</td><td colspan="2">定义数字量输入、输出信号</td><td>20</td><td colspan="2"></td></tr>
<tr><td>3</td><td colspan="2">定义数字量组输入、输出信号</td><td>20</td><td colspan="2"></td></tr>
<tr><td>4</td><td colspan="2">I/O 信号的监控查看与强制置位</td><td>20</td><td colspan="2"></td></tr>
<tr><td>5</td><td colspan="2">I/O 信号的快捷键设置</td><td>20</td><td colspan="2"></td></tr>
</table>

项目六

工业机器人的基础示教编程与调试

项目导入

无论工业机器人做什么工作，首先都需要编制程序。基础编程是运动轨迹的编制，有些工业机器人的运动轨迹比较简单，如上下料，有些运动轨迹则非常复杂，比如雕刻工业机器人的复杂型面的雕刻。但复杂轨迹是由简单轨迹构成的，故轨迹编程一般借助轨迹训练模型来完成。轨迹训练模型由优质铝材加工制造，表面经过阳极氧化处理，通过在平面、曲面上蚀刻不规则图形的图案（平行四边形、五角星、椭圆、风车图案、凹字形图案等多种不同轨迹图案）来完成轨迹训练模型的制造，如图 6–1 所示，该模型配有 TCP 示教辅助装置，可通过末端夹持装置（如笔、焊枪等）进行轨迹程序的编制，以此对机器人的点、平面直线、曲线运动 / 曲面直线、曲线运动轨迹的示教。

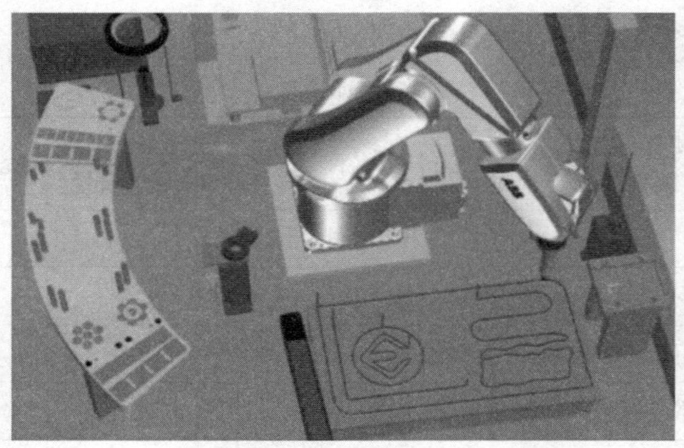

图 6–1　轨迹编程

项目目标

★知识目标

掌握常用的运动指令和数学运算指令。（工业机器人职业技能等级证书考核要点）

掌握手动运行模式下程序调试的方法。

掌握常用的逻辑判断指令及用法。

了解常用的 I/O 控制指令和逻辑判断指令的用法。

了解数组的定义及赋值方法。

★能力目标

能完成程序模块以及例行程序的建立。（工业机器人职业技能等级证书考核要点）

能实现简单动作的示教编写和调试。（工业机器人职业技能等级证书考核要点）

能建立工件坐标系并测试准确性，利用工件坐标系偏移三角形示教轨迹。（工业机器人职业技能等级证书考核要点）

能通过更改运动指令参数实现轨迹逼近。

能实现数据变量的定义和赋值。

能完成多工位码垛程序的编写。（工业机器人职业技能等级证书考核要点）

★素质目标

通过本项目的训练培养学生探索未知、追求真理、勇攀高峰的学习态度，在实现基础编程任务过程中增强学生职业认同感和劳动自豪感，提升创意物化能力，培育不断探索、精益求精、追求卓越的工匠精神和爱岗敬业的劳动态度。

项目分解

任务 6.1 RAPID 编程语言与程序架构

任务 6.2 工业机器人运动指令的应用

任务 6.3 程序数据的定义及赋值

任务 6.4 逻辑判断指令与调用例行程序指令的应用

任务 6.5 I/O 控制指令

任务 6.6 基础示教编程的综合应用

任务 6.1 RAPID 编程语言与程序架构※

6.1.1 RAPID 语言及其数据、指令、函数

1. RAPID 语言

RAPID 语言及其数据、指令、函数

RAPID 语言是一种由机器人厂家针对用户示教编程所开发的机器人编程语言，其结构和风格类似于 C 语言。RAPID 程序就是把一连串的 RAPID 语言人为有序地组织起来，形成应用程序。通过执行 RAPID 程序可以实现对机器人的操作控制。RAPID 程序可以实现操纵机器人运动、控制 I/O 通信，执行逻辑计算、重复执行指令等功能。不同厂家生产的机器人编程语言会有所不同，但在实现的功能上大同小异。

2. RAPID 数据、指令和函数

RAPID 程序的基本组成元素包括数据、指令、函数。

1）RAPID 数据

RAPID 数据是在 RAPID 语言编程环境下定义的用于存储不同类型数据信息的数据结构类型。在 RAPID 语言体系中，定义了上百种工业机器人可能运用到的数据类型，存放机器人编程需要用到的各种类型的常量和变量。同时，RAPID 语言允许用户根据这些已经定义好的数据类型，依照实际需求创建新的数据结构。

RAPID 数据按照存储类型可以分为变量（VAR）、可变量（PERS）和常量（CONTS）三大类。变量进行定义时，可以赋值，也可以不赋值。在程序中遇到新的赋值语句，当前值改变，但初始值不变，遇到指针重置（指针重置是指程序指针被人为地从一个例行程序移至另一个例行程序，或者 PP 移至 main）又恢复到初始值。可变量进行定义时，必须赋予初始值，在程序中遇到新的赋值语句，当前值改变，初始值也跟着改变，初始值被反复修改（多用于生产计数）。常量进行定义时，必须赋予初始值。在程序中是一个静态值，不能赋予新值，想修改只能通过修改初始值来更改。在示教编程中常用的程序数据类型如表 6–1 所示，前文 4.4.8 中学习过的工具数据便是其中的一种。常用的程序数据的定义和用法将会在 6.3.1 中详细介绍。

表 6–1　常用数据类型

程序数据	说明	程序数据	说明
bool	布尔量	pos	位置数据（只有 X，Y 和 Z）
byte	整数数据 0 ~ 255	robjoint	机器人轴角度数据
clock	计时数据	speeddata	机器人与外轴的速度数据
jointtarget	关节位置数据	string	字符串
loaddata	负载数据	tooldata	工具数据
num	数值数据	wobjdata	工件数据

2）RAPID 指令和函数

RAPID 语言为了方便用户编程，封装了一些可直接调用的指令和函数，其本质都是一段 RAPID 程序。RAPID 语言的指令和函数多种多样，可以控制机器人的运动。在 6.2.1 中，将详细介绍 MoveabsJ、MoveJ 和 MoveL 等一些常用的运动指令。再比如，逻辑判断指令，可以对条件分支进行判断，实现机器人行为多样化。指令程序可以带有输入变量，但无返回值。与指令不同，RAPID 语言的函数是具有返回值的程序。例如，下文将介绍到的 Offs 指令便属于函数。RAPID 语言中的常见指令及函数说明详见附录。

在 RAPID 语言中，定义了很多保留字，它们都有特定意义，因此不能用作 RAPID 程序中的标识符（即定义模块、程序、数据和标签的名称）。此外，还有许多预定义数据类型名称、系统数据、指令和有返回值程序也不能用作标识符。

除了本书中所涉及的指令与函数外，RAPID 语言所提供的其他数、指令和函数的应用方法和功能，可以通过查阅 RAPID 指令、函数和数据类型技术参考手册进行学习。

RAPID 程序的架构

6.1.2　RAPID 程序的架构

一台机器人的 RAPID 程序由系统模块与程序模块组成，每个模块中可以建立若干程序，如图 6–2 所示。

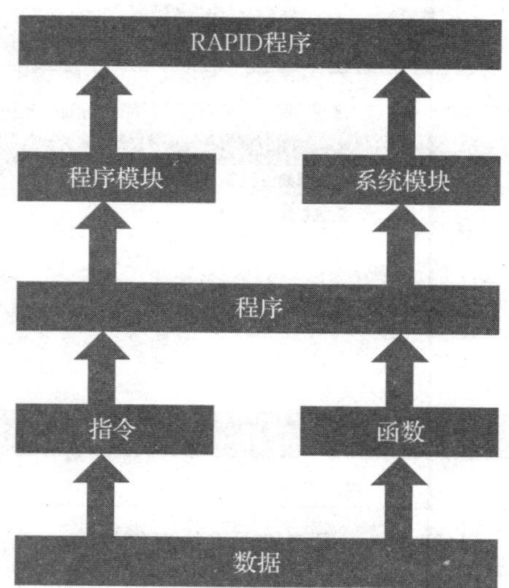

图 6–2　RAPID 程序的结构

通常情况下，系统模块多用于系统方面的控制，而只通过新建程序模块来构建机器人的执行程序。机器人一般都自带 USER 模块与 BASE 模块两个系统模块，如图 6–3 所示。机器人会根据应用用途的不同，配备相应应用的系统模块。例如，焊接机器人的系统模块如图 6–4 所示。建议不要对任何自动生成的系统模块进行修改。

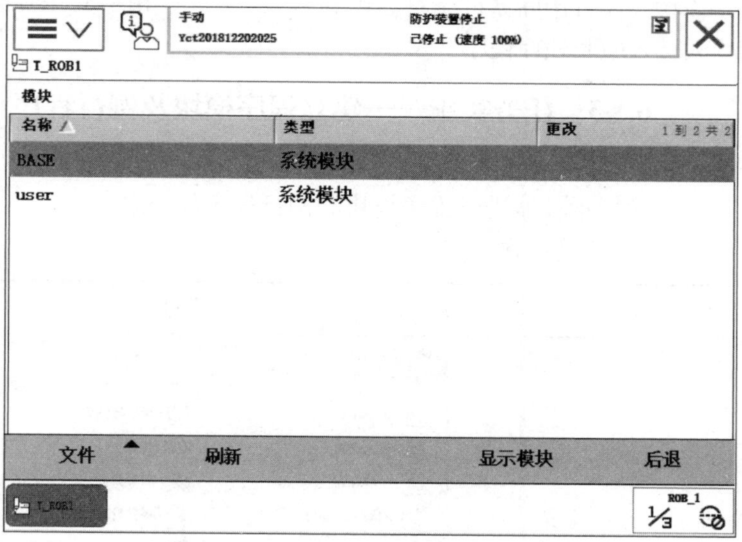

图 6–3　一般机器人的系统模块

在设计机器人程序时，可根据不同的用途创建不同的程序模块，如用于位置计算的程序模块，用于存储数据的程序模块，这样便于归类管理不同用途的例行程序与数据。

（1）值得注意的是，在 RAPID 程序中，只有一个主程序 mian，并且作为整个 RAPID 程序执行的起点，可存在于任意一个程序模块中。

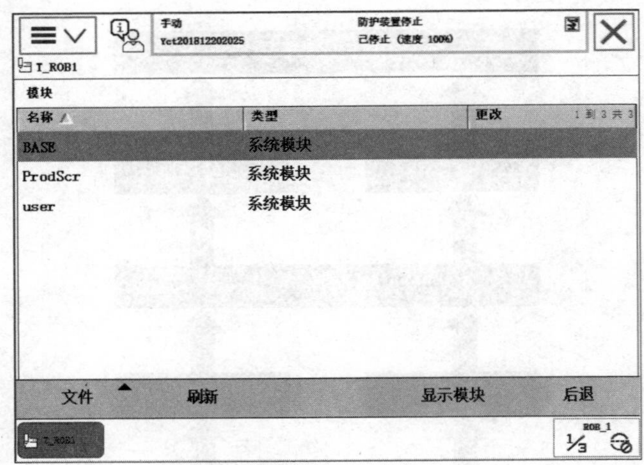

图 6–4　焊接机器人的系统模块

（2）每一个程序模块一般包含程序数据、程序、指令和函数四种对象。程序主要分为 Procedure、Function 和 Trap 三大类，如图 6–5 所示。Procedure 类型的程序没有返回值；Function 类型的程序有特定类型的返回值；Trap 类型的程序叫作中断例行程序。Trap 例行程序和某个特定中断连接，一旦中断条件满足，机器人转入中断处理程序。

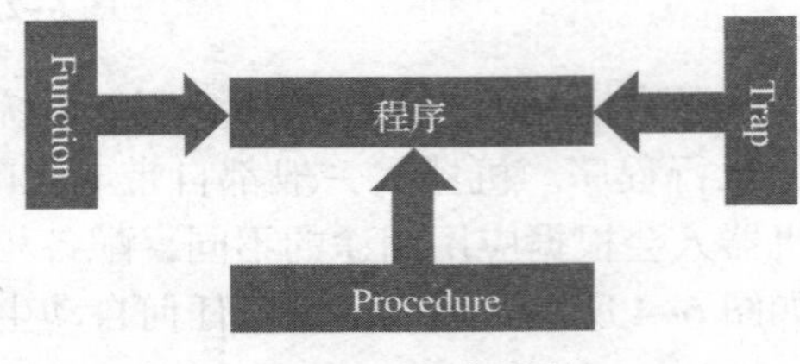

图 6–5　程序类型

任务操作——建立程序模块及例行程序

6.1.3　任务实施——建立程序模块及例行程序

1．任务要求

使用示教器进行程序模块和例行程序的建立。

2．任务实操

序号	操作步骤	示意图
1	如图所示，进入主菜单，在示教器界面中选择“程序编辑器”选项	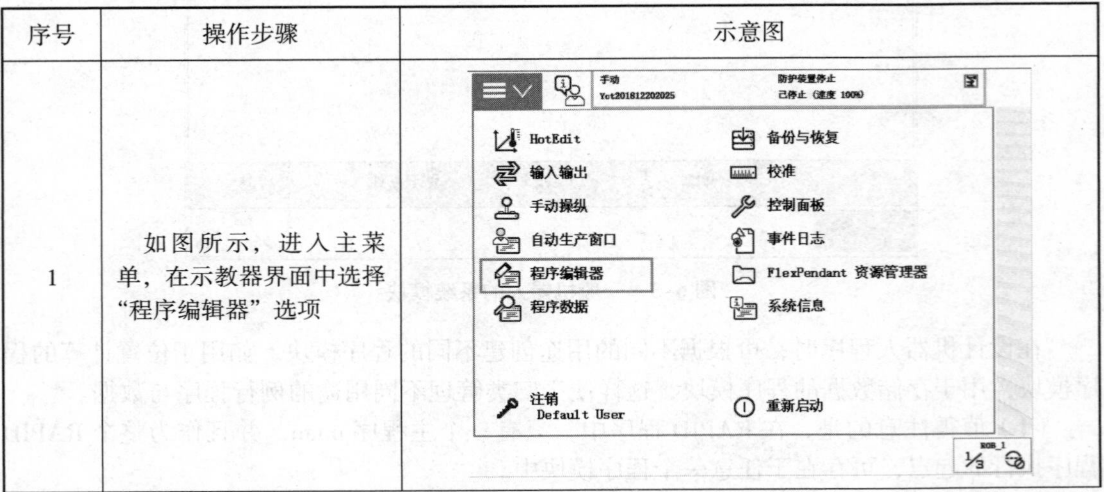

续表

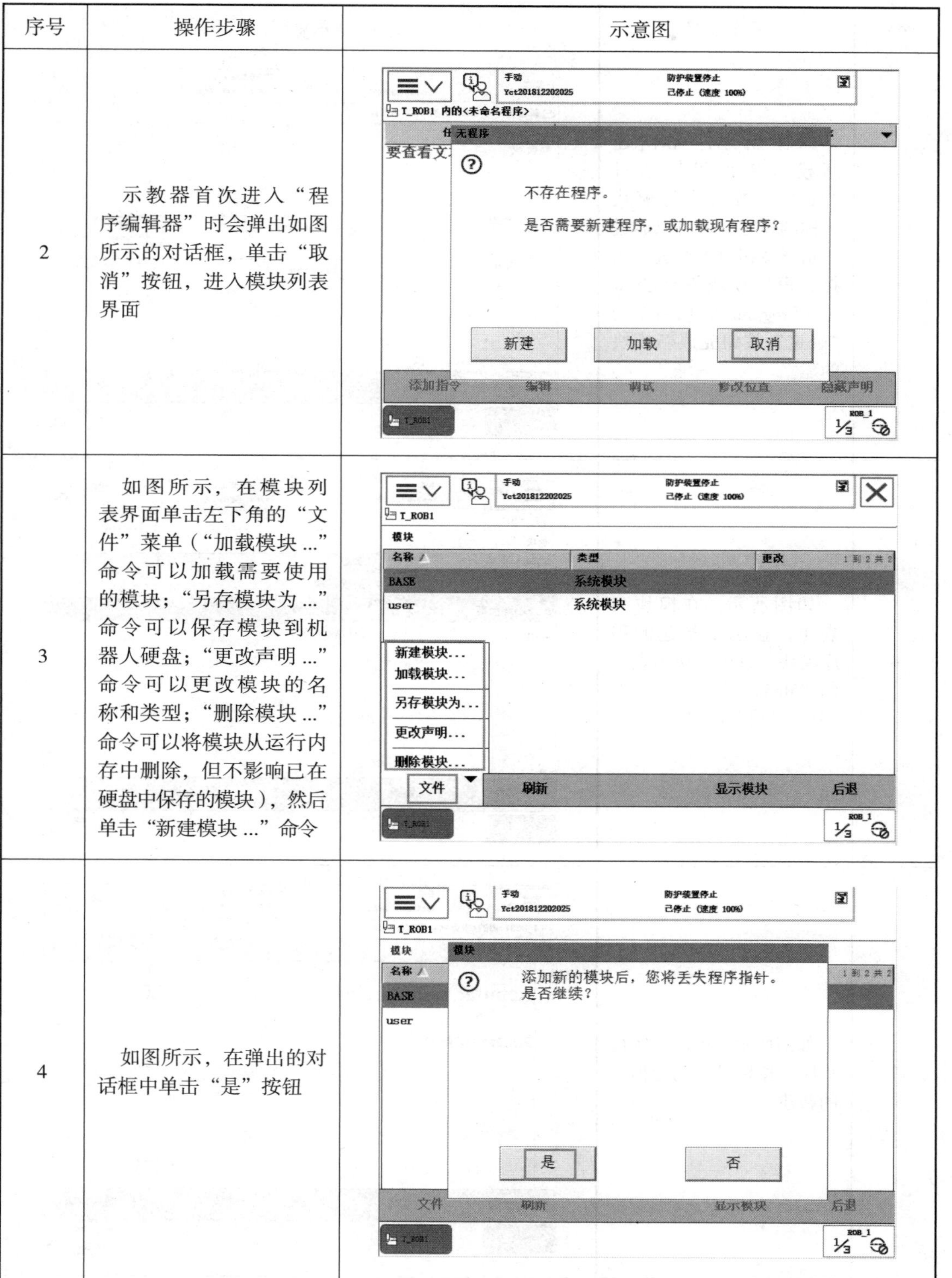

序号	操作步骤	示意图
2	示教器首次进入“程序编辑器”时会弹出如图所示的对话框，单击“取消”按钮，进入模块列表界面	
3	如图所示，在模块列表界面单击左下角的“文件”菜单（“加载模块 ...”命令可以加载需要使用的模块；“另存模块为 ...”命令可以保存模块到机器人硬盘；“更改声明 ...”命令可以更改模块的名称和类型；“删除模块 ...”命令可以将模块从运行内存中删除，但不影响已在硬盘中保存的模块），然后单击“新建模块 ...”命令	
4	如图所示，在弹出的对话框中单击“是”按钮	

续表

序号	操作步骤	示意图
5	如图所示，在创建新模块界面可以通过“ABC...”按钮进行模块名称的设定，还可以通过三角形按钮对类型进行选择。程序模块默认类型是“Program”，然后单击“确定”按钮完成新模块的建立	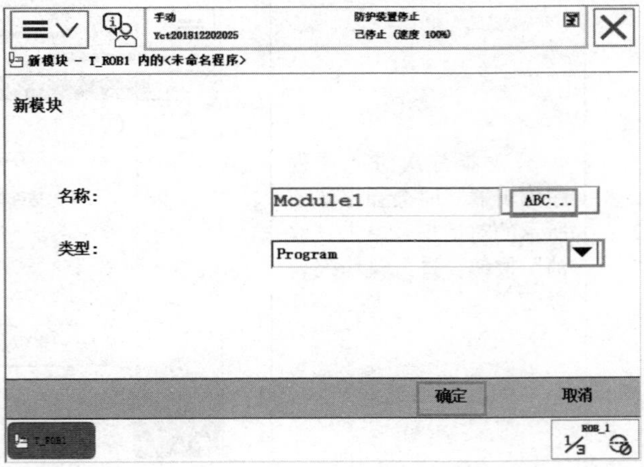手动 Yct201812202025 防护装置停止 已停止（速度 100%） 新模块 - T_ROB1 内的<未命名程序> 新模块 名称： Module1 ABC... 类型： Program 确定 取消 ROB_1 1/3
6	如图所示，在模块列表中，显示出新建的程序模块，选中模块列表中的“Module1”，然后单击“显示模块”按钮	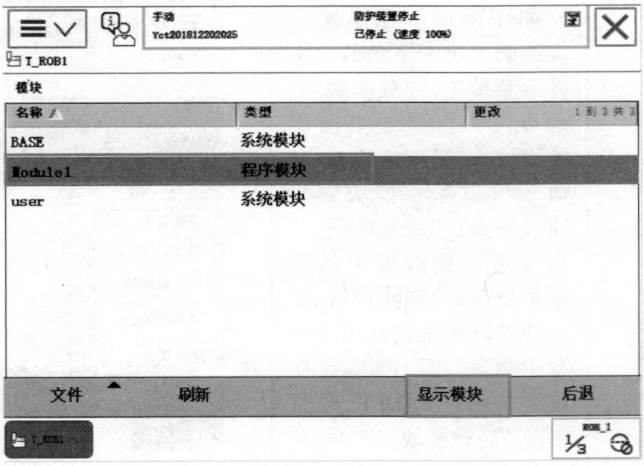手动 Yct201812202025 防护装置停止 已停止（速度 100%） T_ROB1 模块 名称 类型 更改 1 到 3 共 3 BASE 系统模块 Module1 程序模块 user 系统模块 文件 刷新 显示模块 后退 ROB_1 1/3
7	如图所示，单击“例行程序”按钮进行例行程序的新建	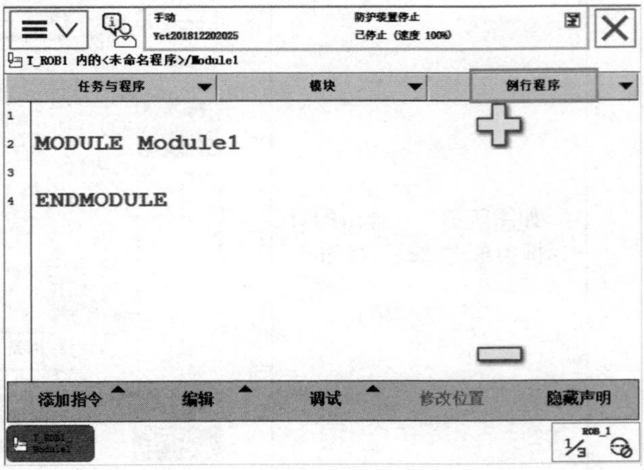手动 Yct201812202025 防护装置停止 已停止（速度 100%） T_ROB1 内的<未命名程序>/Module1 任务与程序 模块 例行程序 1 2 MODULE Module1 3 4 ENDMODULE 添加指令 编辑 调试 修改位置 隐藏声明 ROB_1 1/3

续表

序号	操作步骤	示意图
8	如图所示，在显示出例行程序的界面打开“文件”菜单，单击“新建例行程序…”命令	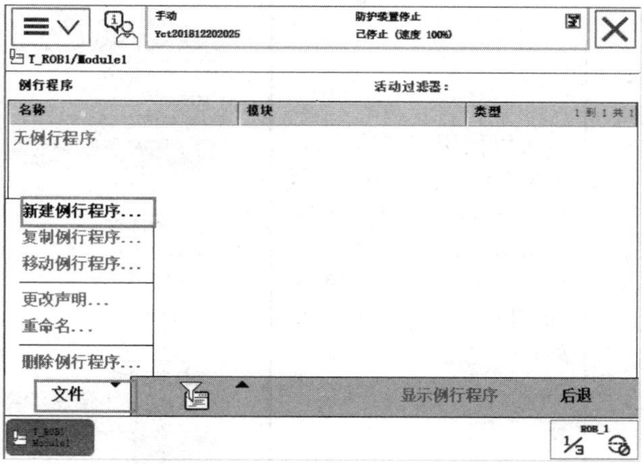
9	如图所示，首先创建一个主程序，将其名称设定为“main”然后单击“确定”按钮	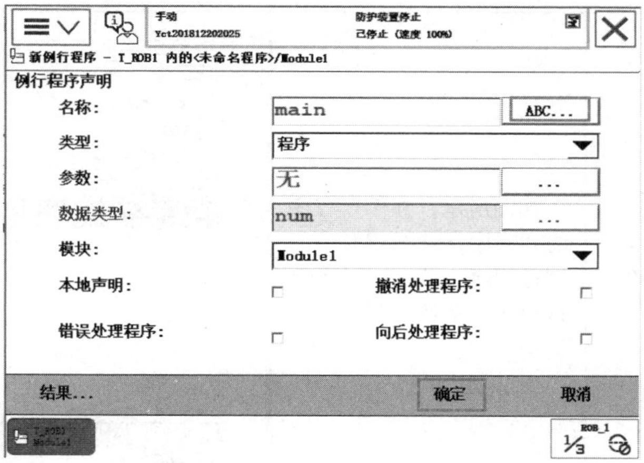
10	在新建例行程序时，可以对例行程序的类型进行选择，建立所需的程序类型，如图所示。程序类型可为“Procedure”“Function”和“Trap”	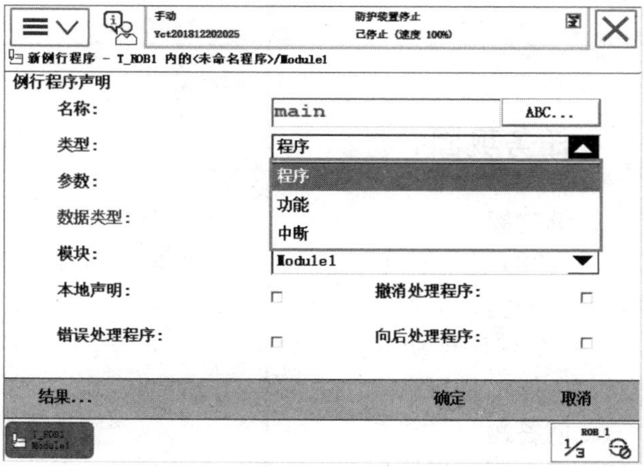

续表

序号	操作步骤	示意图
11	可以使用相同的方法，根据自己的需要新建例行程序，方便用于被主程序 main 调用或例行程序间的相互调用。例行程序的名称可以在系统保留字段之外自由定义	
12	如图所示，在例行程序的列表中，选择相对应的例行程序，单击“显示例行程序”按钮便可以进行编程	

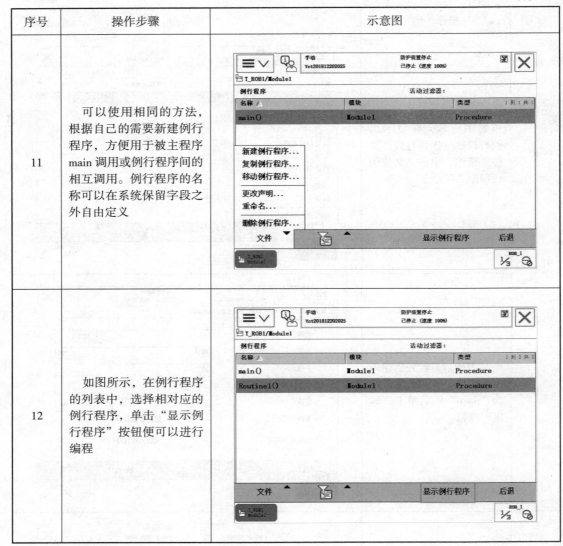

任务巩固

一、填空题

1．RAPID 是一种（　　　　），所包含的指令可以（　　　　）、（　　　　）、读取输入，还能实现决策、（　　　　）、（　　　　）与系统操作员交流等。

2．一个程序模块一般包含（　　　　）、（　　　　）、（　　　　）和（　　　　）四种对象，但不是每个模块中都会有这四种对象。

二、问答题

如何建立程序模块和例行程序？程序模块中有几个主程序 mian ？

任务 6.2　工业机器人运动指令的应用※

6.2.1　常用的运动指令及用法

工业机器人在空间上的运动方式主要有绝对位置运动、关节运动、线性运动和圆弧运动四种，每一种运动方式对应一个运动指令。运动指令即通过建立示教点指示机器人按一定轨迹运动的指令。机器人末端 TCP 移动轨迹的目标点位置即为示教点。

常用的运动指令及用法之绝对位置运动

本书所述机器人常用的运动指令如下。

1. 绝对位置运动指令（MoveAbsJ）

绝对位置运动指令（图 6–6）是指示机器人使用六个关节轴和外轴（附加轴）的角度值进行运动和定义目标位置数据的命令，MoveAbsJ 指令（表 6–2）常用于机器人回到机械零点的位置或 Home 点。Home 点（工作原点）是一个机器人远离工件和周边机器的安全位置。当机器人在 Home 点时，会同时发出信号给其他远端控制设备和 PLC。根据此信号可以判断机器人是否在工作原点，避免因机器人动作的起始位置不安全而损坏周边设备。

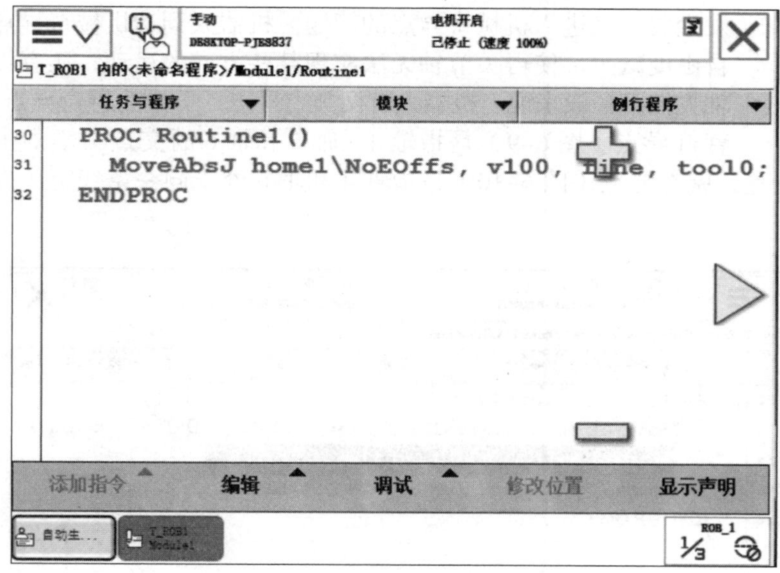

图 6–6　绝对位置运动指令

表 6–2　MoveAbsJ 指令解析

参数	定义	操作说明
*	目标点位置数据	定义机器人 TCP 运动目标
\NoEOffs	外轴不带偏移数据	

续表

参数	定义	操作说明
v1000	运动速度数据，1 000 mm/s	定义速度（mm/s）
z50	转弯区数据，转弯区的数值越大，机器人的动作越圆滑与流畅	定义转弯区的大小
tool1	工具坐标数据	定义当前指令使用的工具
wobj1	工件坐标数据	定义当前指令使用的工件坐标

提示：在进行程序语句编写时，单击选中对应指令语句中的参数后，即可对参数进行编辑和修改。

2. 关节运动指令 MoveJ

常用的运动指令及用法之关节运动

关节运动指令（图 6–7）是在对机器人路径精度要求不高的情况下，指示机器人工具中心点 TCP 从一个位置移动到另一位置的命令，移动过程中机器人运动姿态不完全可控，但运动路径（图 6–8）保持 MoveJ 指令（表 6–3）适合机器人需要大范围运动时使用，不容易在运动过程中发生关节轴进入机械奇异点的问题。机器人到达机械奇异点，将会引起自由度减少，使得关节轴无法实现某些方向的运动，还有可能导致关节轴失控。一般来说，机器人有两类奇异点，分别为臂奇异点和腕奇异点。

臂奇异点（图 6–9）是指轴 4、轴 5 和轴 6 的交点与轴 1 在 Z 轴方向上的交点所处位置；腕奇异点（图 6–10）是指轴 4 和轴 6 处于同一条线上（即轴 5 角度为 0°）的点。

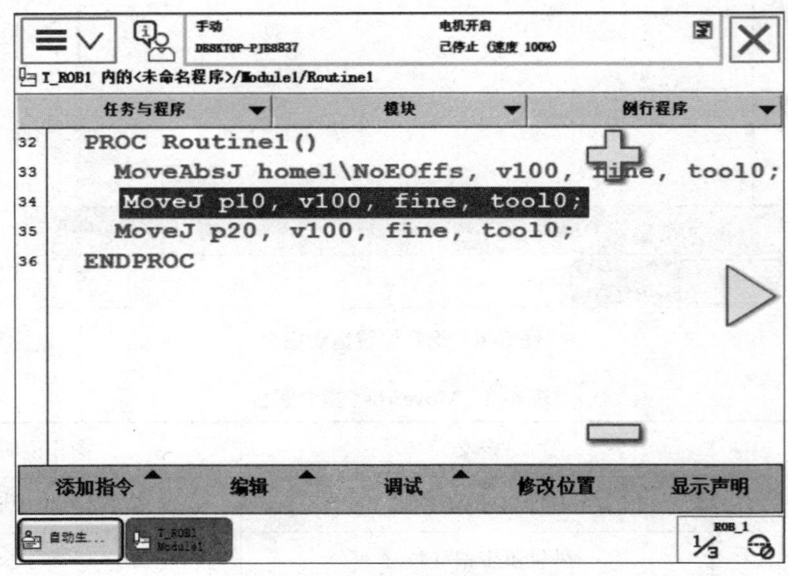

图 6–7　关节运动指令

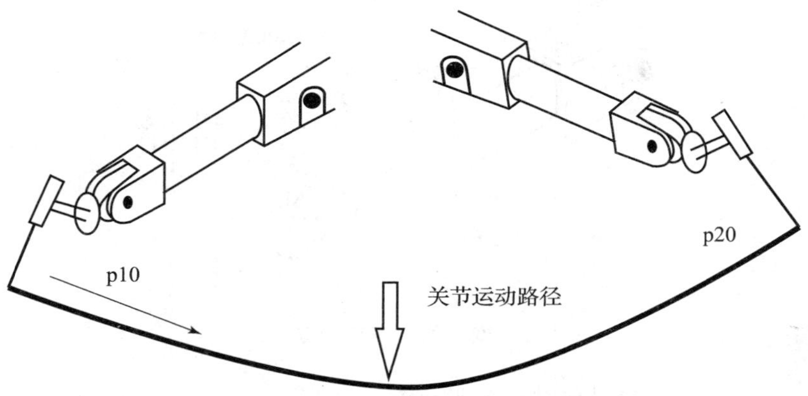

图 6-8　关节运动路径示意图

表 6-3　MoveJ 指令解析

参数	定义	操作说明
p10，p20	目标点位置数据	定义机器人 TCP 的运动目标
v1000	运动速度数据，1 000 mm/s	定义速度（mm/s）
z50	转弯区数据，转弯区的数值越大，机器人的动作越圆滑与流畅	定义转弯区的大小
tool1	工具坐标数据	定义当前指令使用的工具
wobj1	工件坐标数据	定义当前指令使用的工件坐标

提示：运动 MoveJ 指令实现两点间的移动时，两点间整个空间区域需要确保无障碍物，以防止由于运动路径不可预知所造成的碰撞。

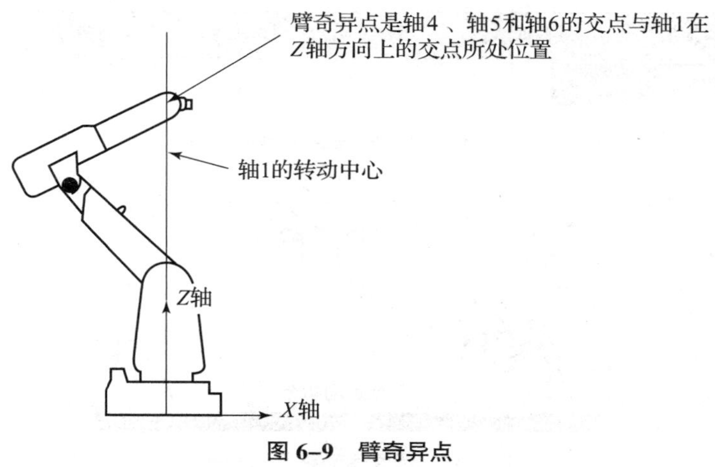

图 6-9　臂奇异点

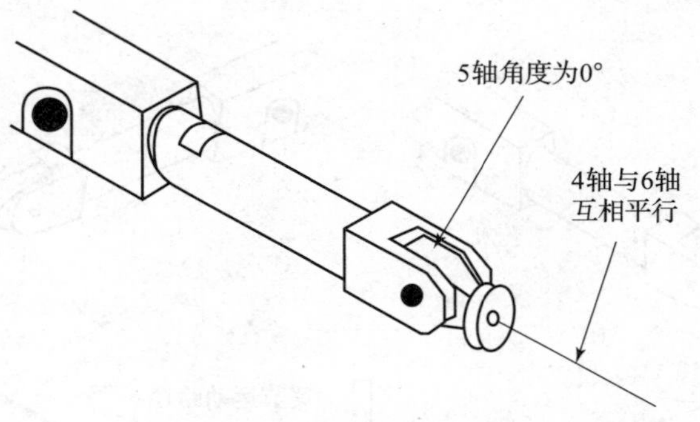

图 6–10 腕奇异点

常用的运动指令及用法之线性运动

3. 线性运动指令 MoveL

线性运动指令（图 6–11）是指示机器人的 TCP 从起点到终点之间的路径，始终保持为直线运动的命令。在此运动指令（解析参考表 6–3）下，机器人运动状态可控，运动路径保持唯一。一般用于对路径要求高的场合，如焊接、涂胶等。线性运动路径示意图如图 6–12 所示。

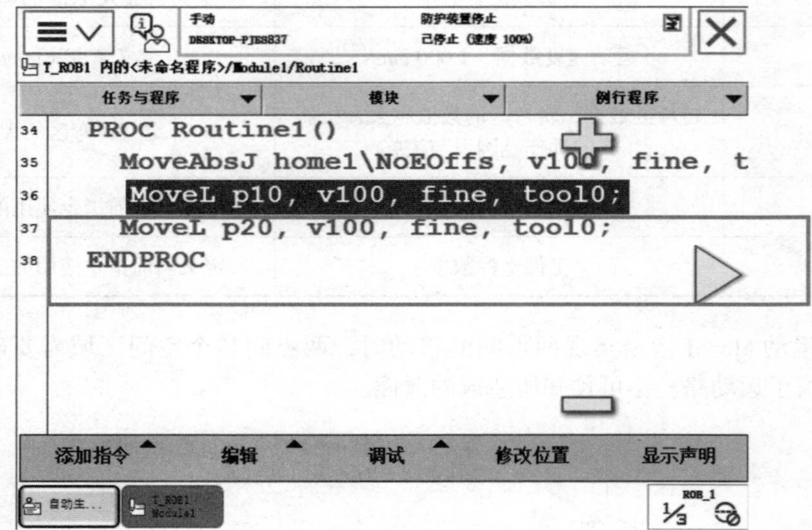

图 6–11 线性运动指令

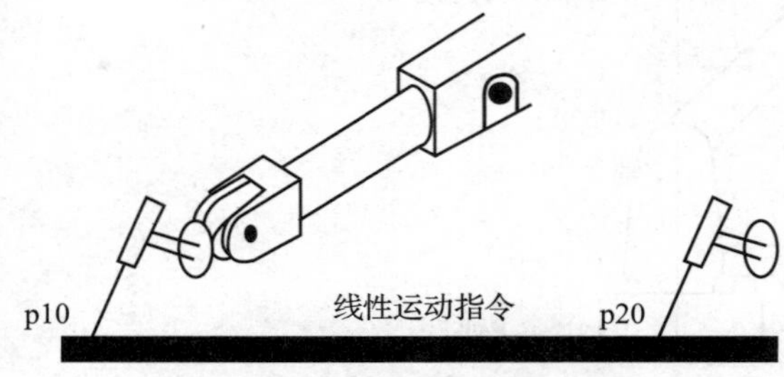

图 6–12 线性运动路径示意图

4. 圆弧运动指令 MoveC

常用的运动指令及用法之圆弧运动

圆弧运动指令（图 6–13）是指示机器人在可达范围内定义三个位置点，实现圆弧路径（图 6–14）运动的命令（表 6–4）。在圆弧运动位置点中，第一点是圆弧的起点，第二点确定圆弧的曲率，第三点是圆弧的终点。

提示：一个整圆的运动路径不可能仅通过一个 MoveC 指令完成。

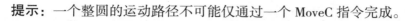

```
PROC Routine2()
  MoveL p10, v100, fine, tool0;
  MoveC p20, p30, v100, z10, tool0;
ENDPROC
```

图 6–13　圆弧运动指令

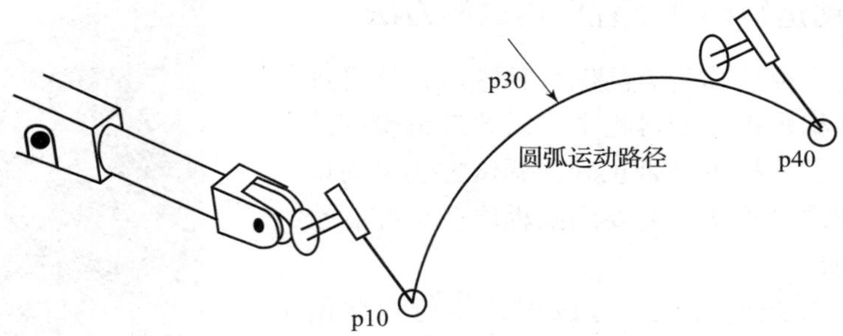

图 6–14　圆弧运动路径示意图

表 6–4　MoveC 指令解析

参数	定义	操作说明
p10	圆弧的第一个点	定义圆弧的起点位置
p20	圆弧的第二个点	定义圆弧的曲率
p30	圆弧的第三个点	定义圆弧的终点位置
fine/z1	转弯区数据	定义转弯区的大小

速度设定指令

5. 速度设定指令 VelSet

VelSet 指令用于设定最大的速度和倍率。该指令仅可用于主任务 T_ROB1，或者如果在 MultiMove 系统中，则可用于运动任务中。

例如：

```
MODULE Module1
  PROC Routine1(    )
    VelSet 50,400;
    MoveL p10,v1000,z50,tool10;
    MoveL p20,v1000,z50,tool10;
    MoveL p30,v1000,z50,tool10;
  ENDPROC
ENDMODULE
```

将所有的编程速度降至指令中值的 50%，但不允许 TCP 速度超过 400 mm/s，即点 p10、p20 和 p30 的速度是 400 mm/s。

6. 加速度设定指令 AccSet

AccSet 指令可定义机器人的加速度。处理脆弱负载时，允许增加或降低加速度，使机器人移动更加顺畅。该指令仅可用于主任务 T_ROB1，或者如果在 MultiMove 系统中，则可用于运动任务中。

例如：`AccSet 50,100;`

加速度限制到正常值的 50%。

例如：`AccSet 100,50;`

加速度斜线限制到正常值的 50%。

6.2.2 手动运行模式下程序调试的方法

在建立好程序模块和所需的例行程序后，便可进行程序编辑。在编辑程序的过程中，需要对编辑好的程序语句进行调试，检查是否正确，调试方法分为单步和连续。在调试过程中，需要用到程序调试控制按钮，如图 6-15 所示。

（1）连续：按压此按钮，可以连续执行程序语句，直到程序结束。

（2）上一步：按压此按钮，执行当前程序语句的上一语句，按一次往上执行一句。

（3）下一步：按压此按钮，执行当前程序语句的下一语句，按一次往下执行一句。

（4）暂停：按压此按钮停止当前程序语句的执行。

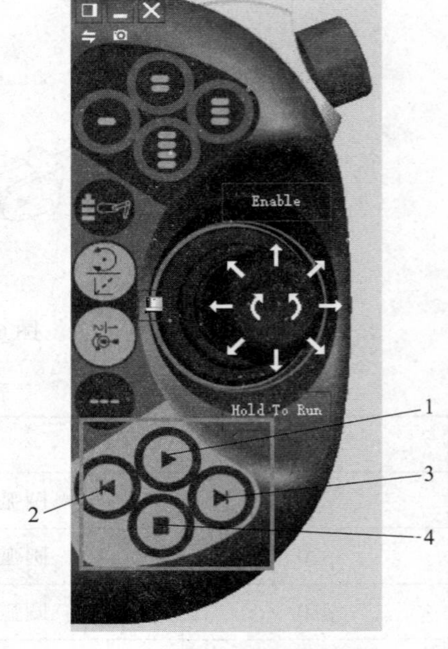

图 6-15 程序调试控制按钮

1—连续；2—上一步；3—下一步；4—暂停

在手动运行模式下，可以通过点按程序调试控制按钮“上一步”和“下一步”，进行机器人程序的单步调试。对所示教编写好的程序进行单步调试，确认无误后便可选择程序调试控制按钮“连续”，对程序进行连续调试。

任务操作——利用绝对位置运动指令 MoveAbsJ 使各轴回零点

6.2.3　任务实施——利用绝对位置运动指令 MoveAbsJ 使各轴回零点

1. 任务引入

在 6.2.1 中学习了运动指令 MoveAbsJ，下面介绍使用绝对位置运动指令 MoveAbsJ 使机器人各轴回零点位置的操作方法。MoveAbsJ 指令设置零点位置参数数值如表 6–5 所示。

表 6–5　MoveAbsJ 指令设置零点位置参数数值

参数名称	参数值	参数名称	参数值
rax_1	0	eax_a	9E+09
rax_2	0	eax_b	9E+09
rax_3	0	eax_c	9E+09
rax_4	0	eax_d	9E+09
rax_5	0	eax_e	9E+09
rax_6	0	eax_f	9E+09

2. 任务要求

掌握如何利用绝对位置运动指令 MoveAbsJ 使机器人各轴回零点位置。

3. 任务实操

序号	操作步骤	示意图
1	如图所示，进入示教器主菜单界面，选择“程序编辑器”选项	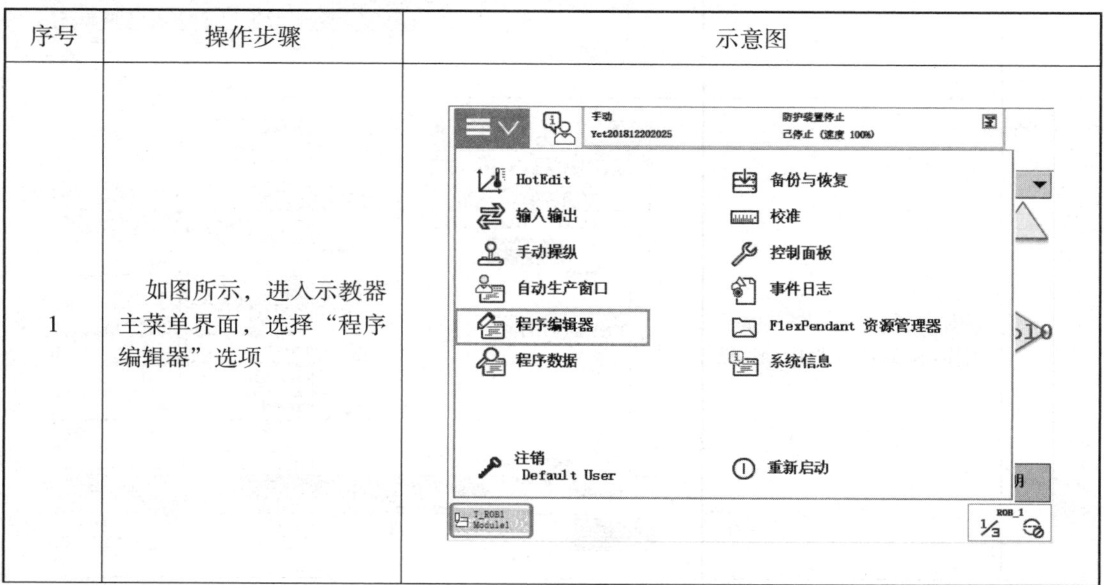

续表

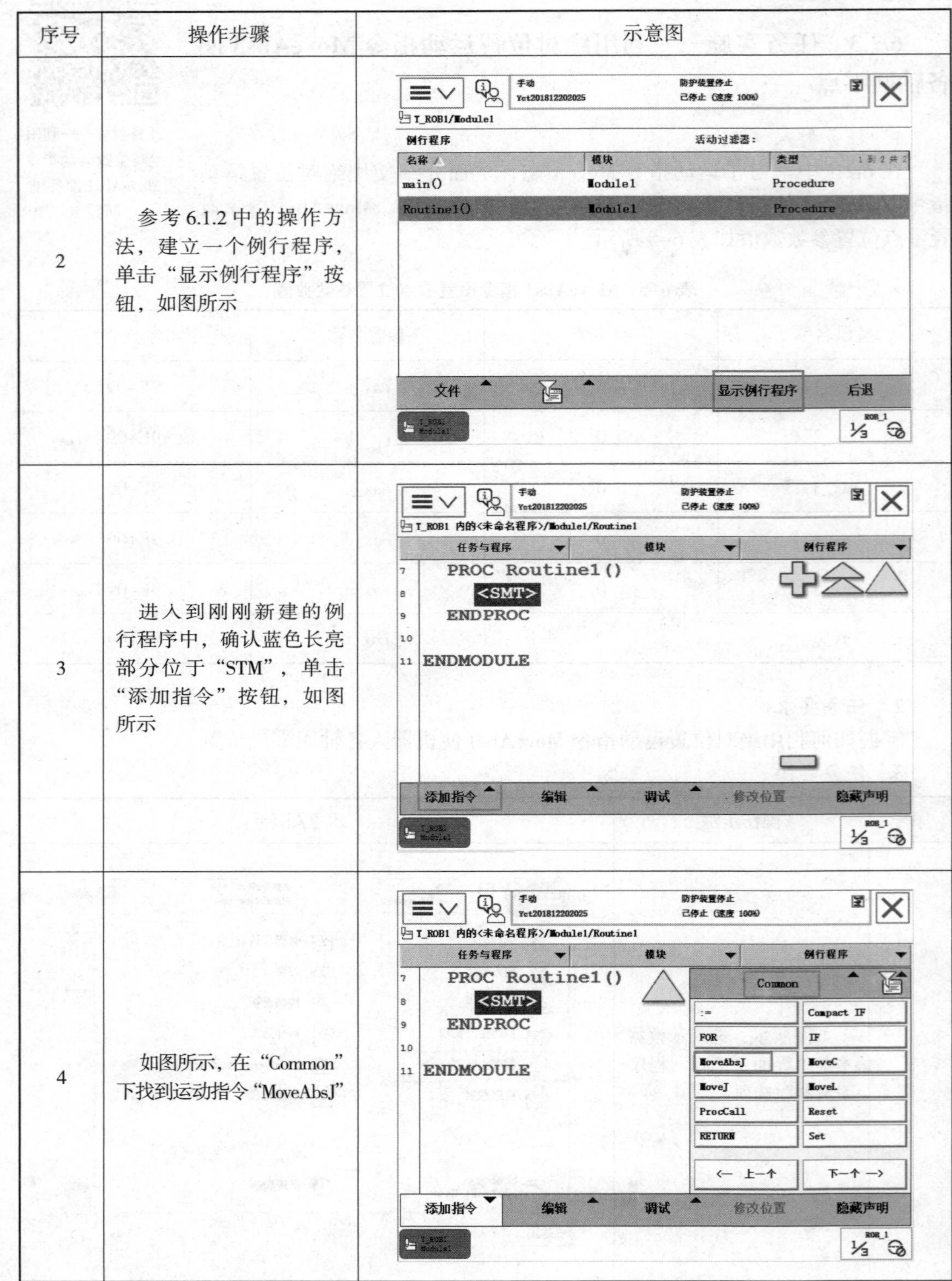

序号	操作步骤	示意图
2	参考6.1.2中的操作方法，建立一个例行程序，单击“显示例行程序”按钮，如图所示	
3	进入到刚刚新建的例行程序中，确认蓝色长亮部分位于“STM”，单击“添加指令”按钮，如图所示	
4	如图所示，在“Common”下找到运动指令“MoveAbsJ”	

续表

序号	操作步骤	示意图
5	单击“MoveAbsJ”添加其指令语句，如图所示	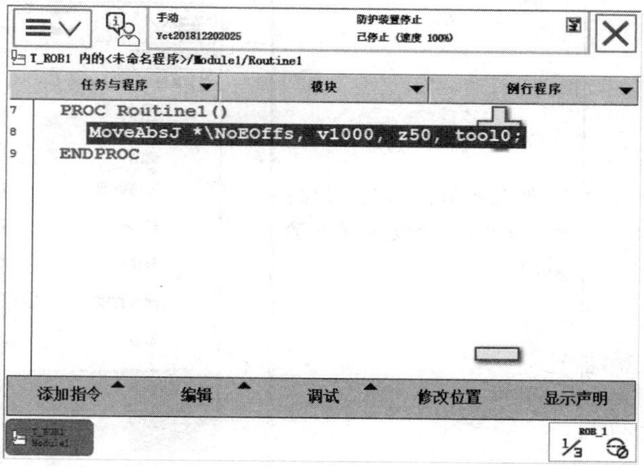
6	双击图示中的符号“*”可以对示教器点进行修改	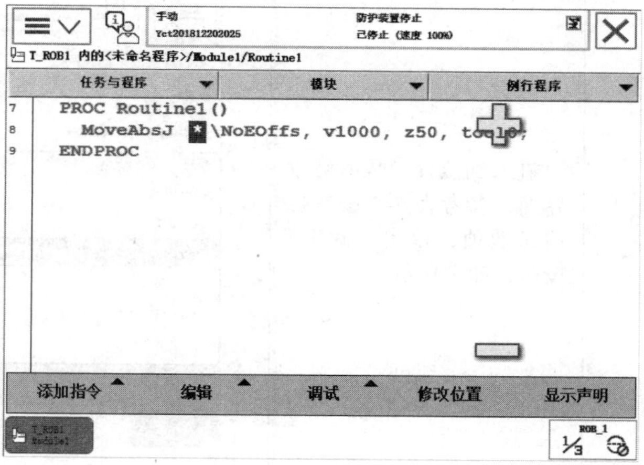
7	如图所示，单击“新建”按钮，建立一个位置点（“MoveAbsJ”指令将指示机器人到达的目标位置）	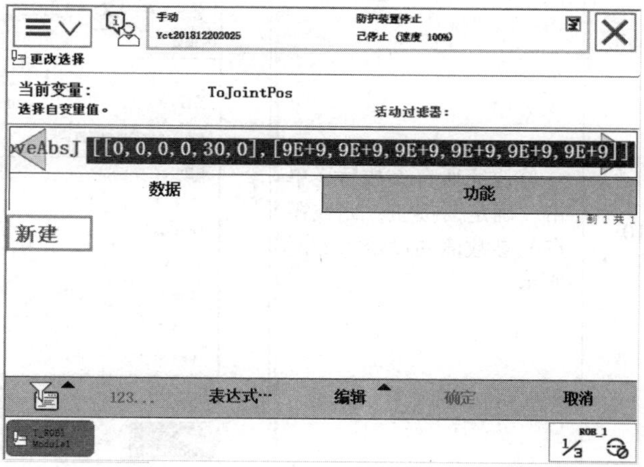

续表

序号	操作步骤	示意图
8	如图所示，单击“初始值”按钮，修改位置点参数值	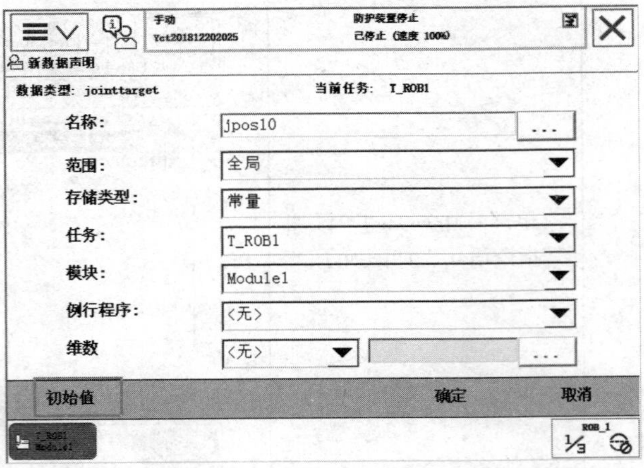
9	进入到位置参数值修改界面，参考表6-5修改各项参数值，单击“确定”按钮，如图所示	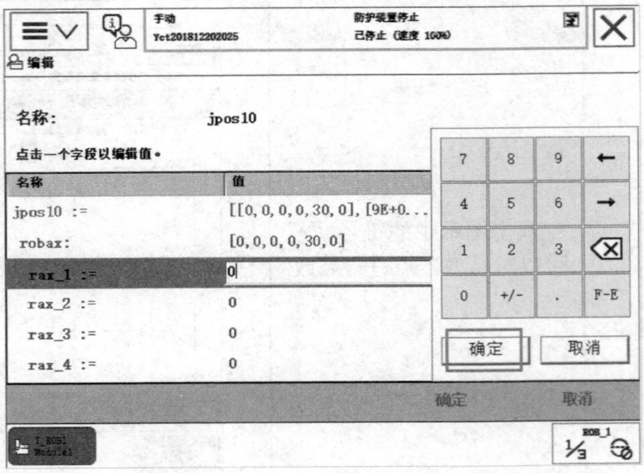
10	修改完所有参数后，单击“确定”按钮，完成零点的参数值的设定，如图所示	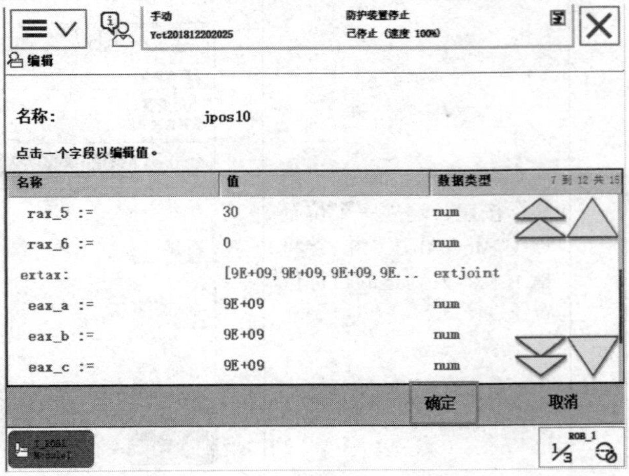

续表

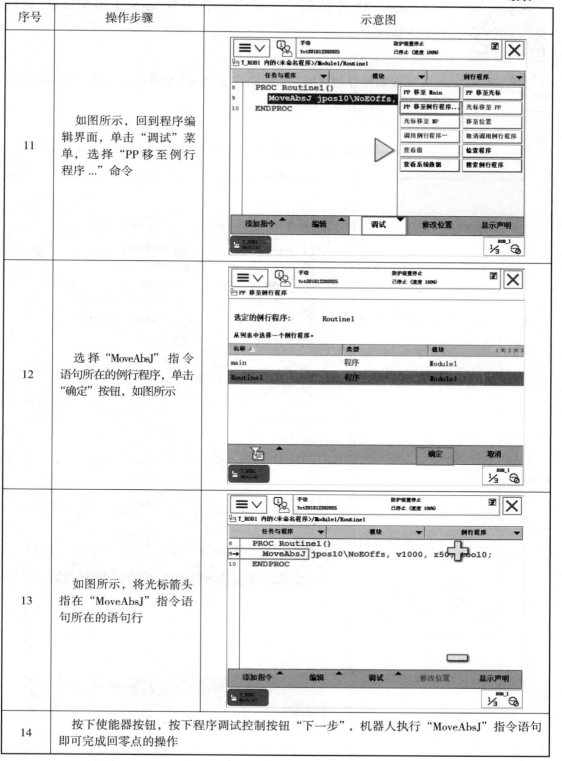

序号	操作步骤	示意图
11	如图所示，回到程序编辑界面，单击“调试”菜单，选择“PP 移至例行程序 ...”命令	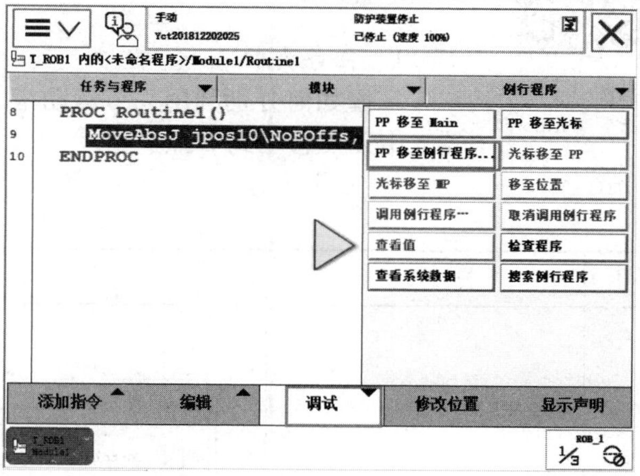
12	选择“MoveAbsJ”指令语句所在的例行程序，单击“确定”按钮，如图所示	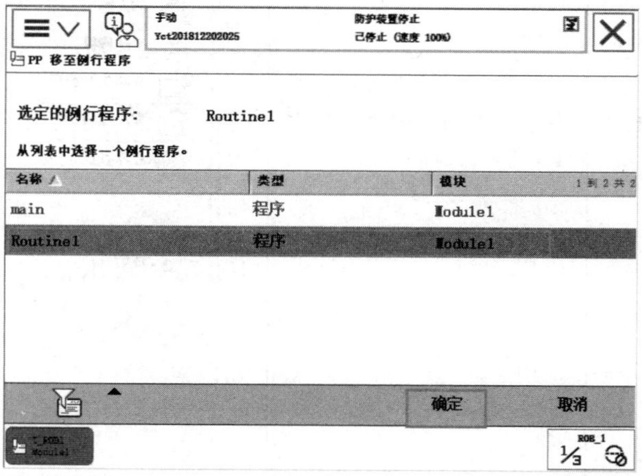
13	如图所示，将光标箭头指在“MoveAbsJ”指令语句所在的语句行	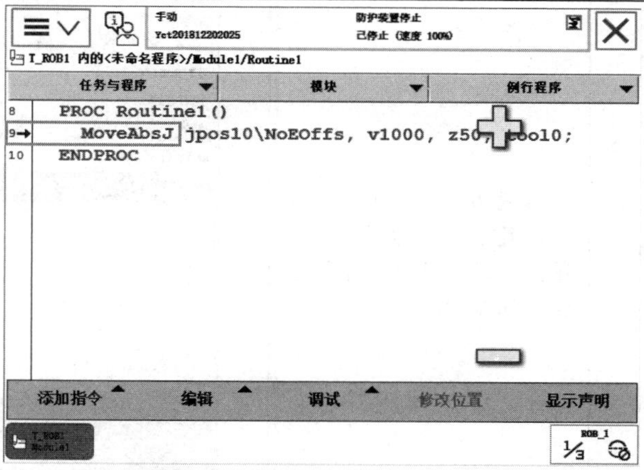
14	按下使能器按钮，按下程序调试控制按钮“下一步”，机器人执行“MoveAbsJ”指令语句即可完成回零点的操作	

任务操作——利用运动指令 MoveJ 和 MoveL 实现两点间移动

6.2.4　任务实施——利用运动指令 MoveJ 和 MoveL 实现两点间移动

1．任务要求

掌握如何分别利用关节运动指令 MoveJ 和线性运动指令 MoveL 使机器人由 *A* 点移动到 *B* 点。

2．任务实操

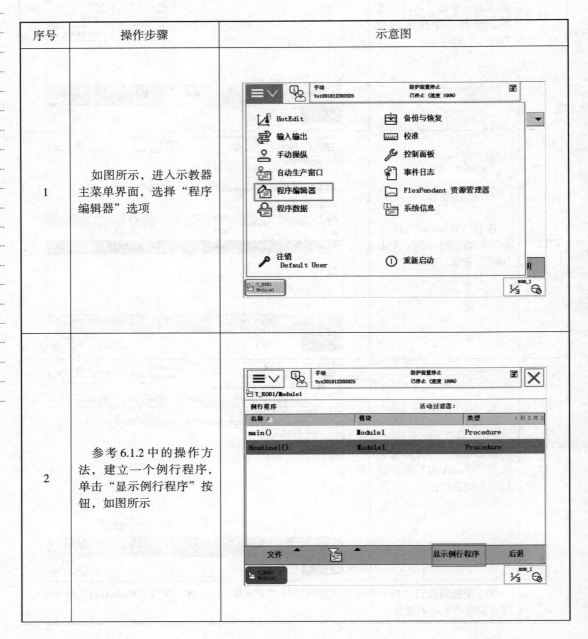

序号	操作步骤	示意图
1	如图所示，进入示教器主菜单界面，选择“程序编辑器”选项	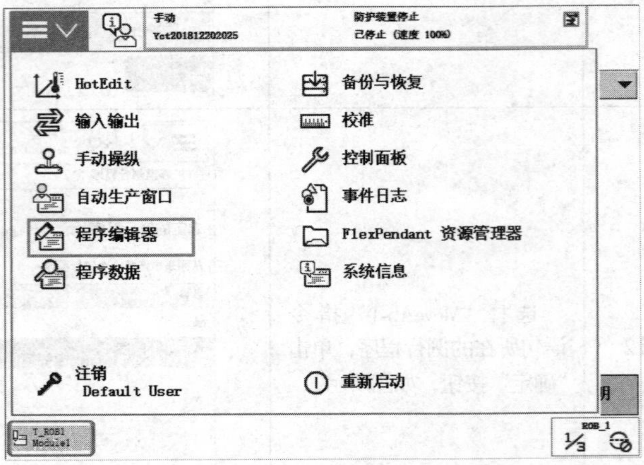
2	参考 6.1.2 中的操作方法，建立一个例行程序，单击“显示例行程序”按钮，如图所示	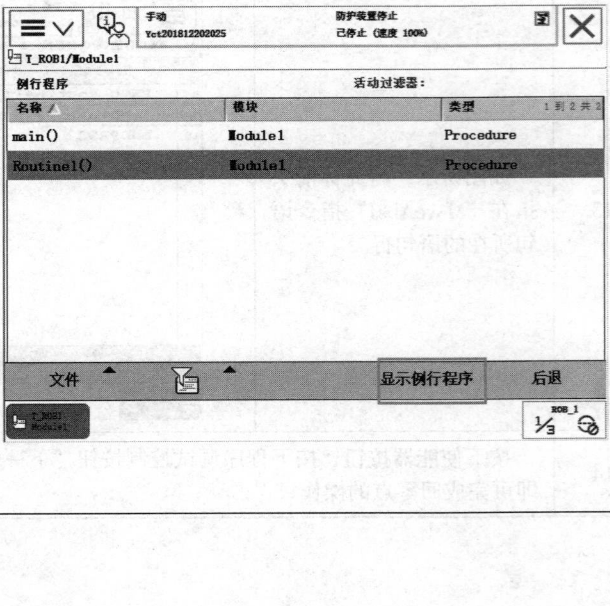

续表

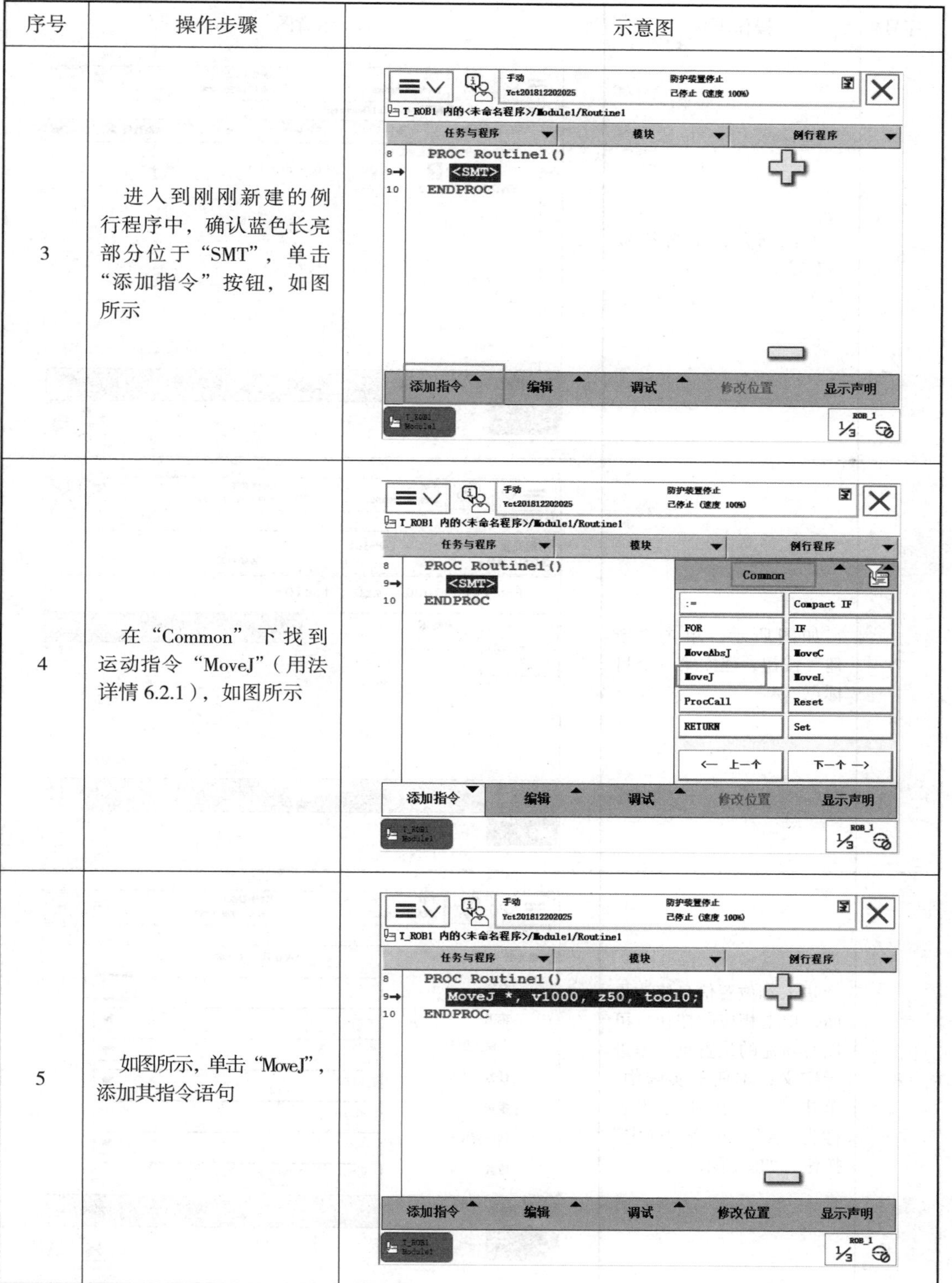

序号	操作步骤	示意图
3	进入到刚刚新建的例行程序中，确认蓝色长亮部分位于“SMT”，单击“添加指令”按钮，如图所示	
4	在“Common”下找到运动指令“MoveJ”（用法详情 6.2.1），如图所示	
5	如图所示，单击“MoveJ”，添加其指令语句	

续表

序号	操作步骤	示意图
6	如图所示，单击符号“*”	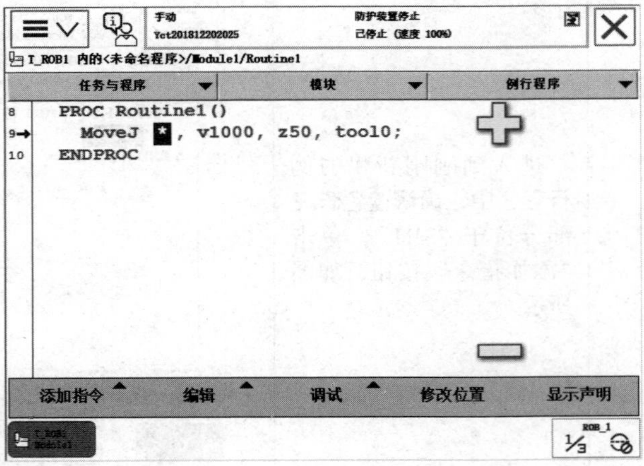 手动 Yct201812202025 防护装置停止 已停止（速度 100%） T_ROB1 内的<未命名程序>/Module1/Routine1 任务与程序 模块 例行程序 8 PROC Routine1() 9 MoveJ *, v1000, z50, tool0; 10 ENDPROC 添加指令 编辑 调试 修改位置 显示声明
7	如图所示，单击“新建”按钮，建立第一个目标点“A”	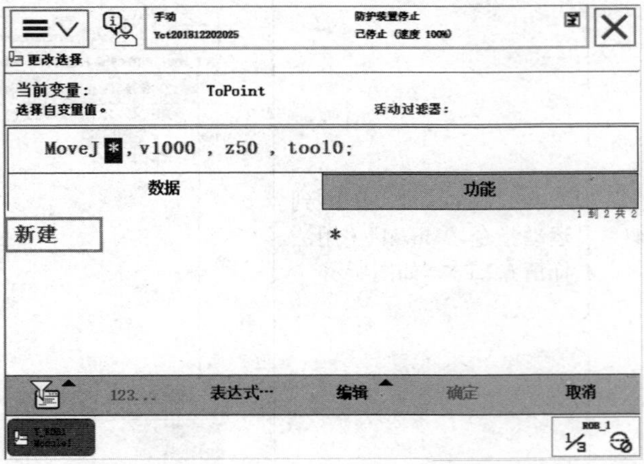 手动 Yct201812202025 防护装置停止 已停止（速度 100%） 更改选择 当前变量： ToPoint 选择自变量值。 活动过滤器： MoveJ *, v1000 , z50 , tool0; 数据 功能 1 到 2 共 2 新建 * 123... 表达式… 编辑 确定 取消
8	进入到位置信息修改界面，单击相应的按钮，可以对新建的位置点数据进行定义；本任务实施中，单击“…”按钮更改名称为“A”，单击“确定”按钮，如图所示	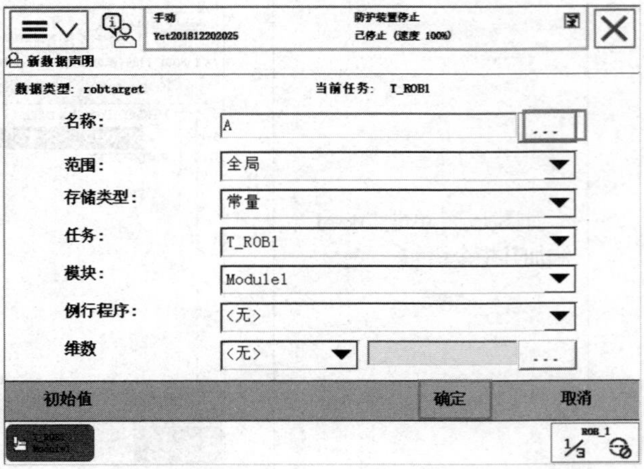 手动 Yct201812202025 防护装置停止 已停止（速度 100%） 新数据声明 数据类型：robtarget 当前任务： T_ROB1 名称： A ... 范围： 全局 存储类型： 常量 任务： T_ROB1 模块： Module1 例行程序： <无> 维数 <无> ... 初始值 确定 取消

续表

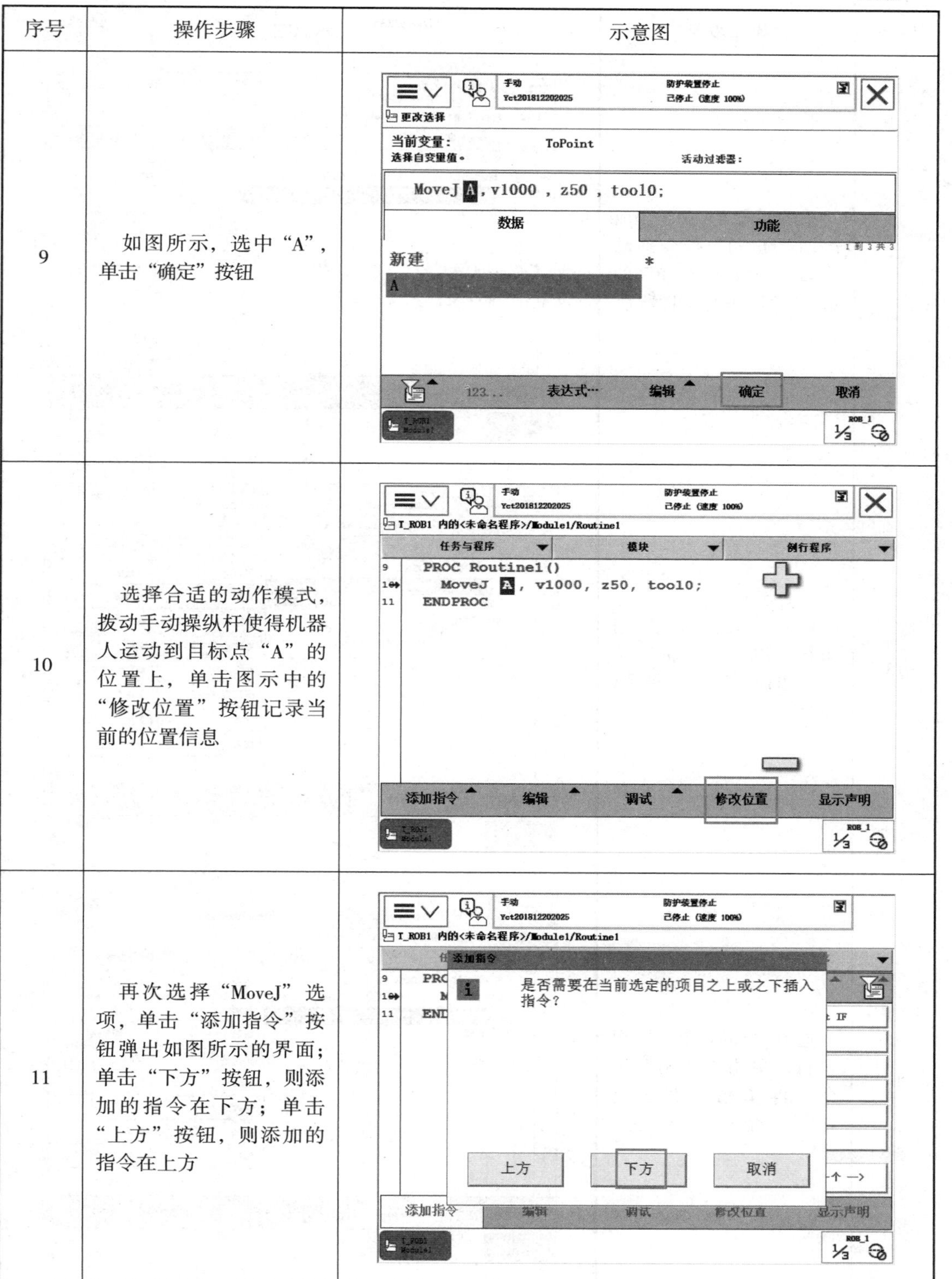

序号	操作步骤	示意图
9	如图所示，选中“A”，单击“确定”按钮	
10	选择合适的动作模式，拨动手动操纵杆使得机器人运动到目标点“A”的位置上，单击图示中的“修改位置”按钮记录当前的位置信息	
11	再次选择“MoveJ”选项，单击“添加指令”按钮弹出如图所示的界面；单击“下方”按钮，则添加的指令在下方；单击“上方”按钮，则添加的指令在上方	

续表

序号	操作步骤	示意图
12	采取步骤 6～10，完成运动“MoveJ”指令移动的第二个目标点“B”的示教编程，程序如图所示	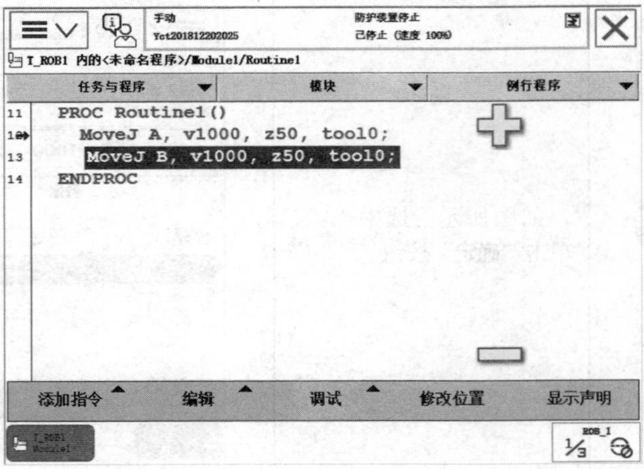
13	选中“MoveJ A…”语句行，单击“编辑”菜单，选择“复制”指令，如图所示	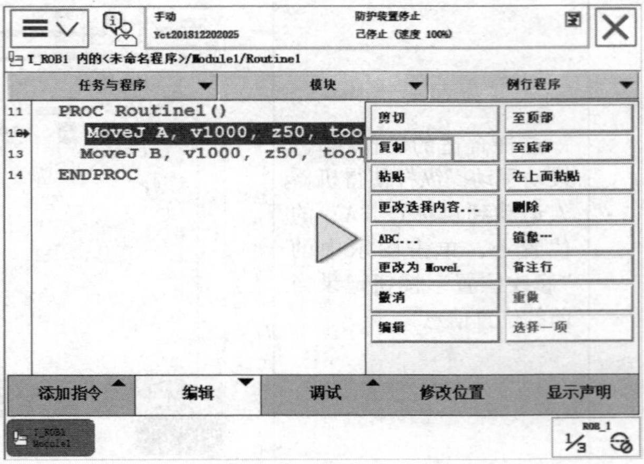
14	选中“MoveJ B…”语句行，单击“粘贴”命令，再单击“更改为 MoveL”命令，如图所示	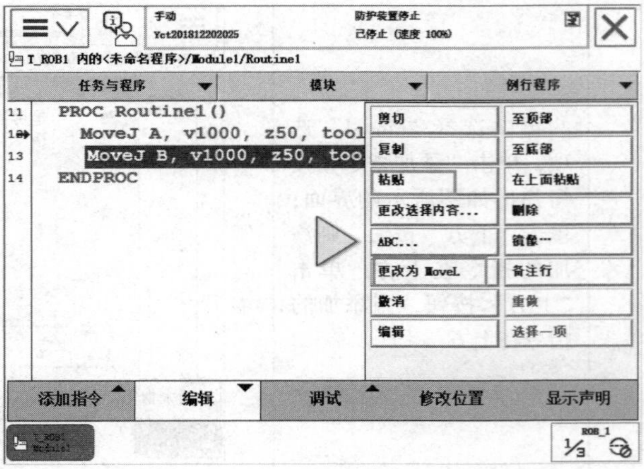

续表

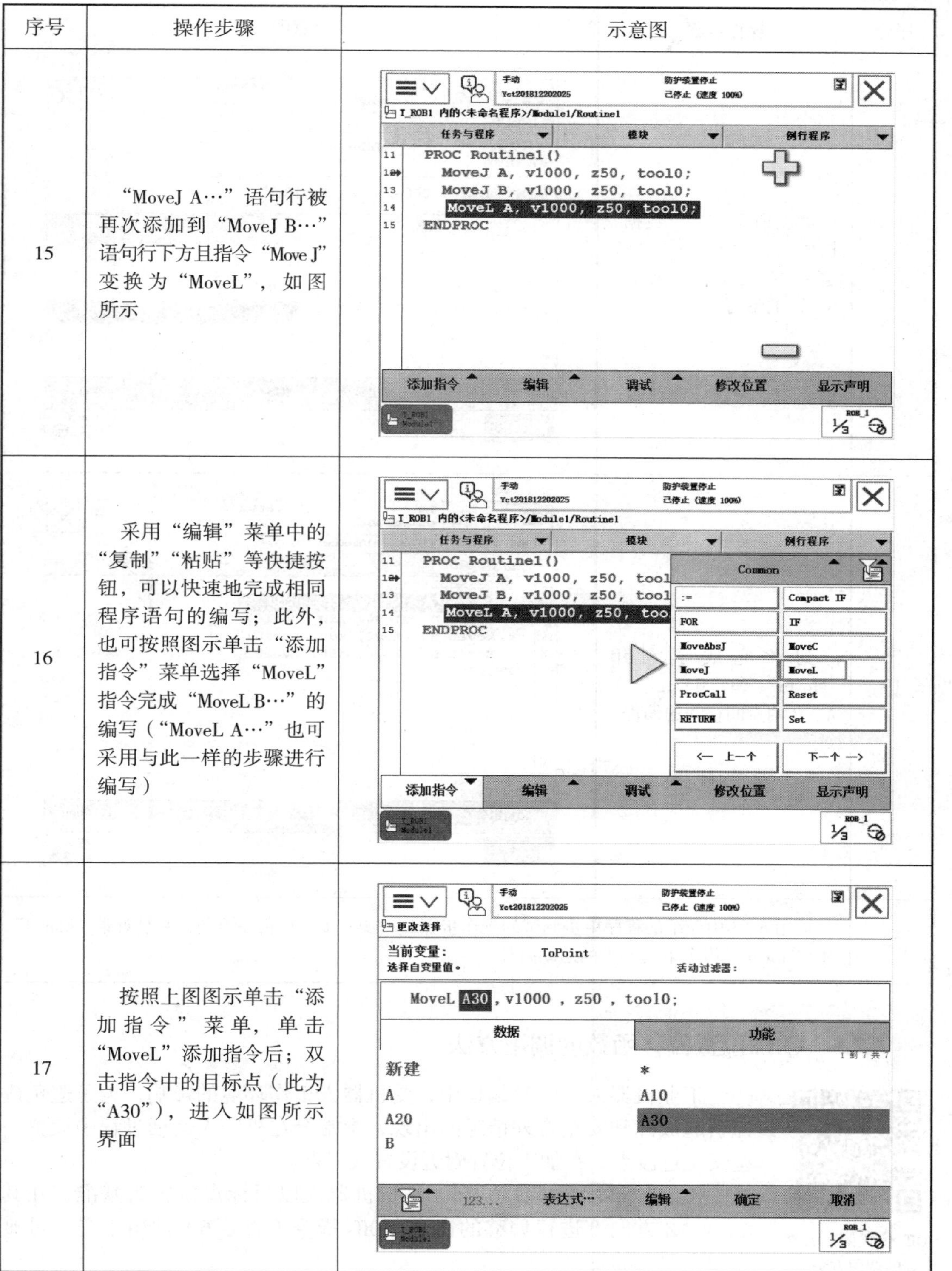

序号	操作步骤	示意图
15	“MoveJ A…”语句行被再次添加到“MoveJ B…”语句行下方且指令“Move J”变换为“MoveL”，如图所示	
16	采用“编辑”菜单中的“复制”“粘贴”等快捷按钮，可以快速地完成相同程序语句的编写；此外，也可按照图示单击“添加指令”菜单选择“MoveL”指令完成“MoveL B…”的编写（“MoveL A…”也可采用与此一样的步骤进行编写）	
17	按照上图图示单击“添加指令”菜单，单击“MoveL”添加指令后；双击指令中的目标点（此为“A30”），进入如图所示界面	

续表

序号	操作步骤	示意图
18	如图所示，在“数据”栏中选择“B”单击“确定”按钮完成“MoveL B…”的编写	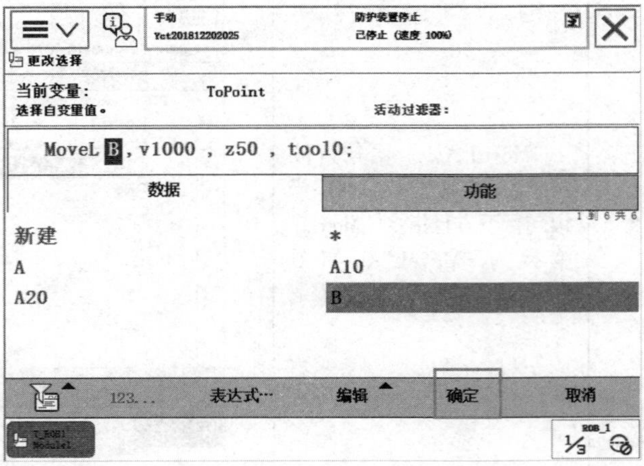
19	到此完成了利用“MoveJ”和“MoveL”在A、B两点间移动的编程	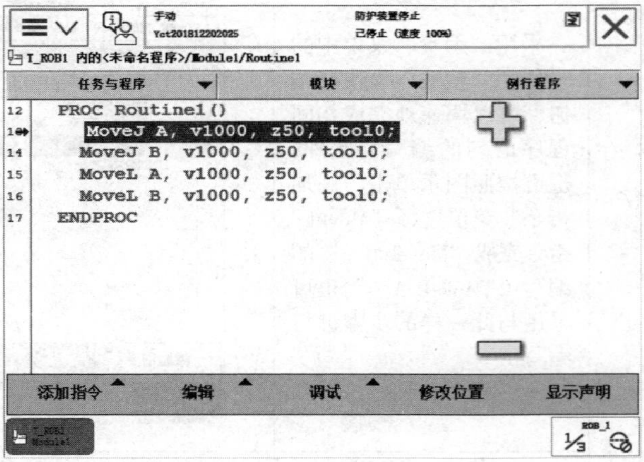
20	运用6.2.3中介绍的程序单步调试的操作步骤，一步一步运行程序语句，并且观察“MoveJ”和“MoveL”指令下机器人的运动路径	

6.2.5 Offs 位置偏移函数的调用方法

Offs 位置偏移函数的调用方法

工业机器人的示教编程中，受机器人工作环境的影响，为了避免碰撞引起故障和安全意外情况的出现，常常会在机器人运动过程中设置一些安全过渡点，在加工位置附近设置入刀点。

位置偏移函数（图6–16）是指机器人以目标点位置为基准，在其 X、Y、Z 方向上进行偏移的命令。Offs 指令（表6–6）常用于安全过渡点和入刀点的设置。

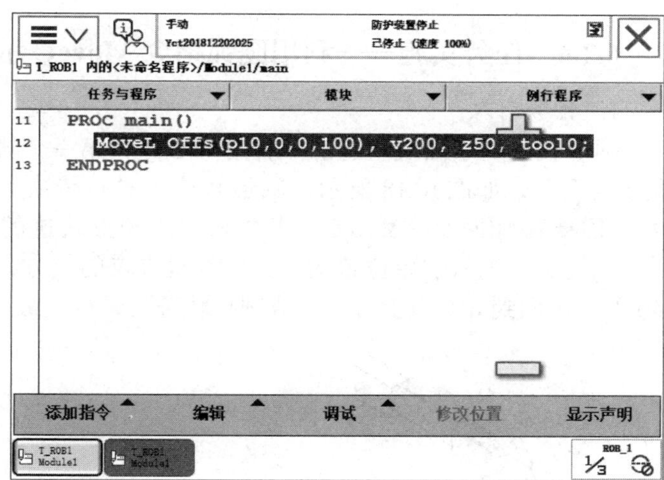

图 6-16　位置偏移函数

表 6-6　Offs 参数变量解析

参数	定义	操作说明
p10	目标点位置数据	定义机器人 TCP 的运动目标
0	*X* 方向上的偏移量	定义 *X* 方向上的偏移量
0	*Y* 方向上的偏移量	定义 *Y* 方向上的偏移量
100	*Z* 方向上的偏移量	定义 *Z* 方向上的偏移量

函数是有返回值的，即调用此函数的结果是得到某一数据类型的值，在使用时不能单独作为一行语句，需要通过赋值或者作为其他函数的变量来调用，在图 6-16 所示的语句中，Offs 函数即是作为 MoveL 指令的变量来调用的；在图 6-17 所示的语句中，Offs 函数即是通过赋值进行调用的。

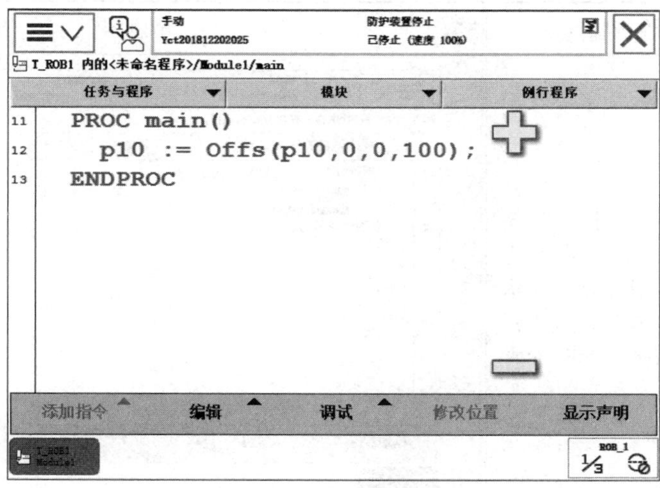

图 6-17　offs 函数的赋值

利用圆弧指令 MoveC 示教圆形轨迹

6.2.6 任务实施——利用圆弧指令 MoveC 示教圆形轨迹

1. 任务引入

圆形轨迹属于曲线轨迹的一种特殊形式，第一个轨迹点与最后一个轨迹点重合，如图 6-18 所示，圆形轨迹示教点依次为 p10、p20、p30、p40，需要添加两个“MoveC”指令来完成圆形轨迹的运行。机器人的轨迹规划是：先从初始位置运行到 p10 轨迹点的上方，然后依次运行到 p10、p20、p30、p40 点，再回到 p10 点上方，完成圆形轨迹的运行，最后回到初始位置。

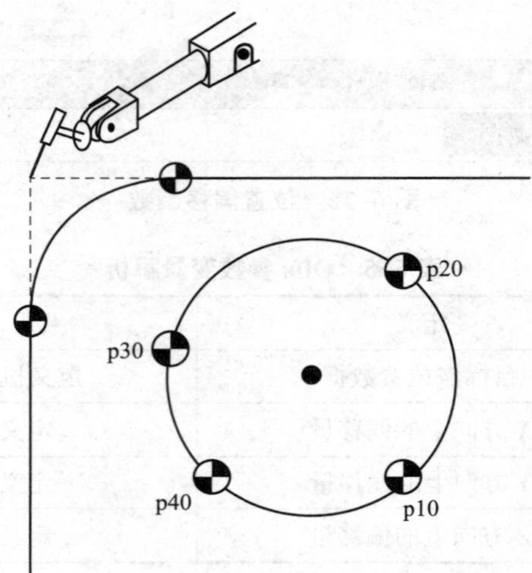

图 6-18　圆形轨迹图

2. 任务要求

掌握如何利用圆弧指令 MoveC 示教圆形轨迹。

3. 任务实操

序号	操作步骤	示意图
1	新建一个例行程序（方法见 6.1.2），命名为“yuanxing”并单击“显示例行程序”按钮，进入到程序编辑界面，如图所示	手动 Yct201812202025 防护装置停止 已停止（速度 100%） T_ROB1 内的<未命名程序>/Module1/yuanxing 任务与程序 模块 例行程序 20 PROC yuanxing() 21 <SMT> 22 ENDPROC 添加指令 编辑 调试 修改位置 显示声明

续表

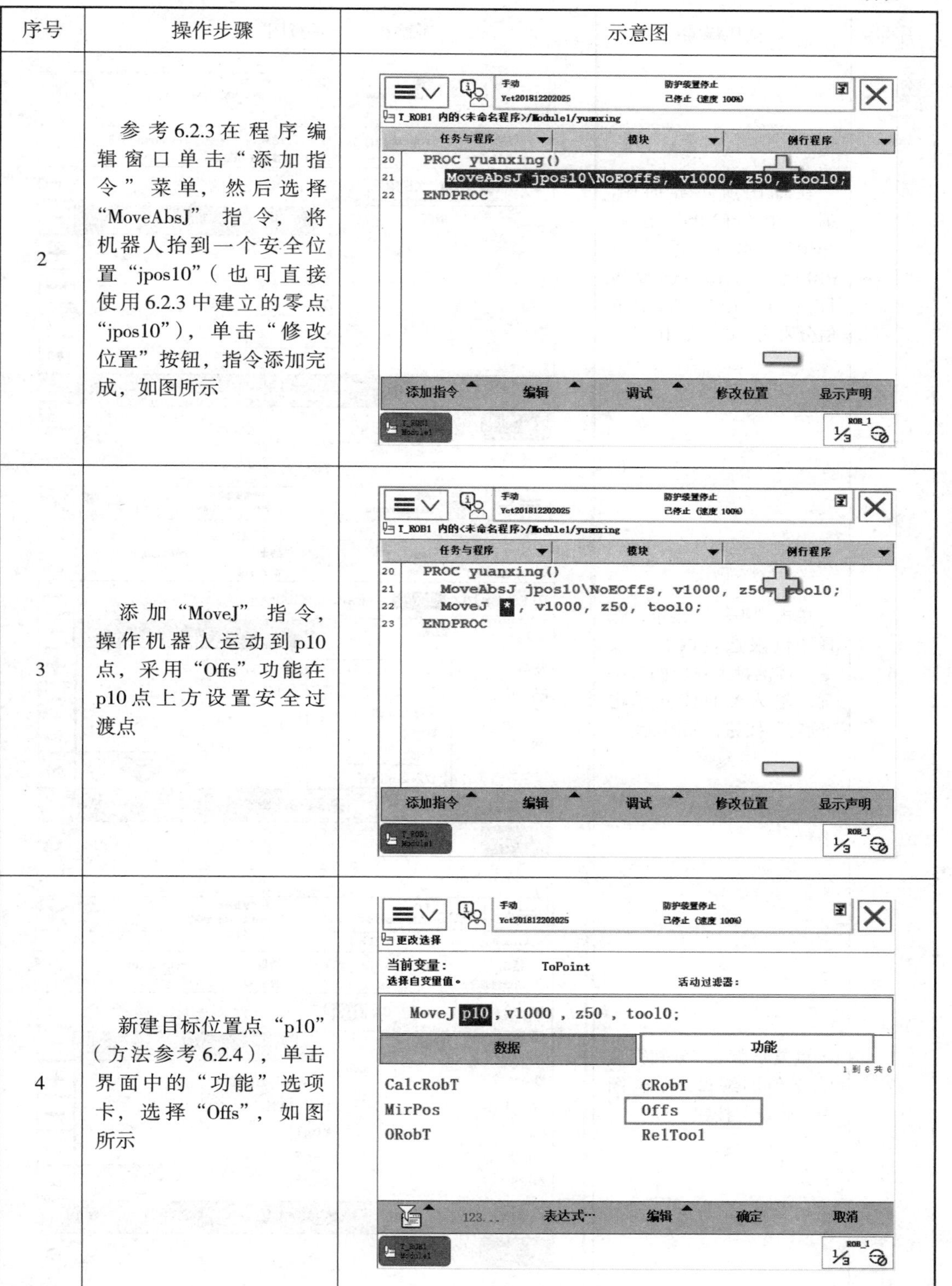

序号	操作步骤	示意图
2	参考6.2.3在程序编辑窗口单击“添加指令”菜单，然后选择“MoveAbsJ”指令，将机器人抬到一个安全位置“jpos10”（也可直接使用6.2.3中建立的零点“jpos10”），单击“修改位置”按钮，指令添加完成，如图所示	T_ROB1 内的<未命名程序>/Module1/yuanxing PROC yuanxing() MoveAbsJ jpos10\NoEOffs, v1000, z50, tool0; ENDPROC 添加指令　编辑　调试　修改位置　显示声明
3	添加“MoveJ”指令，操作机器人运动到p10点，采用“Offs”功能在p10点上方设置安全过渡点	T_ROB1 内的<未命名程序>/Module1/yuanxing PROC yuanxing() MoveAbsJ jpos10\NoEOffs, v1000, z50, tool0; MoveJ *, v1000, z50, tool0; ENDPROC 添加指令　编辑　调试　修改位置　显示声明
4	新建目标位置点“p10”（方法参考6.2.4），单击界面中的“功能”选项卡，选择“Offs”，如图所示	更改选择 当前变量：ToPoint 选择自变量值。　活动过滤器： MoveJ p10 , v1000 , z50 , tool0; 数据　功能 CalcRobT　CRobT MirPos　Offs ORobT　RelTool 123...　表达式…　编辑　确定　取消

续表

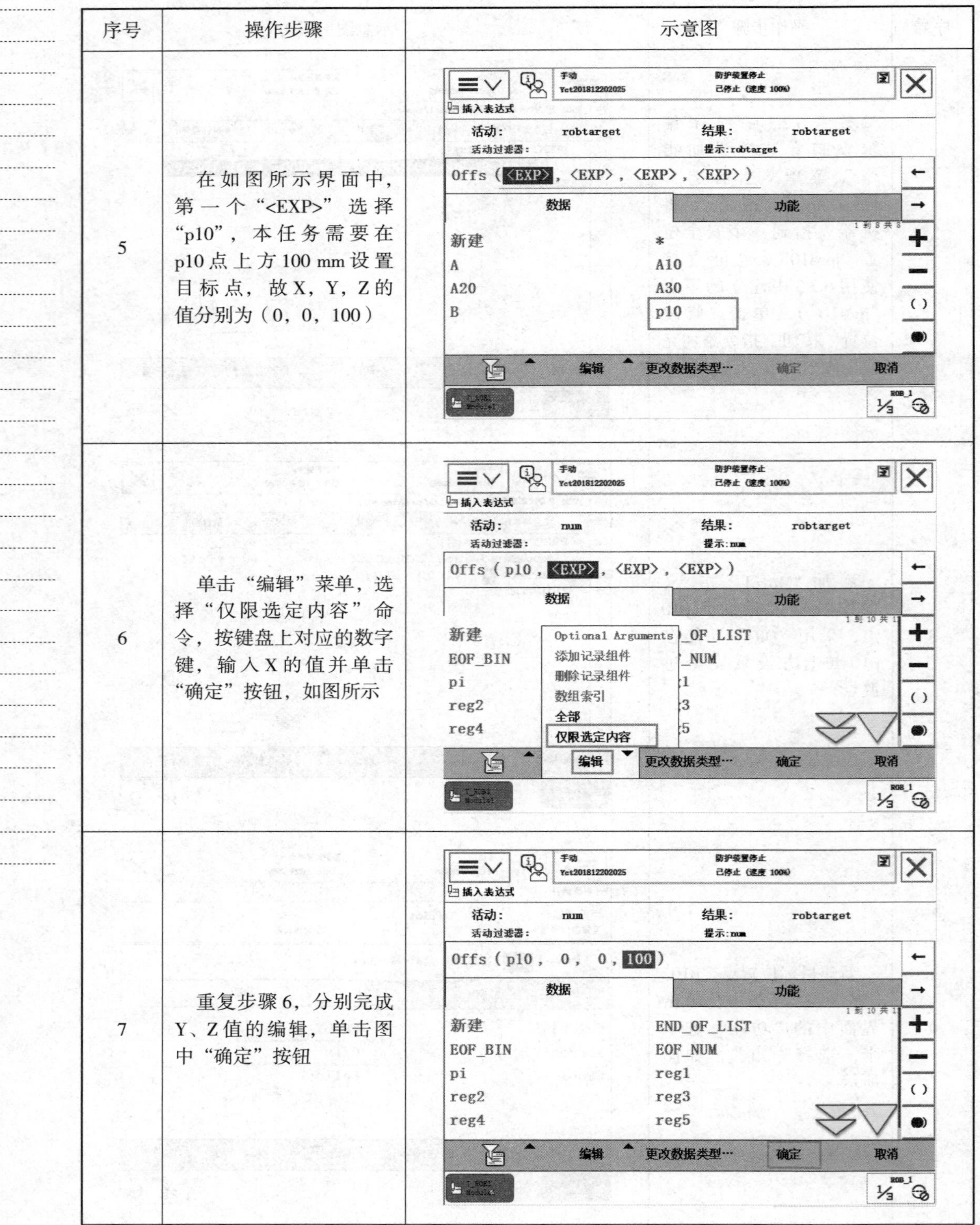

序号	操作步骤	示意图
5	在如图所示界面中，第一个“<EXP>”选择“p10”，本任务需要在p10点上方100 mm设置目标点，故X，Y，Z的值分别为（0，0，100）	
6	单击“编辑”菜单，选择“仅限选定内容”命令，按键盘上对应的数字键，输入X的值并单击“确定”按钮，如图所示	
7	重复步骤6，分别完成Y、Z值的编辑，单击图中“确定”按钮	

续表

序号	操作步骤	示意图
8	采用与更改目标点一样的操作方法，可以尝试对其他参数进行编辑。下面以“v”值的编辑为例介绍操作方法	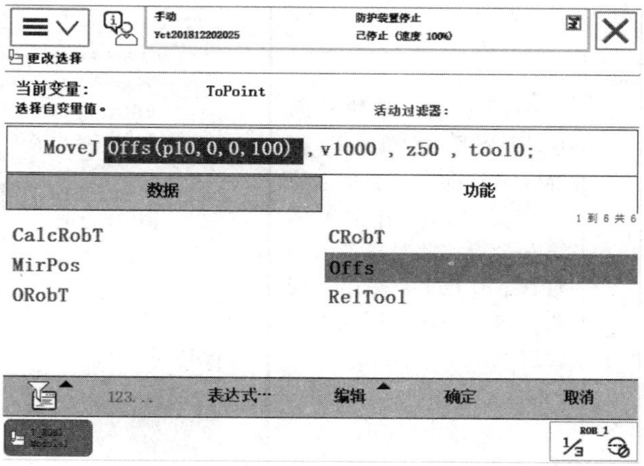 手动 Yct201812202025 防护装置停止 已停止（速度 100%） 更改选择 当前变量：ToPoint 选择自变量值。活动过滤器： MoveJ Offs(p10, 0, 0, 100) , v1000 , z50 , tool0; 数据 功能 1 到 6 共 6 CalcRobT CRobT MirPos Offs ORobT RelTool 123... 表达式… 编辑 确定 取消 ROB_1 1/3
9	单击“v1000”，可在已有的速度数据中选择相应的值进行速度设定，也可以“新建”自己想要设定的速度值，如图所示	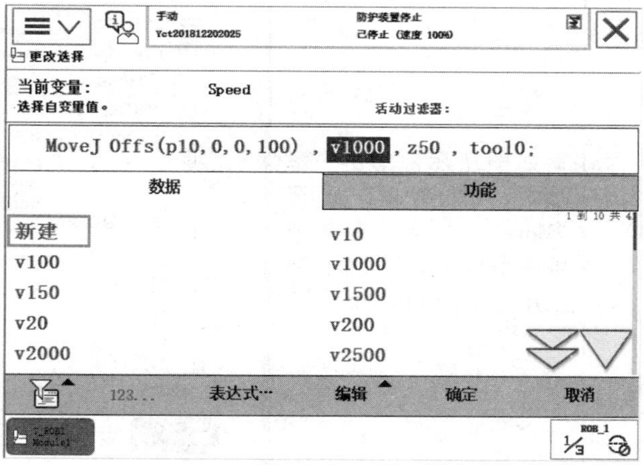 手动 Yct201812202025 防护装置停止 已停止（速度 100%） 更改选择 当前变量：Speed 选择自变量值。活动过滤器： MoveJ Offs(p10, 0, 0, 100) , v1000 , z50 , tool0; 数据 功能 新建 v10 v100 v1000 v150 v1500 v20 v200 v2000 v2500 123... 表达式… 编辑 确定 取消 ROB_1 1/3
10	仿照步骤9，完成对其他参数的编辑，并单击“确定”按钮，如图所示	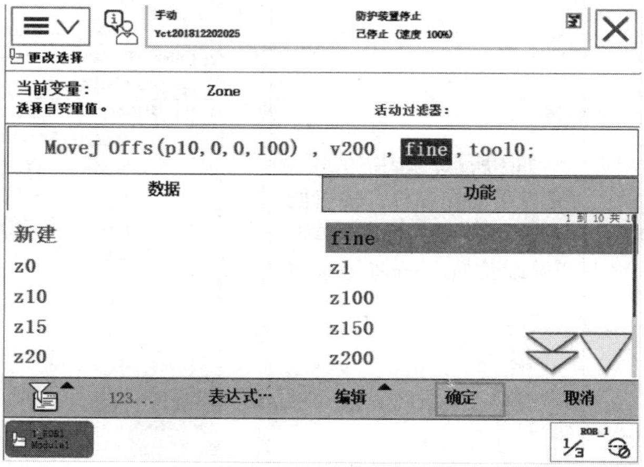 手动 Yct201812202025 防护装置停止 已停止（速度 100%） 更改选择 当前变量：Zone 选择自变量值。活动过滤器： MoveJ Offs(p10, 0, 0, 100) , v200 , fine , tool0; 数据 功能 新建 fine z0 z1 z10 z100 z15 z150 z20 z200 123... 表达式… 编辑 确定 取消 ROB_1 1/3

续表

序号	操作步骤	示意图
11	如图所示，单击“添加指令”菜单，选择“MoveL”命令，目标点位置选择“p10”作为圆弧第一个点；此时机器人位置在p10点上，单击“修改位置”按钮，记录该点位置数据	
12	如图所示，单击“添加指令”菜单，选择“MoveC”命令，定义圆弧曲率和圆弧第二点、第三点，即p20和p30	
13	如图所示，选中“p20”，操控手动操纵杆，使机器人运动到p20点上，单击“修改位置”按钮记录该点位置数据	

续表

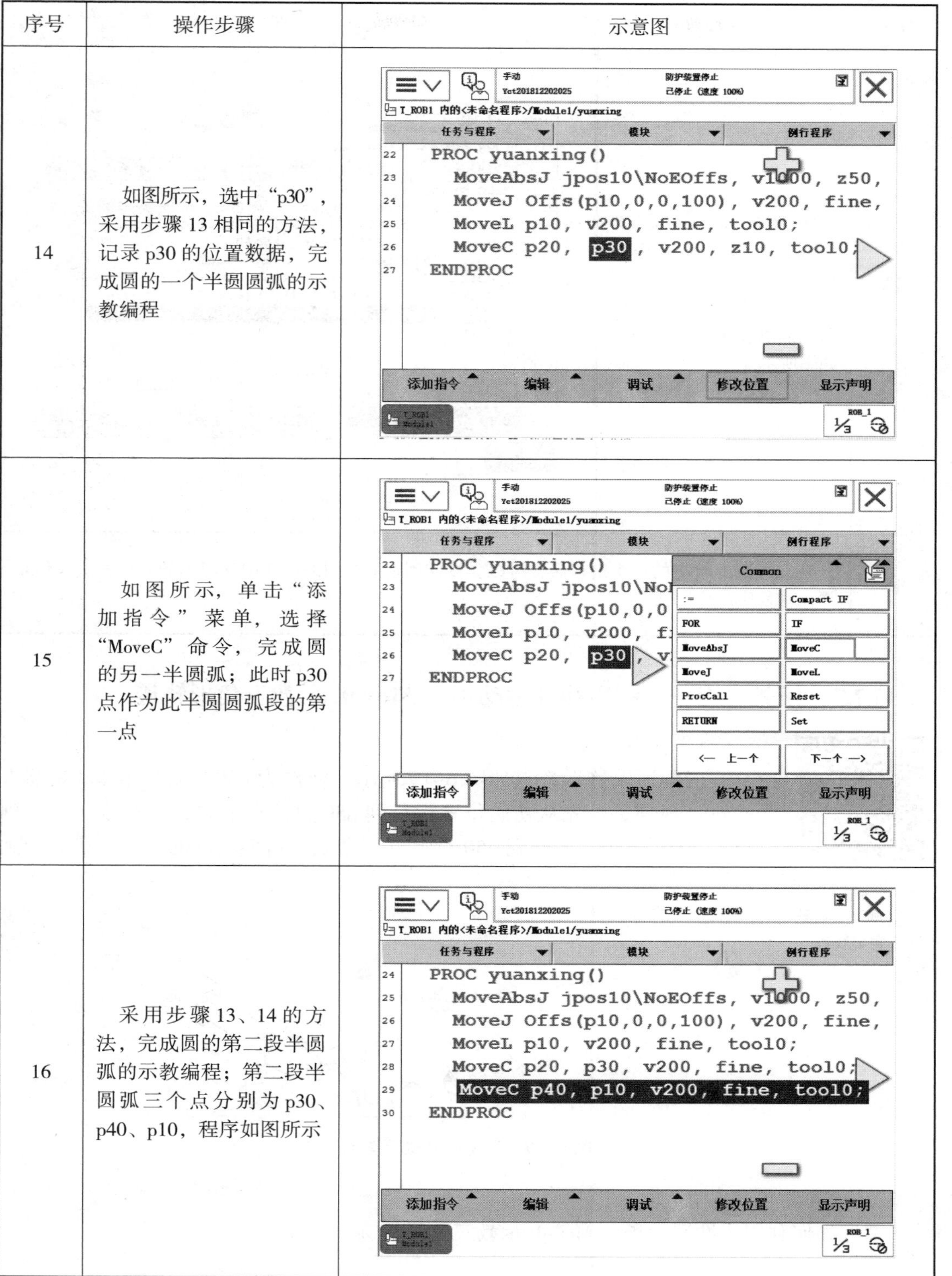

序号	操作步骤	示意图
14	如图所示，选中“p30”，采用步骤 13 相同的方法，记录 p30 的位置数据，完成圆的一个半圆圆弧的示教编程	
15	如图所示，单击“添加指令”菜单，选择“MoveC”命令，完成圆的另一半圆弧；此时 p30 点作为此半圆圆弧段的第一点	
16	采用步骤 13、14 的方法，完成圆的第二段半圆弧的示教编程；第二段半圆弧三个点分别为 p30、p40、p10，程序如图所示	

续表

序号	操作步骤	示意图
17	参考 6.2.4 依次添加“MoveJ…”和“MoveAbsJ…”程序语句，并将“MoveJ”更改为“MoveL”；指使机器人回到安全位置，程序如图所示	手动 Yct201812202025 防护装置停止 已停止（速度 100%） T_ROB1 内的<未命名程序>/Module1/yuanxing 任务与程序 模块 例行程序 PROC yuanxing() MoveAbsJ jpos10\NoEOffs, v1000, z50, tool0; MoveJ Offs(p10,0,0,100), v200, fine, tool0; MoveL p10, v200, fine, tool0; MoveC p20, p30, v200, fine, tool0; MoveC p40, p10, v200, fine, tool0; MoveJ Offs(p10,0,0,100), v200, fine, tool0; MoveAbsJ jpos10\NoEOffs, v1000, z50, tool0; ENDPROC 添加指令 编辑 调试 修改位置 显示声明
18	在完成圆形轨迹的示教编程后，可以尝试使用在 6.2.2 和 6.2.3 中学习到的调试方法操作步骤，对程序进行调试	

6.2.7 任务实施——利用线性运动指令 MoveL 示教三角形轨迹

利用线性运动指令 MoveL 示教三角形轨迹

1. 任务引入

三角形轨迹示教点如图 6–19 所示，依次为 p50、p60、p70。机器人的轨迹规划是：先从初始位置运行到 p50 轨迹点上方，然后依次运行到 p50、p60、p70，再回到 p50 点上方，完成三角形轨迹的运行，最后回到初始位置。

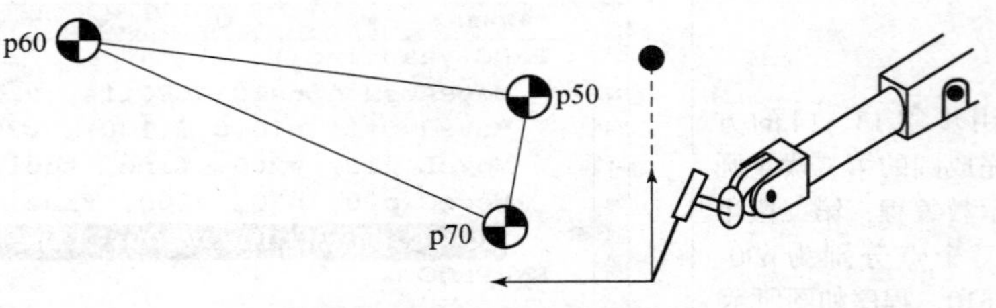

图 6–19 三角形轨迹示教点

2. 任务要求

掌握如何利用线性运动指令 MoveL 示教三角形轨迹。

3. 任务实操

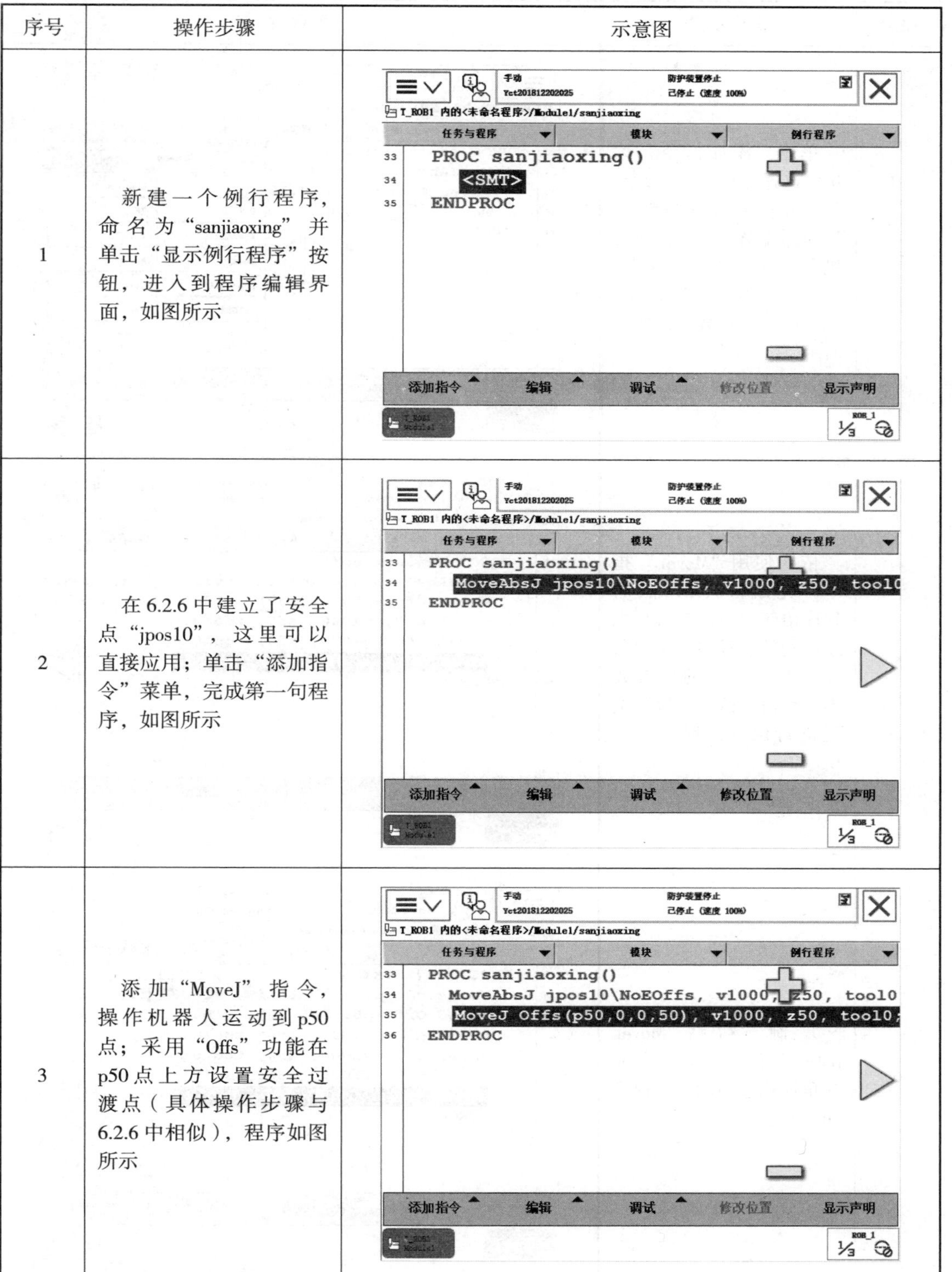

序号	操作步骤	示意图
1	新建一个例行程序，命名为“sanjiaoxing”并单击“显示例行程序”按钮，进入到程序编辑界面，如图所示	
2	在6.2.6中建立了安全点“jpos10”，这里可以直接应用；单击“添加指令”菜单，完成第一句程序，如图所示	
3	添加“MoveJ”指令，操作机器人运动到p50点；采用“Offs”功能在p50点上方设置安全过渡点（具体操作步骤与6.2.6中相似），程序如图所示	

续表

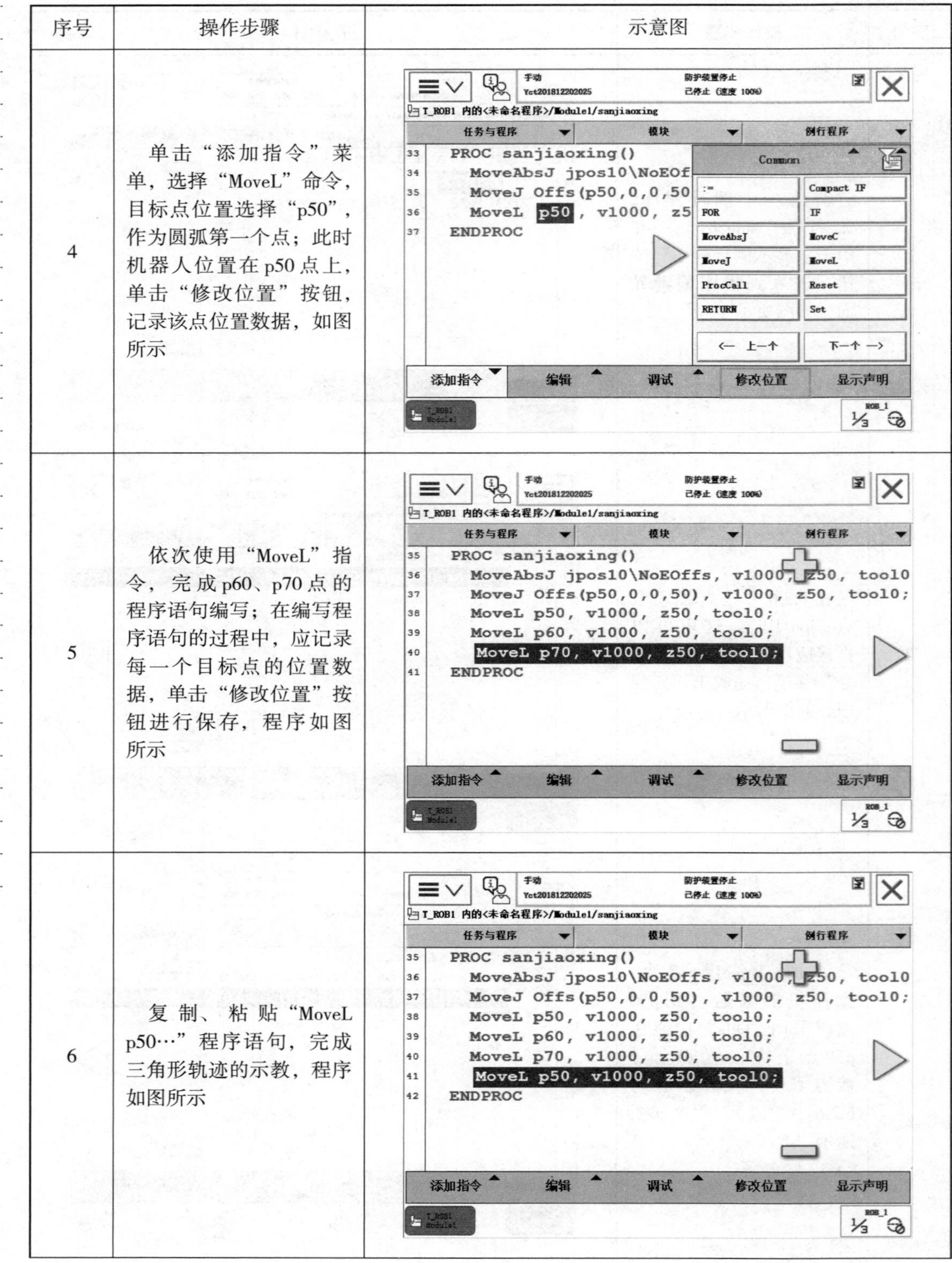

序号	操作步骤	示意图
4	单击“添加指令”菜单，选择“MoveL”命令，目标点位置选择“p50”，作为圆弧第一个点；此时机器人位置在p50点上，单击“修改位置”按钮，记录该点位置数据，如图所示	
5	依次使用“MoveL”指令，完成p60、p70点的程序语句编写；在编写程序语句的过程中，应记录每一个目标点的位置数据，单击“修改位置”按钮进行保存，程序如图所示	
6	复制、粘贴“MoveL p50…”程序语句，完成三角形轨迹的示教，程序如图所示	

续表

序号	操作步骤	示意图
7	完成三角形轨迹的示教点编写；采用 6.2.4 中的方法，依次将“MoveJ…”和“MoveAbsJ…”程序语句复制、粘贴到程序中，如图所示	
8	将指使机器人回到安全位置的程序语句中的“MoveJ…”更改为“MoveL”（具体方法在 6.2.4 中介绍过）	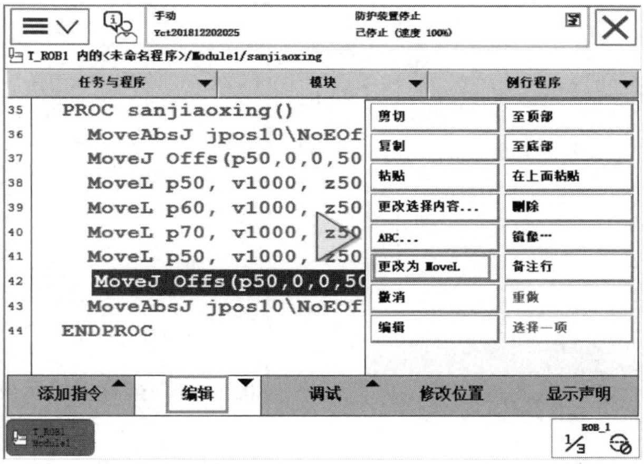
9	到此完成三角形轨迹的示教编程，之后对程序进行调试	

6.2.8　工件坐标系与坐标偏移

掌握工件坐标系及坐标偏移

工件坐标系对应工件，其定义位置是相对于大地坐标系（或其他坐标系）的位置，其目的是使机器人的手动运行以及编程设定的位置均以该坐标系为参照。机器人可以拥有若干坐标系，或者表示不同工件，或者表示同一工件在不同位置的若干副本。机器人在出厂时有一个预定义的工件坐标系 wobj0，默认与基坐标系一致。

工件坐标系设定时，通常采用三点法。只需要在对象表面位置或工件边缘角位置上定义三个点位置，来创建一个工件坐标系。其设定原理如下：

（1）手动操纵机器人，在工件表面或边缘角的位置找到一点 $X1$ 作为原点。

（2）手动操纵机器人，沿着工件表面或边缘找到一点 X2，X1、X2 确定工件坐标系的 X 轴的正方向（X1 和 X2 距离越远，定义的坐标系轴向越精准）。

（3）手动操纵机器人，在 XY 平面上并且 Y 值为正的方向找到一点 Y1，确定坐标系的 Y 轴正方向（注意：务必确保 X1X2 连线或 X1Y1 连线垂直，否则 X1 点就不是原点）。

对机器人进行编程时，在工件坐标中创建目标和路径的优点。

（1）更改工件坐标的位置，便可重新定位工作站中的工件，所有路径也将随之更新。

（2）由于整个工件可连同其路径一起移动，故可以操作以外部轴或传送导轨移动工件。

如图 6-20 所示，在工件坐标系 1 中进行了轨迹编程，而工件因加工需要坐标位置变化成工件坐标系 2。这时只需在机器人系统中重新定义工件坐标为工件坐标系 2，轨迹相对于工件坐标系 1 和相对于工件坐标系 2 的关系是一样的，并没有因为整体偏移而发生变化，所以机器人的轨迹将自动更新到工件坐标系 2 中，不需要再次进行轨迹编程。

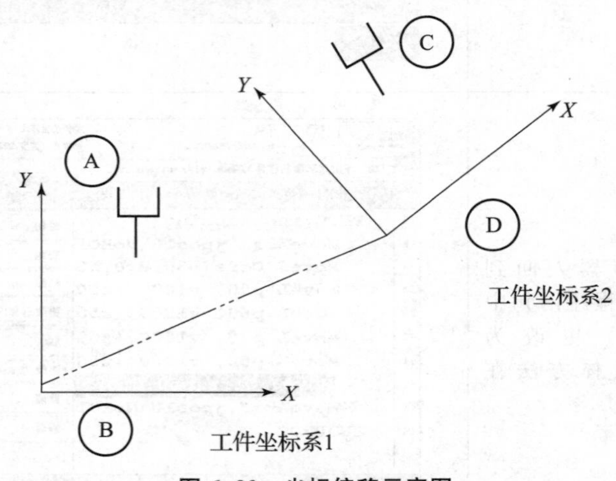

图 6-20 坐标偏移示意图

6.2.9 任务实施——建立工件坐标系并测试准确性

建立工件坐标系并测试准确性

1. 任务引入

工件坐标数据 wobjdata（可参考 4.4.8）与工具数据 tooldata 一样，是机器人系统的一个程序数据类型，用于定义机器人的工件坐标系。出厂默认的工件坐标系数据被存储在命名为 wobj0 的工件坐标数据中，和工具数据 tooldata 一样，编辑工件坐标数据 wobjdata 可以对相应的工件坐标系进行修改，具体操作参考 4.4.10。其对应的设置参数可参考表 4-2，在手动操纵机器人进行工件坐标系设定过程中，系统自动将表中数值填写到示教器中。如果已知工件坐标的测量值，则可以在示教器 wobjdata 设置界面中对应的设置参数下输入这些数值，以设定工件坐标系。

2. 任务要求

掌握如何建立工件坐标系和测试其准确性。

3. 任务实操

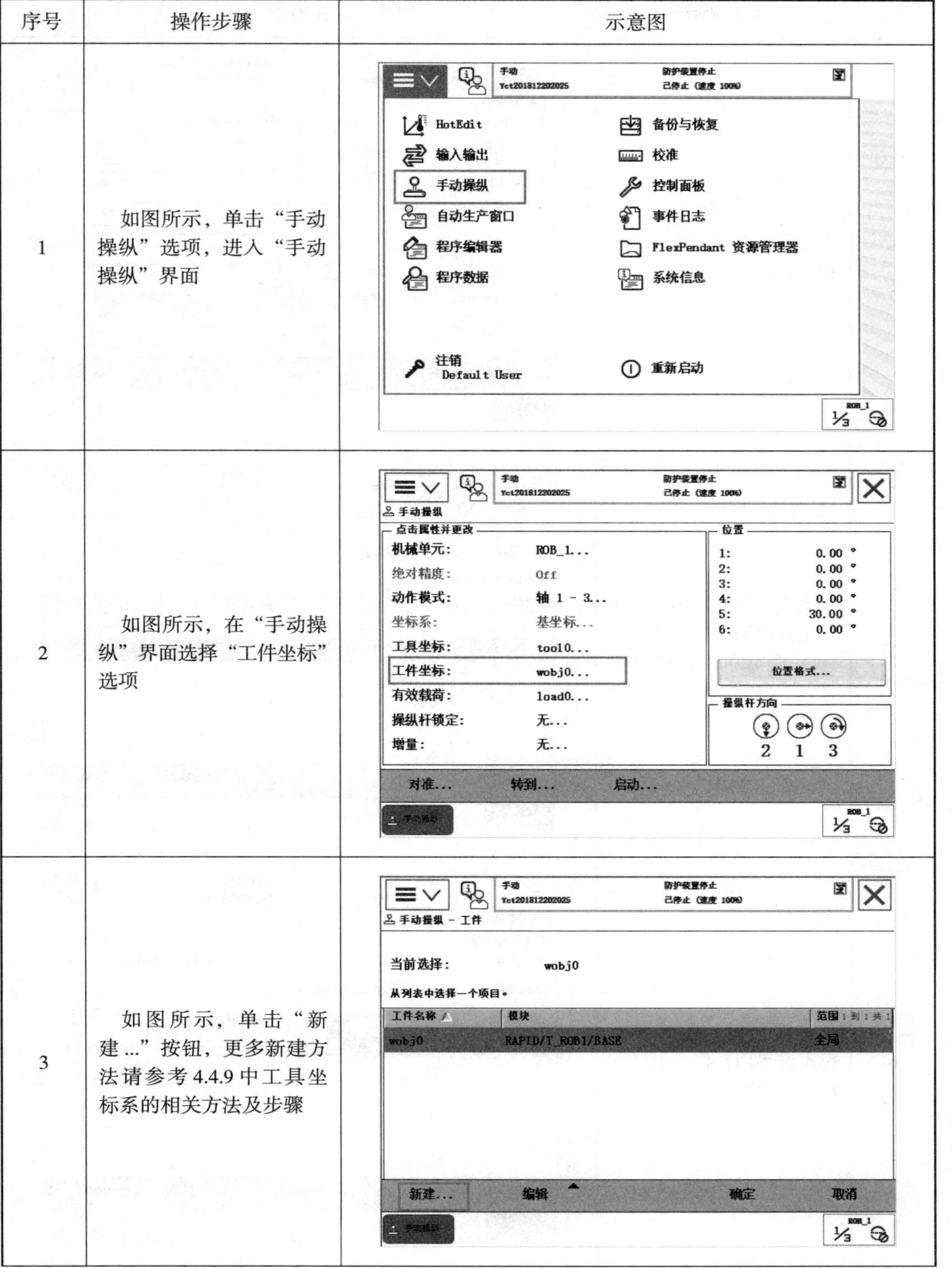

序号	操作步骤	示意图
1	如图所示，单击“手动操纵”选项，进入“手动操纵”界面	
2	如图所示，在“手动操纵”界面选择“工件坐标”选项	
3	如图所示，单击“新建...”按钮，更多新建方法请参考4.4.9中工具坐标系的相关方法及步骤	

续表

序号	操作步骤	示意图
4	对工件数据属性进行设定后，单击“确定”按钮，如图所示	手动 Yct201812202025 防护装置停止 已停止（速度 100%） 新数据声明 数据类型：wobjdata 当前任务：T_ROB1 名称：wobj1 范围：任务 存储类型：可变量 任务：T_ROB1 模块：Module1 例行程序：<无> 维数 <无> 初始值 确定 取消
5	如图所示，选择新建的工件坐标“wobj1”，打开编辑菜单，选择“定义...”命令	手动 Yct201812202025 防护装置停止 已停止（速度 100%） 手动操纵 - 工件 当前选择：wobj1 从列表中选择一个项目。 工件名称 模块 范围 wobj0 RAPID/T_ROB1/BASE 全局 wobj1 RAPID/T_ROB1/Module1 任务 更改值... 更改声明... 复制 删除 定义... 新建... 编辑 确定 取消
6	如图所示，在工件坐标定义界面，将“用户方法”设定为“3 点”	手动 Yct201812202025 防护装置停止 已停止（速度 100%） 程序数据 -> wobjdata -> 定义 工件坐标定义 工件坐标：wobj1 活动工具：tool0 为每个框架选择一种方法，修改位置后点击“确定”。 用户方法：未更改 目标方法：未更改 未更改 3 点 点 状态 位置 修改位置 确定 取消

续表

序号	操作步骤	示意图
7	如图所示，手动操纵机器人使其工具的参考点靠近定义工件坐标的 *X*1 点，单击“修改位置”按钮，记录 *X*1 点的位置数据	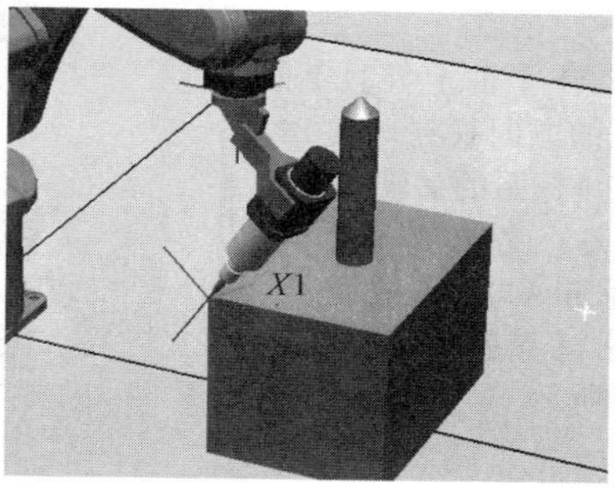
8	手动操纵机器人使其工具的参考点靠近定义工件坐标的 *X*2 点，单击图示的“修改位置”按钮，记录 *X*2 点的位置数据	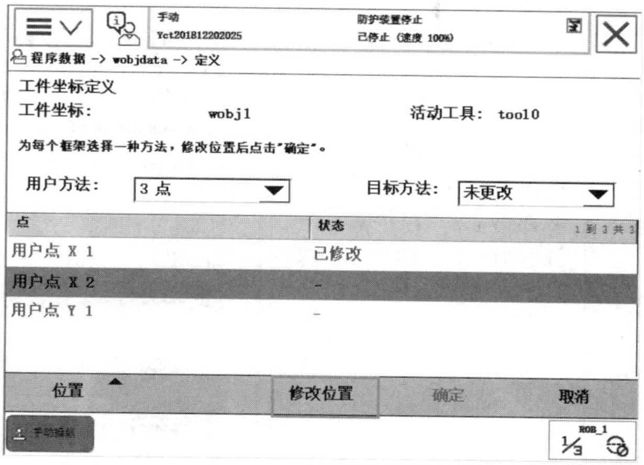
9	*X*1 和 *X*2 确定 *X* 坐标轴的正方向，且 *X*1 和 *X*2 距离越远，定义的坐标系轴向越精准。图示为 *X*2 点的方向位置如图所示	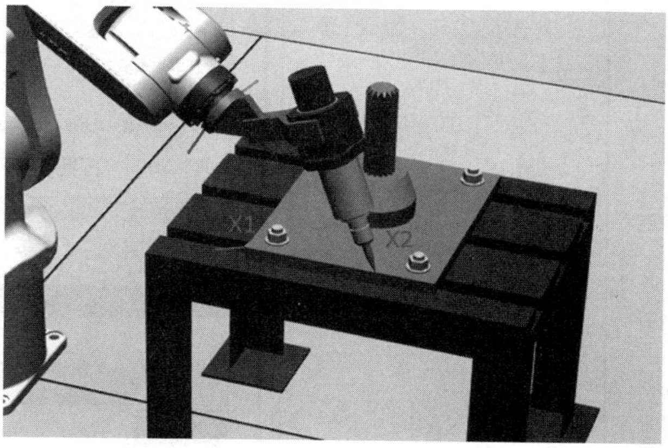

续表

序号	操作步骤	示意图
10	在 XY 平面上并且 Y 值为正的方向找到一点 $Y1$，确定坐标系的 Y 轴正方向（注意：务必确保 $X1X2$ 连线和 $X1Y1$ 连线垂直，否则 $X1$ 点就不是原点），如图所示	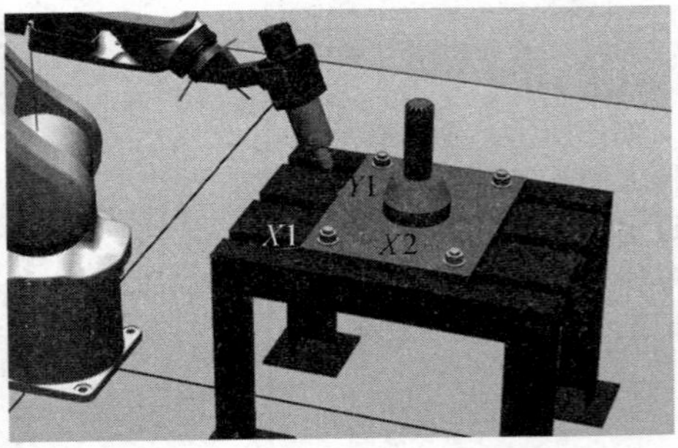
11	手动操纵机器人使其工具的参考点靠近定义工件坐标的 $Y1$ 点，单击图示“修改位置”按钮，记录 $Y1$ 点的位置数据	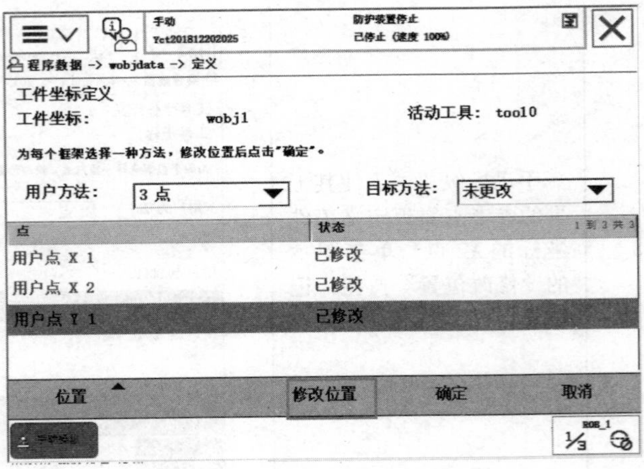
12	三点位置数据设置完成，在窗口单击“确定”按钮，如图所示	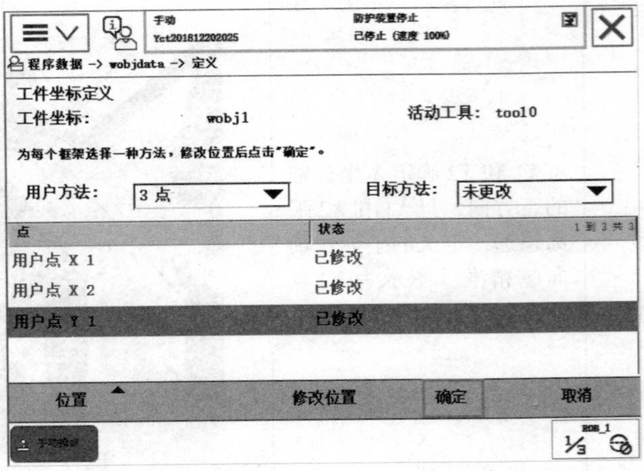

续表

序号	操作步骤	示意图
13	确认好自动生成的工件坐标数据后，单击“确定”按钮，如图所示	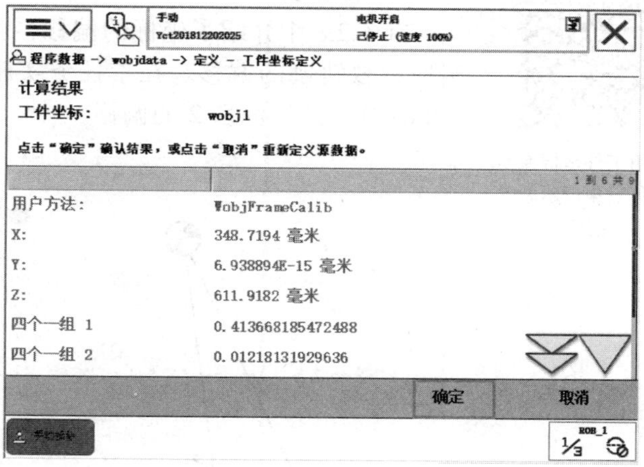 手动 Yct201812202025 电机开启 已停止（速度 100%） 程序数据 -> wobjdata -> 定义 - 工件坐标定义 计算结果 工件坐标： wobj1 点击“确定”确认结果，或点击“取消”重新定义源数据。 1 到 6 共 9 用户方法： WobjFrameCalib X: 348.7194 毫米 Y: 6.938894E-15 毫米 Z: 611.9182 毫米 四个一组 1　0.413668185472488 四个一组 2　0.01218131929636 确定　取消
14	确定后，在工件坐标系界面中，选中“wobj1”，然后单击“确定”按钮，即可完成工件坐标系的切换，如图所示	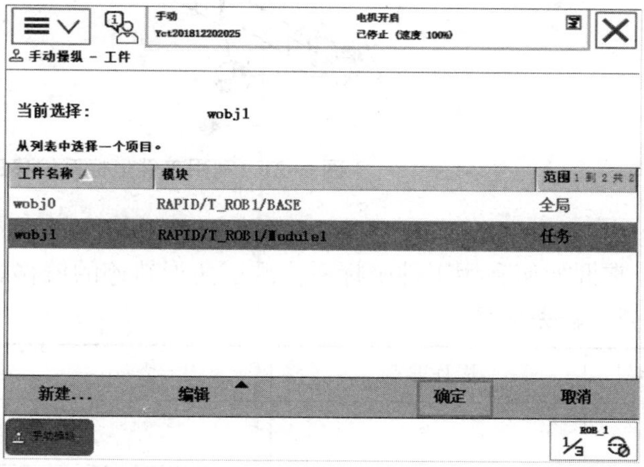 手动 Yct201812202025 电机开启 已停止（速度 100%） 手动操纵 - 工件 当前选择： wobj1 从列表中选择一个项目。 工件名称　模块　范围 1 到 2 共 2 wobj0　RAPID/T_ROB1/BASE　全局 wobj1　RAPID/T_ROB1/Module1　任务 新建...　编辑　确定　取消
15	如图所示，选择新创建的工件坐标系“wobj1”，按下使能器按钮，用手拨动机器人手动操纵杆使用线性动作模式，观察机器人在工件坐标系下移动的方式	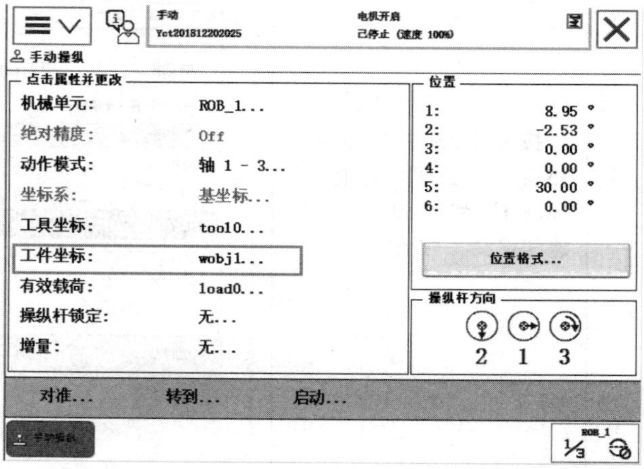 手动 Yct201812202025 电机开启 已停止（速度 100%） 手动操纵 点击属性并更改 机械单元： ROB_1... 绝对精度： Off 动作模式： 轴 1 - 3... 坐标系： 基坐标... 工具坐标： tool0... 工件坐标： wobj1... 有效载荷： load0... 操纵杆锁定： 无... 增量： 无... 位置 1: 8.95 ° 2: -2.53 ° 3: 0.00 ° 4: 0.00 ° 5: 30.00 ° 6: 0.00 ° 位置格式... 操纵杆方向 2 1 3 对准...　转到...　启动...

6.2.10 任务实施——利用工件坐标系偏移三角形示教轨迹

利用工件坐标系偏移三角形示教轨迹

1. 任务引入

在 6.2.8 中介绍了坐标的偏移，可以简单理解为切换工件坐标系可以实现示教轨迹的偏移。在本任务实施中，将实现三角形轨迹从坐标系 1（图 6–21）到坐标系 2 的偏移。

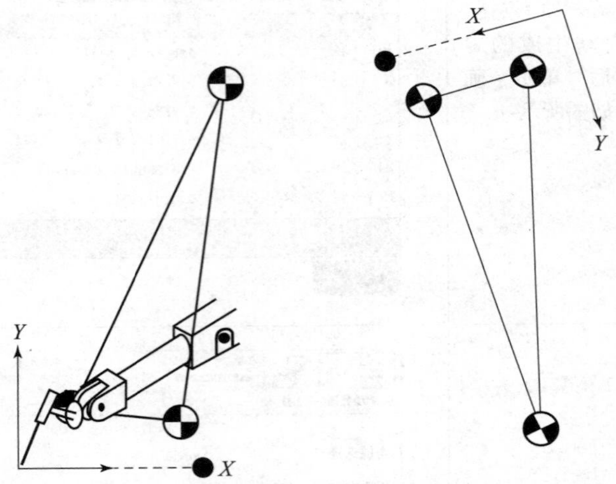

图 6–21 利用工件坐标系偏移三角形轨迹

2. 任务要求

掌握如何利用工件坐标系实现三角形轨迹的偏移。

3. 任务实操

序号	操作步骤	示意图
1	按照 6.2.9 中步骤 1～13 完成工件坐标系“wobj1”和“wobj2”的新建和定义，如图所示	

续表

序号	操作步骤	示意图
2	“wobj1” 和 “wobj2”中将“用户方法”设定为“3 点”，点 $X1$、$X2$ 和 $Y1$ 位置如图所示	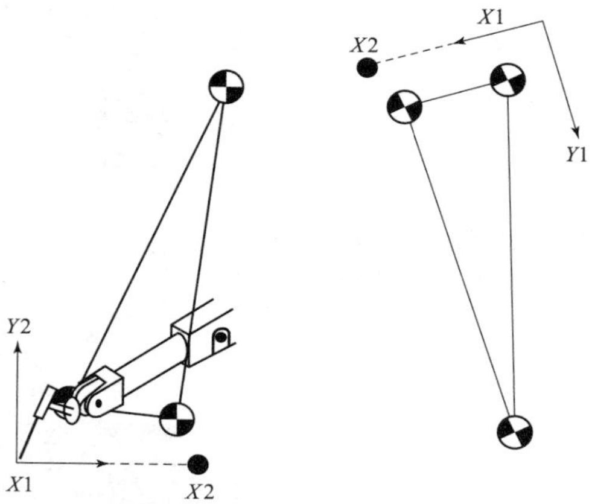 X1 X2 Y1 Y2 X1 X2
3	在手动操纵界面中选择对应的工件坐标系“wobj1”，新建例行程序“pianyi”，先完成三角形轨迹的示教编程，如图所示	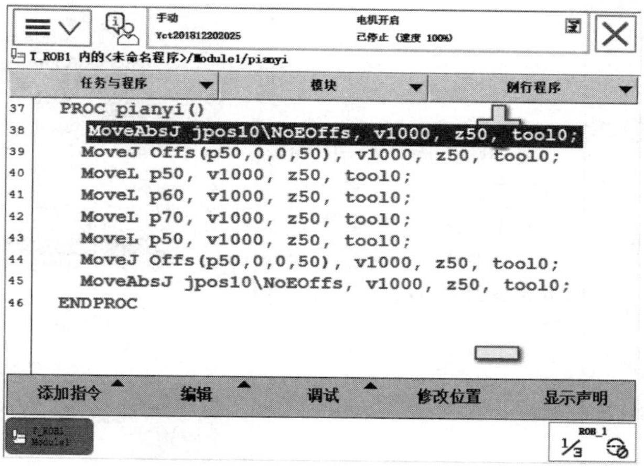 手动　Yct201812202025　电机开启　已停止（速度 100%） T_ROB1 内的<未命名程序>/Module1/pianyi 任务与程序　模块　例行程序 PROC pianyi() MoveAbsJ jpos10\NoEOffs, v1000, z50, tool0; MoveJ Offs(p50,0,0,50), v1000, z50, tool0; MoveL p50, v1000, z50, tool0; MoveL p60, v1000, z50, tool0; MoveL p70, v1000, z50, tool0; MoveL p50, v1000, z50, tool0; MoveJ Offs(p50,0,0,50), v1000, z50, tool0; MoveAbsJ jpos10\NoEOffs, v1000, z50, tool0; ENDPROC 添加指令　编辑　调试　修改位置　显示声明 T_ROB1 Module1　ROB_1 1/3
4	将例行程序“pianyi”中的工件坐标系更改为“wobj2”，便可实现三角形轨迹的偏移；双击程序句中的“wobj1”，如图所示	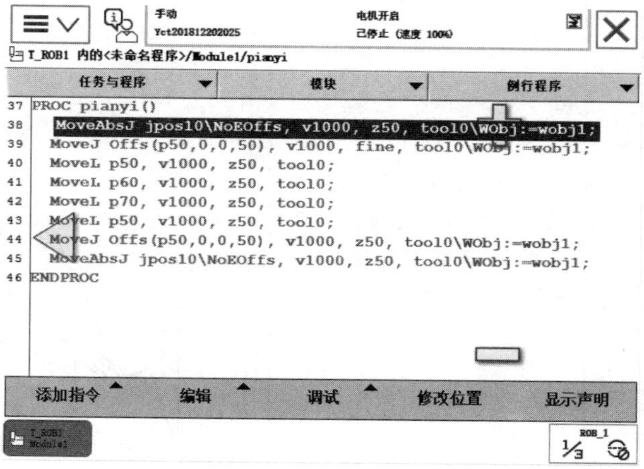 手动　Yct201812202025　电机开启　已停止（速度 100%） T_ROB1 内的<未命名程序>/Module1/pianyi 任务与程序　模块　例行程序 PROC pianyi() MoveAbsJ jpos10\NoEOffs, v1000, z50, tool0\WObj:=wobj1; MoveJ Offs(p50,0,0,50), v1000, fine, tool0\WObj:=wobj1; MoveL p50, v1000, z50, tool0; MoveL p60, v1000, z50, tool0; MoveL p70, v1000, z50, tool0; MoveL p50, v1000, z50, tool0; MoveJ Offs(p50,0,0,50), v1000, z50, tool0\WObj:=wobj1; MoveAbsJ jpos10\NoEOffs, v1000, z50, tool0\WObj:=wobj1; ENDPROC 添加指令　编辑　调试　修改位置　显示声明 T_ROB1 Module1　ROB_1 1/3

续表

序号	操作步骤	示意图
5	选择“wobj2”，单击“确定”按钮，如图所示	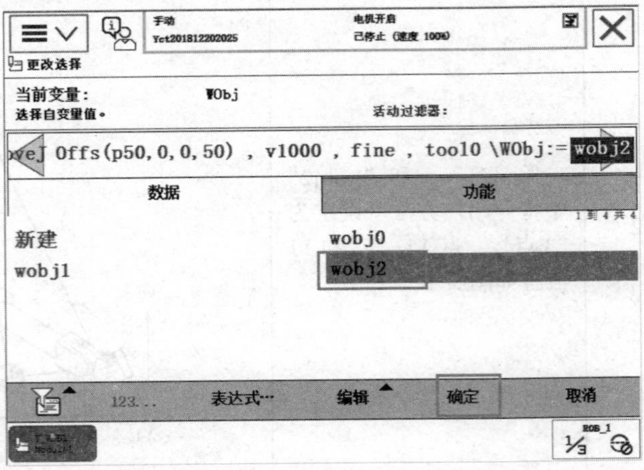
6	按照步骤4和步骤5的方法，将除安全点“jops10”之外的其他程序语句中的工件坐标系全部更新为“wobj2”，如图所示	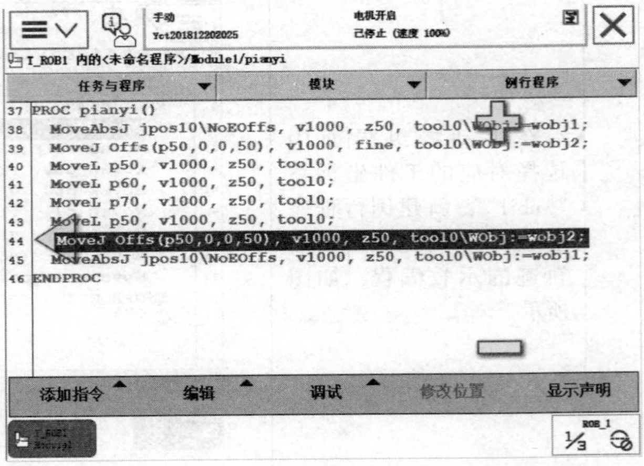
7	手动运行例行程序，在运动过程中会发现，三角形的轨迹从“坐标系1”偏移到“坐标系2”	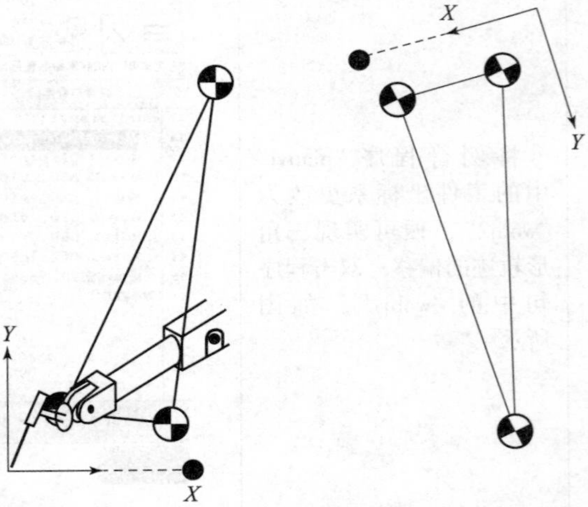

6.2.11　任务实施——更改运动指令参数实现轨迹逼近

1. 任务引入

更改运动指令参数实现轨迹逼近

运动指令：MoveL p1，v200，z10，tool\wobj1，说明机器人的 TCP 以线性运动方式从当前位置向 p1 点前进，速度是 200 mm/s，转弯区数据是 10 mm 即表示在距离 p1 点还有 10 mm 的时候开始转弯（图 6–22），使用的工具数据（tooldata）是 tool1，工件坐标数据（wobjdata）是 wobj1，在 6.2.1 中介绍到转弯区数据，其数值越大，机器人的动作越圆润与流畅。

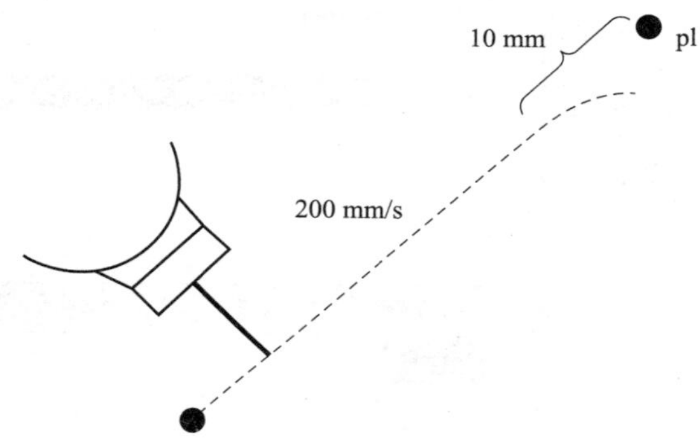

图 6–22　运动指令参数示意图

2. 任务要求

掌握如何通过更改运动指令参数实现轨迹逼近。

3. 任务实操

序号	操作步骤	示意图
1	如图所示，3D 轨迹板的外轮廓上点 p9 到点 p11 用线性运动指令编程	p10 p9 p7 p8 X Y X Y p13 p11 p12 p14

续表

序号	操作步骤	示意图
2	使用“MoveL”指令，对点p9、p10、p11进行示教编程，程序如图所示；运行程序，观察运动路径（应该可以见到在p10点处走的是黑色虚线）	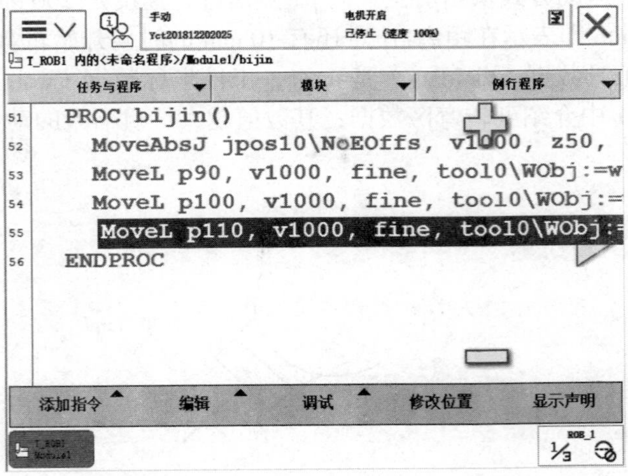 手动 Yct20181220202025 电机开启 已停止（速度 100%） T_ROB1 内的<未命名程序>/Module1/bijin 任务与程序 模块 例行程序 PROC bijin() MoveAbsJ jpos10\NoEOffs, v1000, z50, MoveL p90, v1000, fine, tool0\WObj:=w MoveL p100, v1000, fine, tool0\WObj:= MoveL p110, v1000, fine, tool0\WObj:= ENDPROC 添加指令 编辑 调试 修改位置 显示声明
3	现需要通过更改运动指令参数“z”实现3D轨迹板的外轮廓上点p10的（图示左上角方框内圆弧轨迹）逼近	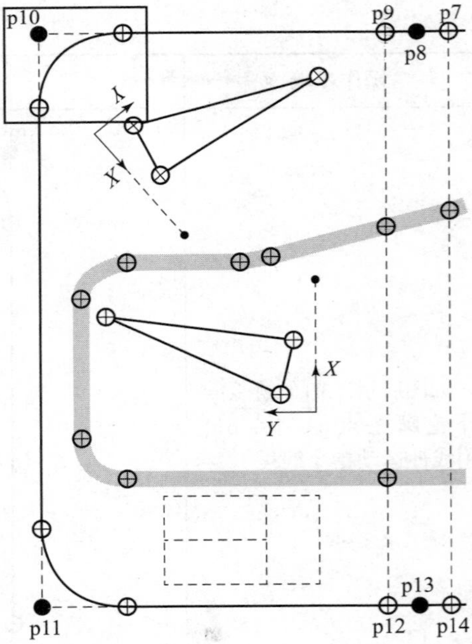 p10 p9 p7 p8 X Y X Y p13 p11 p12 p14

续表

序号	操作步骤	示意图
4	更改运动指令参数“z”，程序如图所示	手动 电机开启 Yct201812202025 已停止（速度 100%） T_ROB1 内的<未命名程序>/Module1/bijin 任务与程序 模块 例行程序 51 PROC bijin() 52 MoveAbsJ jpos10\NoEOffs, v1000, z50, 53 MoveL p90, v1000, fine, tool0\WObj:=w 54 MoveL p100, v1000, z60, tool0\WObj:= 55 MoveL p110, v1000, fine, tool0\WObj:= 56 ENDPROC 添加指令 编辑 调试 修改位置 显示声明
5	运行程序并观察运动轨迹，与之前路径进行对比	

6.2.12　任务实施——综合运用运动指令示教复杂轨迹

综合运用运动指令示教复杂轨迹

1．任务引入

在本任务实施中，综合 6.2.1 中学习到的常用运动指令，完成复杂轨迹的示教，如图 6–23 所示。

2．任务要求

掌握如何综合运用运动指令示教复杂轨迹。

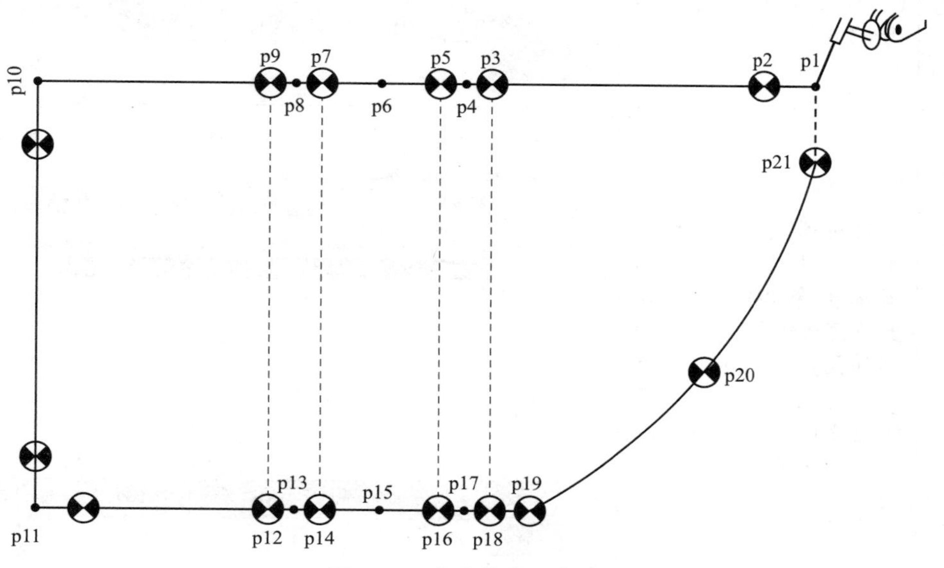

图 6–23　复杂轨迹示意图

3. 任务实操

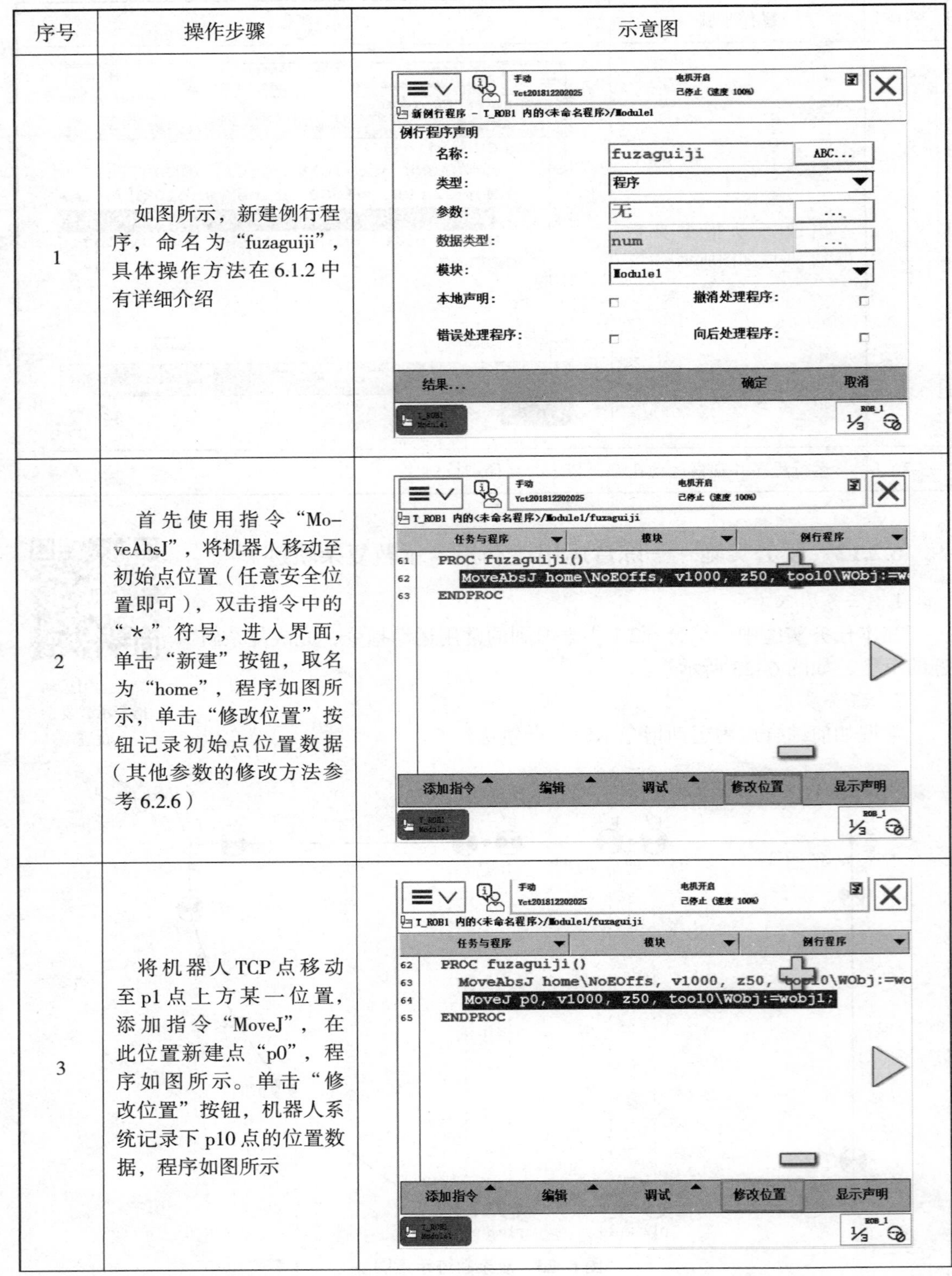

序号	操作步骤	示意图
1	如图所示，新建例行程序，命名为“fuzaguiji”，具体操作方法在6.1.2中有详细介绍	
2	首先使用指令“MoveAbsJ”，将机器人移动至初始点位置（任意安全位置即可），双击指令中的“*”符号，进入界面，单击“新建”按钮，取名为“home”，程序如图所示，单击“修改位置”按钮记录初始点位置数据（其他参数的修改方法参考6.2.6）	
3	将机器人TCP点移动至p1点上方某一位置，添加指令“MoveJ”，在此位置新建点“p0”，程序如图所示。单击“修改位置”按钮，机器人系统记录下p10点的位置数据，程序如图所示	

续表

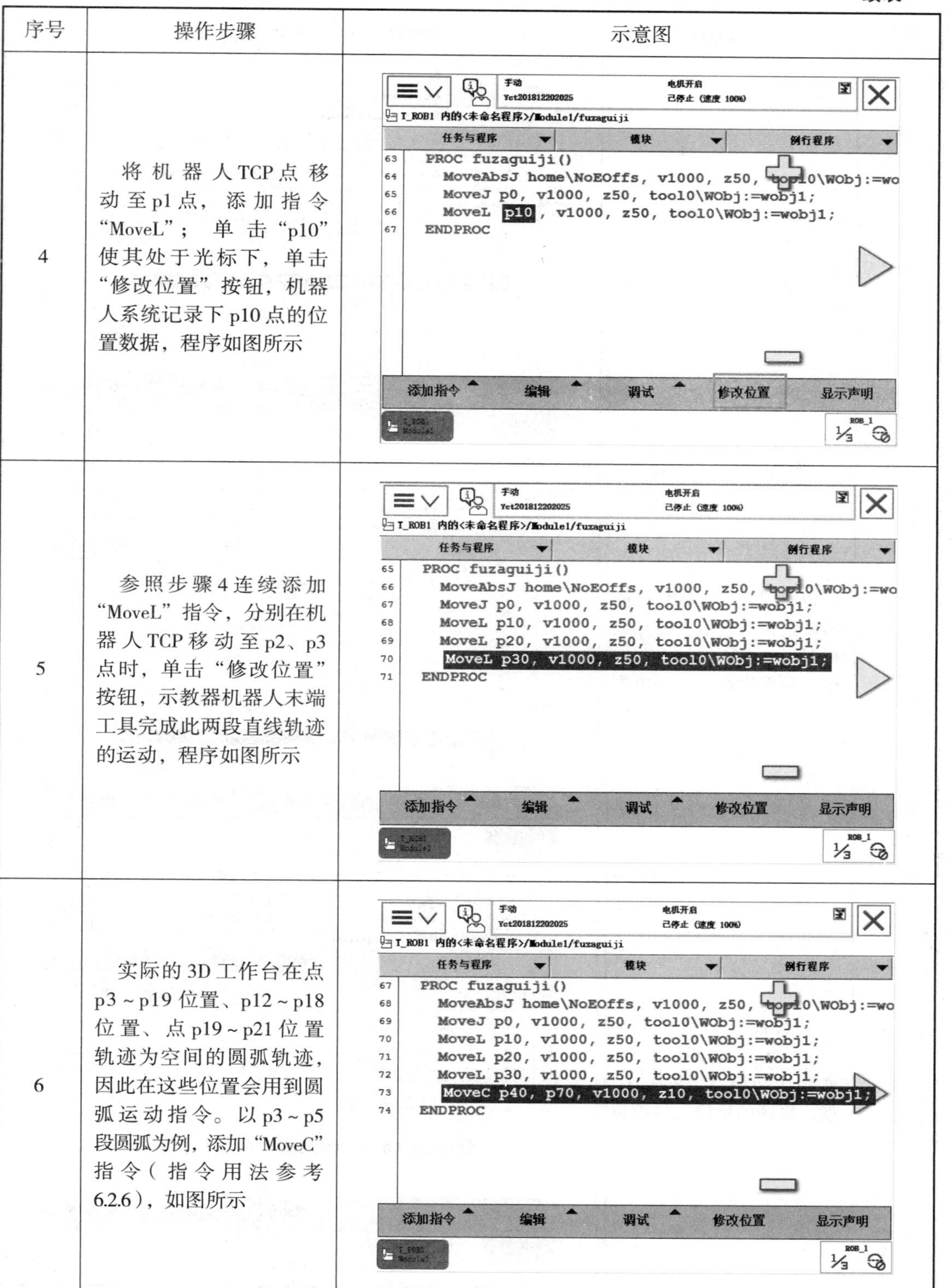

序号	操作步骤	示意图
4	将机器人TCP点移动至p1点，添加指令“MoveL”；单击“p10”使其处于光标下，单击“修改位置”按钮，机器人系统记录下p10点的位置数据，程序如图所示	T_ROB1 内的<未命名程序>/Module1/fuzaguiji PROC fuzaguiji() MoveAbsJ home\NoEOffs, v1000, z50, tool0\WObj:=wo MoveJ p0, v1000, z50, tool0\WObj:=wobj1; MoveL p10 , v1000, z50, tool0\WObj:=wobj1; ENDPROC 添加指令 编辑 调试 修改位置 显示声明
5	参照步骤4连续添加“MoveL”指令，分别在机器人TCP移动至p2、p3点时，单击“修改位置”按钮，示教器机器人末端工具完成此两段直线轨迹的运动，程序如图所示	T_ROB1 内的<未命名程序>/Module1/fuzaguiji PROC fuzaguiji() MoveAbsJ home\NoEOffs, v1000, z50, tool0\WObj:=wo MoveJ p0, v1000, z50, tool0\WObj:=wobj1; MoveL p10, v1000, z50, tool0\WObj:=wobj1; MoveL p20, v1000, z50, tool0\WObj:=wobj1; MoveL p30, v1000, z50, tool0\WObj:=wobj1; ENDPROC 添加指令 编辑 调试 修改位置 显示声明
6	实际的3D工作台在点p3～p19位置、p12～p18位置、点p19～p21位置轨迹为空间的圆弧轨迹，因此在这些位置会用到圆弧运动指令。以p3～p5段圆弧为例，添加“MoveC”指令（指令用法参考6.2.6），如图所示	T_ROB1 内的<未命名程序>/Module1/fuzaguiji PROC fuzaguiji() MoveAbsJ home\NoEOffs, v1000, z50, tool0\WObj:=wo MoveJ p0, v1000, z50, tool0\WObj:=wobj1; MoveL p10, v1000, z50, tool0\WObj:=wobj1; MoveL p20, v1000, z50, tool0\WObj:=wobj1; MoveL p30, v1000, z50, tool0\WObj:=wobj1; MoveC p40, p70, v1000, z10, tool0\WObj:=wobj1; ENDPROC 添加指令 编辑 调试 修改位置 显示声明

续表

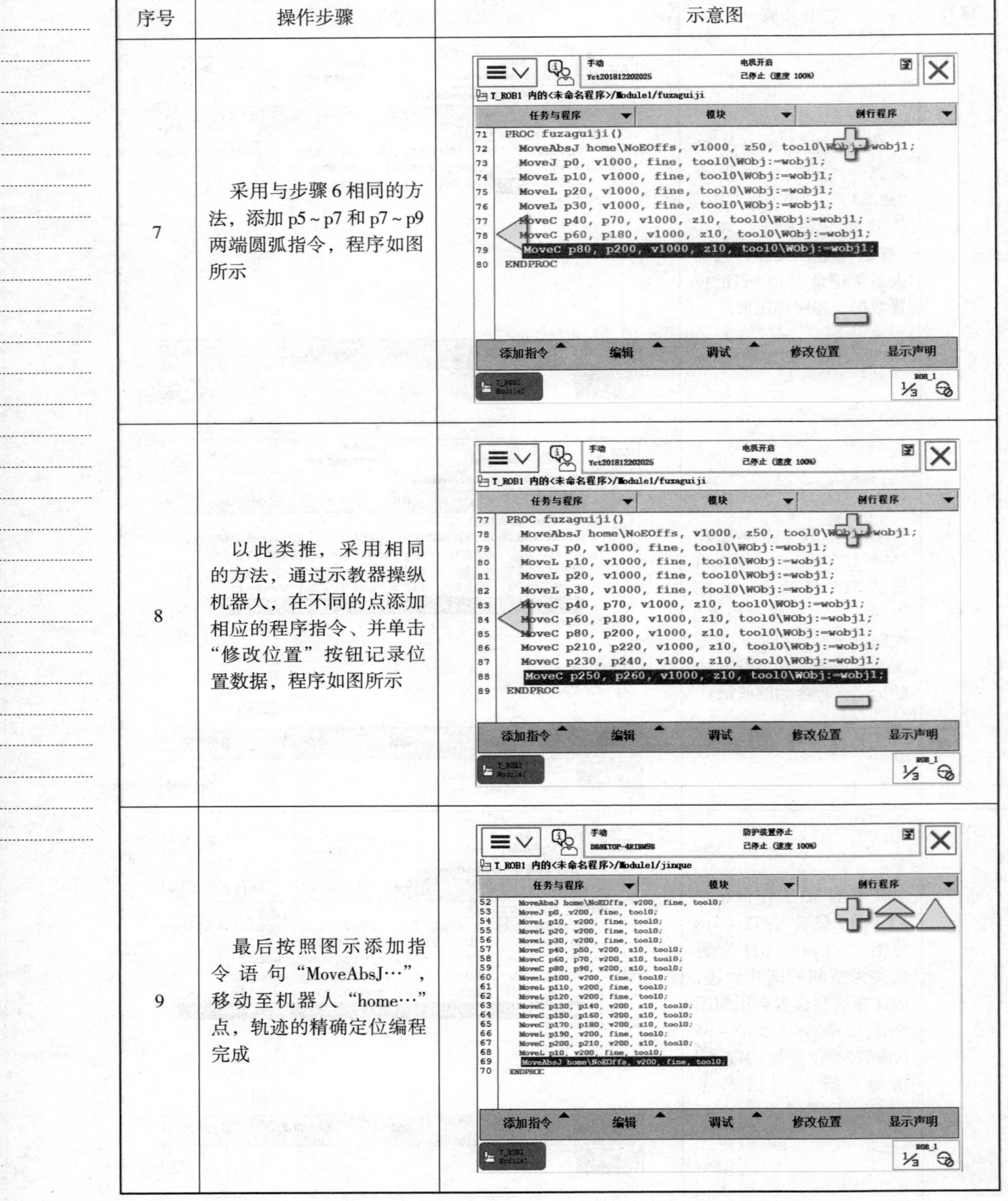

序号	操作步骤	示意图
7	采用与步骤6相同的方法，添加p5～p7和p7～p9两端圆弧指令，程序如图所示	手动 Yct201812202025 电机开启 已停止（速度 100%） T_ROB1 内的<未命名程序>/Module1/fuzaguiji 任务与程序 模块 例行程序 PROC fuzaguiji() MoveAbsJ home\NoEOffs, v1000, z50, tool0\WObj:=wobj1; MoveJ p0, v1000, fine, tool0\WObj:=wobj1; MoveL p10, v1000, fine, tool0\WObj:=wobj1; MoveL p20, v1000, fine, tool0\WObj:=wobj1; MoveL p30, v1000, fine, tool0\WObj:=wobj1; MoveC p40, p70, v1000, z10, tool0\WObj:=wobj1; MoveC p60, p180, v1000, z10, tool0\WObj:=wobj1; MoveC p80, p200, v1000, z10, tool0\WObj:=wobj1; ENDPROC 添加指令 编辑 调试 修改位置 显示声明
8	以此类推，采用相同的方法，通过示教器操纵机器人，在不同的点添加相应的程序指令、并单击“修改位置”按钮记录位置数据，程序如图所示	手动 Yct201812202025 电机开启 已停止（速度 100%） T_ROB1 内的<未命名程序>/Module1/fuzaguiji 任务与程序 模块 例行程序 PROC fuzaguiji() MoveAbsJ home\NoEOffs, v1000, z50, tool0\WObj:=wobj1; MoveJ p0, v1000, fine, tool0\WObj:=wobj1; MoveL p10, v1000, fine, tool0\WObj:=wobj1; MoveL p20, v1000, fine, tool0\WObj:=wobj1; MoveL p30, v1000, fine, tool0\WObj:=wobj1; MoveC p40, p70, v1000, z10, tool0\WObj:=wobj1; MoveC p60, p180, v1000, z10, tool0\WObj:=wobj1; MoveC p80, p200, v1000, z10, tool0\WObj:=wobj1; MoveC p210, p220, v1000, z10, tool0\WObj:=wobj1; MoveC p230, p240, v1000, z10, tool0\WObj:=wobj1; MoveC p250, p260, v1000, z10, tool0\WObj:=wobj1; ENDPROC 添加指令 编辑 调试 修改位置 显示声明
9	最后按照图示添加指令语句“MoveAbsJ…”，移动至机器人“home…”点，轨迹的精确定位编程完成	手动 DESKTOP-4RIBM9S 防护装置停止 已停止（速度 100%） T_ROB1 内的<未命名程序>/Module1/jinque 任务与程序 模块 例行程序 MoveAbsJ home\NoEOffs, v200, fine, tool0; MoveJ p0, v200, fine, tool0; MoveL p10, v200, fine, tool0; MoveL p20, v200, fine, tool0; MoveL p30, v200, fine, tool0; MoveC p40, p50, v200, z10, tool0; MoveC p60, p70, v200, z10, tool0; MoveC p80, p90, v200, z10, tool0; MoveL p100, v200, fine, tool0; MoveL p110, v200, fine, tool0; MoveL p120, v200, fine, tool0; MoveC p130, p140, v200, z10, tool0; MoveC p150, p160, v200, z10, tool0; MoveC p170, p180, v200, z10, tool0; MoveL p190, v200, fine, tool0; MoveC p200, p210, v200, z10, tool0; MoveL p10, v200, fine, tool0; MoveAbsJ home\NoEOffs, v200, fine, tool0; ENDPROC 添加指令 编辑 调试 修改位置 显示声明

任务巩固

一、填空题

1. 本书所述机器人常用的运动指令有（　　　　）、（　　　　）、（　　　　）、（　　　　）。

2. 程序调试控制按钮有（　　　　）、（　　　　）、（　　　　）和（　　　　）。

二、简答题

请简要叙述工件坐标系的定义。

任务 6.3　程序数据的定义及赋值

6.3.1　常用的程序数据类型及定义方法

常用的程序数据类型及定义方法

前面学习任务 6.2，让我们学会了如何操作机器人执行简单的运动轨迹，要想实现复杂的逻辑判断和流程设计还需进行下面知识内容的学习。

在前文的 6.1.1 中提到过 RAPID 语言中共有上百种程序数据，数据中存放的是编程需要用到的各种类型的常量和变量。在这里我们将介绍一些常用的数据类型及定义方法。图 6–24 所示为“程序数据”界面。

图 6–24　“程序数据”界面

程序数据的存储类型可以分为三大类：变量 VAR、可变量 PERS 和常量 CONTS。它们三个数据存储类型的特点如下：

（1）变量 VAR：在执行或停止时，会保留当前的值，当程序指针被移到主程序后，数值会丢失。定义变量时可以赋初始值，也可以不赋予初始值。

（2）可变量 PERS：不管程序的指针如何，都会保持最后被赋予的值，定义时，所有可变量必须被赋予一个相应的初始值。

（3）常量 CONTS：在定义式时就被赋予了特定的数值，并不能在程序中进行改动，只能手动进行修改。在定义时，所有常量必须被赋予一个相应的初始值。

在新建程序数据时，可在其声明界面（图 6–25）对程序数据类型的名称、范围、存储类型、任务、模块、例行程序和维数进行设定。数据参数说明如表 6–7 所示。

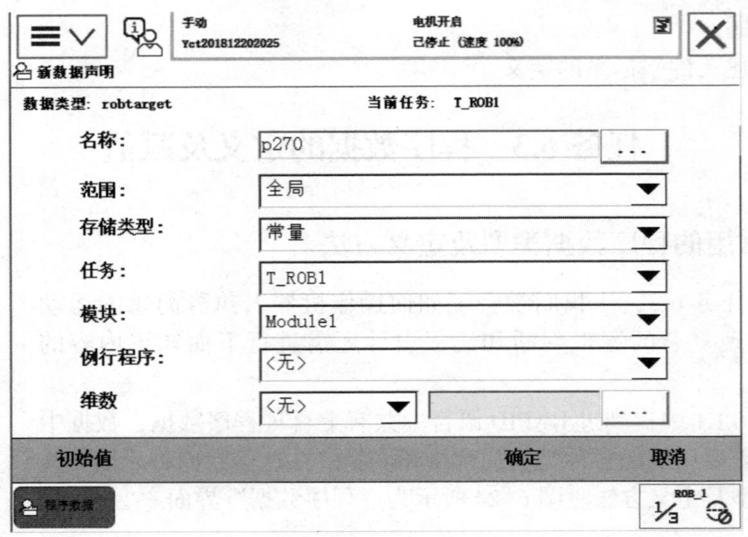

图 6–25 “新数据声明”界面

表 6–7 数据参数说明

数据设定参数	说明
名称	设定数据的名称
范围	设定数据可使用的范围，分全局、本地和任务三个选择，全局是表示数据可以应用在所有的模块中；本地是表示定义的数据只可以应用于所在的模块中；任务则是表示定义的数据只能应用于所在的任务中
存储类型	设定数据的可存储类型：变量、可变量、常量
任务	设定数据所在的任务
模块	设定数据所在的模块
例行程序	设定数据所在的例行程序
维数	设定数据的维数，数据的维数一般是指数据不相干的几种特性
初始值	设定数据的初始值，数据类型不同初始值不同，根据需要选择合适的初始值

下面对常用的数据进行详细介绍，为后续编写程序打好基础。程序数据是根据不同的数据用途进行定义的，常用的程序数据类型有：bool，byte，clock，jointtarget，loaddata，num，pos，robjoint，speeddata，string，tooldata 和 wobjdata 等。不同类型的常用程序数据的用法如下：

（1）bool：布尔量，用于逻辑值，bool 型数据可以为 ture 或 false。

例如：`VAR boolflag1;`

`flag1:=ture;`

（2）byte：用于符合字节范围（0~255）的整数数值，代表一个整数字节值。

例如：`VAR bytedata:=130;`

（3）clock：用于时间测量，功能类似秒表，用于定时；存储时间测量值，以 s 为单位，分辨率为 0.001 s 且必须为 VAR 变量。

例如：`VAR clockmyclock;`

`CIKResetmyclock;`

重置时钟 clock。

（4）jointtarget：用于通过指令 MoveAbsJ 确定机械臂和外轴移动到的位置，规定机械臂和外轴的各单独轴位置。其中 robax axes 表示机械臂轴位置，以度为单位。Extemalaxes 表示轴外的位置，对于线性外轴，其位置定义与校准的距离（mm）；对于旋转外轴，其位置定义为从校准位置起旋转的度数。

例如：`CONTS jointtargetcalib_pos:=[[0,0,0,0,0,0],[0.9E9,9E9,9E9,9E9,9E9]];`

定义机器人在 calib_pos 的正常校准位置，以及外部轴 a 的正常校准值 0（度或毫米），未定义外轴 b ~ f。

（5）loaddata：用于描述附于机械臂机械界面（机械臂安装法兰）的负载，负载数据常常定义机械臂的有效负载或支配负载（通过定位器的指令 GripLoad 或 MechUnitLoad 来设置），即机械臂夹具所施加的负载。同时将 loaddata 作为 tooldata 的组成部分，以描述工具负载。

loaddata 参数表如表 6–8 所示。

表 6–8　loaddata 参数表

序号	参数	名称	类型	单位
1	mass	负载的质量	num	kg
2	cog	有效负载的重心	pos	mm
3	aom	矩轴的姿态	orient	
4	intertia x	力矩 x 轴负载的惯性矩	num	$kg \cdot m^2$
5	intertia y	力矩 y 轴负载的惯性矩	num	$kg \cdot m^2$
6	intertia z	力矩 z 轴负载的惯性矩	num	$kg \cdot m^2$

例如：`PERS loaddatapiece1:[5,[50,0,50],[1,0,0,0],[0,0,0]];`

质量 5 kg，重心坐标 x=50 mm，y=0 mm 和 z=50 mm，有效负载为一个点质量。

（6）num：此数据类型的值可以为整数（例如4–5）和小数（例如4.45），也可以呈指数形式写入（例如2E3=2×10的三次方），该数据类型始终将 –8 388 607 与 +8 388 608之间的整数作为准确的整数储存。小数仅为近似数字，因此，不得用于等于或不等于对比。若为使用小数的除法运算，则结果也将为小数，即并非一个准确的整数。

例如：VAR numreg1

…

reg1

将 reg1 指定值为 3。

（7）pos：用于各位置（仅 *X*、*Y*、*Z*），描述 *X*、*Y* 和 *Z* 的位置的坐标。其中 *X*、*Y* 和 *Z* 参数的值均为 num 数据类型。

例如：VAR pospos1;

…

Pos1:=[500,0,940];

pos1 的位置为 *X*=500 mm，*Y*=0 mm，*Z*=940 mm。

（8）robjoint：robjoint 用于定义机械臂轴的位置，单位度。robjoint 类数据用于储存机械臂轴 1~6 的轴位置，将轴位置定义为各轴（臂）从轴校准位置沿正方向或负方向旋转的度数。

例如：rax_1;robotaxis 1;

机械臂轴 1 位置距离校准位置的度数，数据类型 num。

（9）speeddata 用于规定机械臂和外轴均开始移动时的速率。速度数据定义以下速率：中心点移动时的速率；工具的重新定位速度；线性或旋转外轴移动时的速率。当结合多种不同类型的移动时，其中一个速率常常限制所有运动。这时将减小其他运动的速率，以便所有运动同时停止执行。与此同时通过机械臂性能来限制速率，将会根据机械臂类型和运动路径面而有所不同。

例如：VARspeeddata vmedium:=[1000,30,200,15];

定义速度数据 vmedium，对 TCP，速率为 1 000 mm/s；对于工具的重新定位，速率为 30°/s；：对于线性外轴，速率为 200 mm/s；对于旋转外轴，速率为 15°/s。

（10）string：用于字符串。字符串由一系列附上引号（“”）的字符（最多 80 个）组成，例如，“这是一个字符串”如果字符串中包括引号，则必须保留两个引号，例如，“本字符串包含一个”“字符”。如果字符串中包括反斜线，则必须保留两个反斜线符号，例如，“本字符串中包含一个 \\ 字符。”

例如：VAR stringtext;

…

text:=“startweldingpipe 1”;

TPWrite text;

在 Flexpendant 示教器上写入文本 start welding pipe1。

（11）tooldata：用于描述工具（例如焊枪或夹具）的特征。此类特征包括工具中心点（TCP）的位置和方位以及工具负载的物理特征。如果工具得以固定在空间中（固定工具），则工具数据首先定义空间中该工具的位置和方位以及 TCP。随后，描述机械臂所移动夹具的负载。

例如：PRES tooldatagripper=[TRUE,[[97.4,223.1],[0.920,0.383,0]],[5,[23,0,75],[1,0,0,0],0,0,0]];

机械臂正夹持着工具，TCP 所在点与安装法兰的直线距离为 223.1 mm，且沿腕坐标系 X 轴 97.4 mm；工具的 X 方向和 Z 方向相对于腕坐标系方向旋转 45° ；工具质量为 5 kg；重心所在点与安装法兰的距离为 75 m，且沿腕坐标系 X 轴 23 mm；可将负载视为一个点质量，即不带任何惯性矩。

（12）wobjdata：用于描述机械臂处理其内部移动的工件，例如焊接。如果在定位指令中定义工件，则位置将基于工件坐标。如果使用固定工具或协调外轴，则必须定义工件，因为路径和速率随后将与工件面而非 TCP 相关。工件数据亦可用于点动：可使机械臂朝工件方向点动，根据工件坐标系，显示机械臂当前位置。

例如：PERS wobjdatawobj2:[FAISE.TRUE,"", [[300,600,200], [1,0,0,0]],[[0,200,30],[1,0,0,0]]];

“FALSE”代表机械臂未夹持着工件，“TRUE”代表使用固定的用户坐标系。用户坐标系不旋转，且其在大地坐标系中的原点坐标为 x=300 mm、y=600 mm 和 z=200 mm；目标坐标系不旋转，且其中用户坐标系中的原点坐标为 x=0 mm、y=200 mm 和 z=30 mm。

例如：wobj.oframe.trans.z：=38.3；

将工件 wobj2 的位置调整至沿 z 方向 38.3 mm 处。

6.3.2　常用的数学运算指令

RAPID 程序指令含有丰富的功能，按照功能的用途可以对其进行分类。本书重点介绍日常编程中运用到的一些常用的数字运算指令。

1．Clear

用于清除数值变量或永久数据对象，即将数值设置为 0。

例如：Clearreg1;

reg1 得以清除，即 reg：=0。

2．Add

用于从数值变量或者永久数据对象增减一个数值。

例如：Add reg1,3;

将 3 增加到 reg1，即 reg1：=reg1+3。

例如：Add reg1,-reg2;

reg2 的值从 reg1 中减去，即 reg：=reg1−reg2。

3．Incr

用于向数值变量或者永久数据对象增加 1。

例如：VAR numno_of_parts:=0;

```
…
WHILE stop_production=0 DO
Produce _part;
Incr no_of_parts;
```

```
TPWrite"No of produced parts="//Num:=no_of_parts;
ENDWHILE
```

更新FlexPendant示教器上各循环所产生的零件数。只要未设置输入信号stop_production，则继续进行生产。

4. Decr

用于从数值变量或者永久数据对象减去1，与Incr用法一样，但是作用刚好相反。

例如：`VAR dnum no_of_parts;`

```
…
TDReadDnum no_of_parts,"How many parts should be produced?";
WHILE no_of_parts>0 DO
Produce_part;
Decr no_of_parts;
ENDWHILE
```

要求操作员输入待生产零件的数量。变量no_of_parts用于统计必须继续生产的数量。

6.3.3 赋值指令与程序数据的两种赋值方法

赋值指令与程序数据的两种赋值方法

赋值指令“：=”，如图6-26所示，用于对程序中的数据进行赋值，赋值的方式可以将一个常量赋值给程序数据，还可以将数学表达式赋值给程序数据，方法示例如下：

（1）常量赋值：reg1：=5；

（2）表达式赋值：reg2：=reg1+4。

数据赋值时，变量与值数据类型必须相同。程序运行时，常量数据不允许赋值。

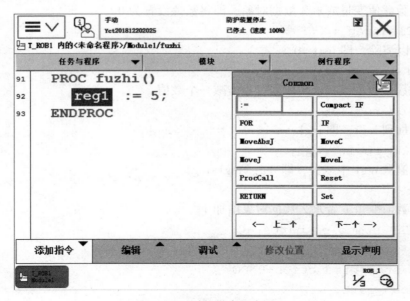

图6-26 赋值指令示意图

我们还可以通过赋值指令，运用表达式的方法实现数学计算中像加减乘除这样的基础运算。选择“：=”后，在如图 6–27 所示界面中，单击“+”便可以进行加减乘除表达式的编辑。

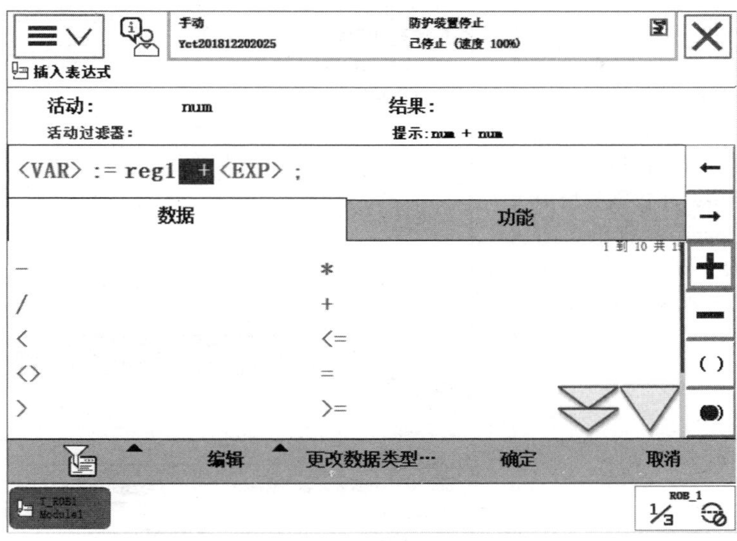

图 6–27　表达式编辑示意图

定义数值数据变量并赋值

6.3.4　任务实施——定义数值数据变量并赋值

1. 任务要求

掌握如何定义数值数据变量 count 并赋值。

2. 任务实操

序号	操作步骤	示意图
1	如图所示，在主菜单界面找到并单击“程序数据”选项	

续表

序号	操作步骤	示意图
2	“程序数据”界面如图所示，单击右下角“视图”菜单可以选择显示的数据类型，在数据类型中选择“num”，或单击右下角的“显示数据”按钮，进入到数值数据界面	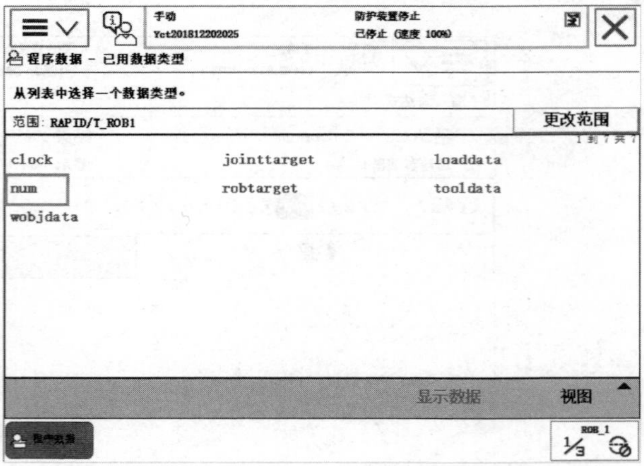
3	如图所示，单击“新建...”按钮	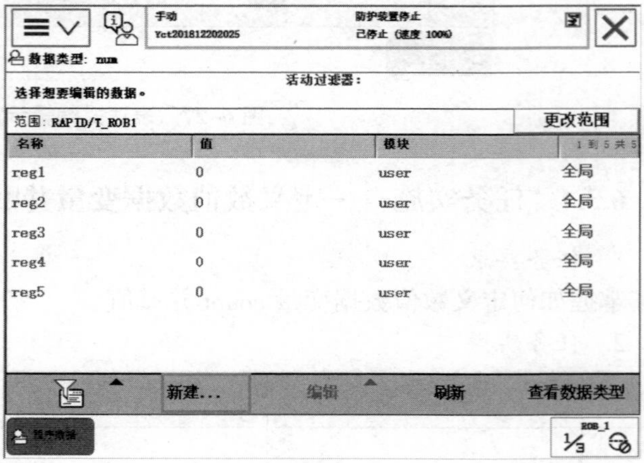
4	如图所示，定义一个数值数据“count”	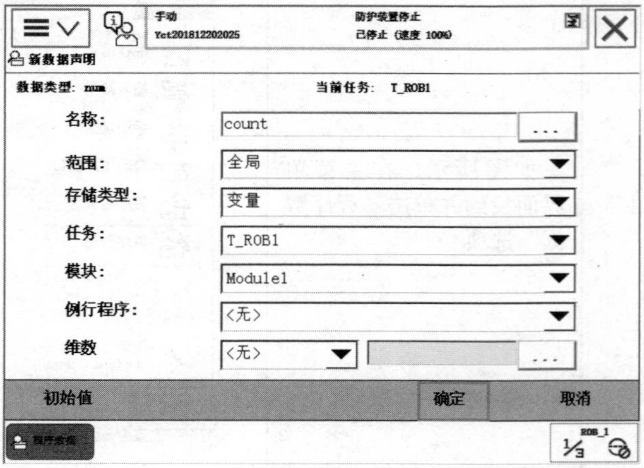

续表

序号	操作步骤	示意图
5	对数值数据“count”进行常量赋值的操作方法有两种：第一种方法，在定义界面单击左下角的“初始值”按钮，如图所示	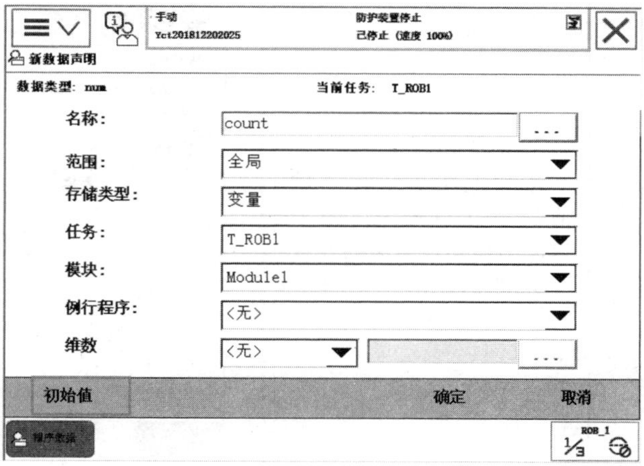
6	在界面中单击“0”，可以对“count”进行赋值，如图所示	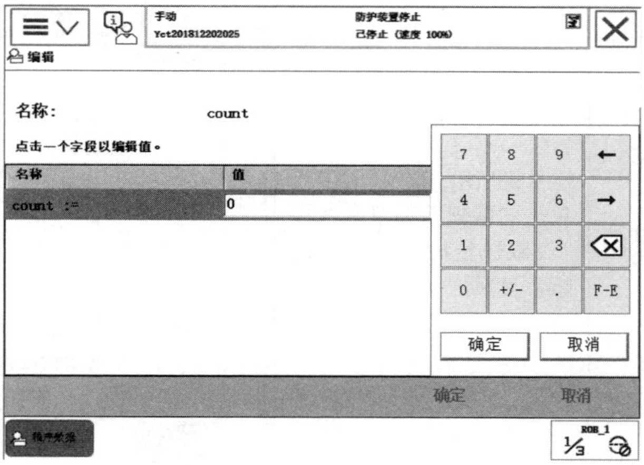
7	第二种方法，即采用赋值指令“:=”，如图所示，实现“count”的赋值	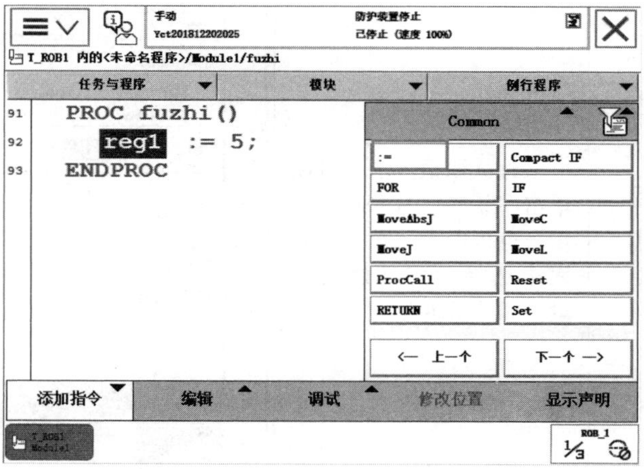

续表

序号	操作步骤	示意图
8	按照上图所示找到赋值指令并单击，在图示界面中找到数值数据变量"count"并单击	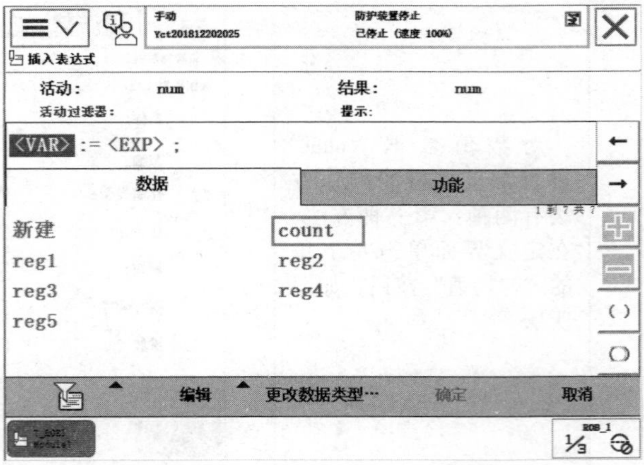
9	如图所示，选中"EXP"，单击"编辑"菜单并选择"仅限选定内容"命令进行常量赋值	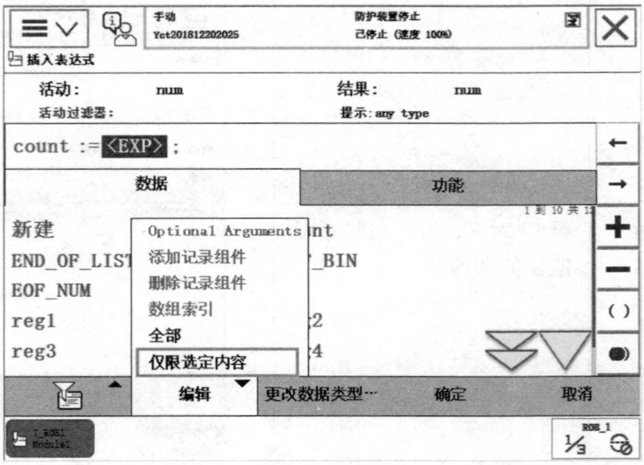
10	表达式赋值方法：可以单击"新建"命令新建变量，也可以在"数据"列表中选择已定义过的变量，如图所示	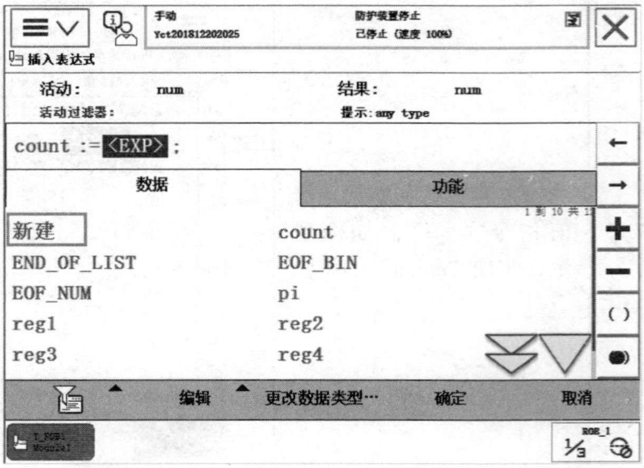

续表

序号	操作步骤	示意图
11	如图所示，选中“reg1”，单击图示中右侧的“+”号可以调出运算符调用界面，编辑表达式	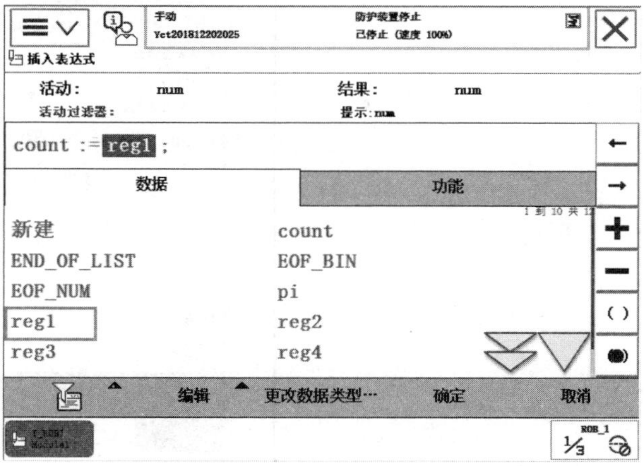
12	在列表中选择所需的运算符号，如图所示	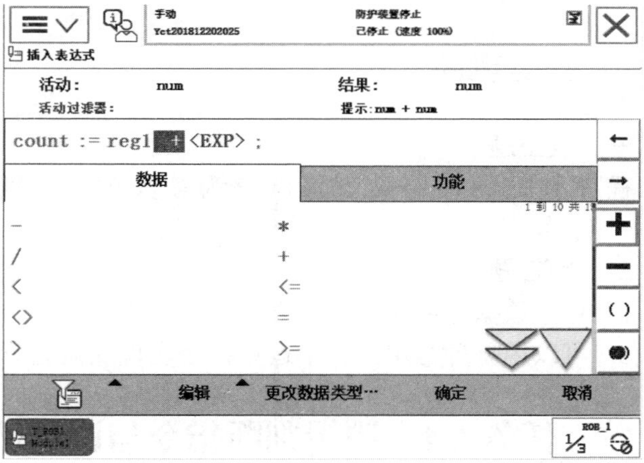
13	图示运算符号后的“EXP”，同样可以设置成变量或者常量，方法参考步骤9和步骤10	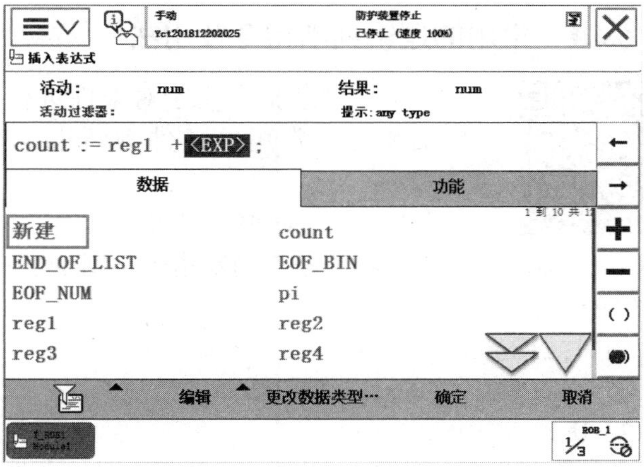

续表

序号	操作步骤	示意图
14	如图所示，单击“确定”按钮，即可完成“count”的赋值	

任务巩固

一、填空题

程序数据的存储类型可以分为三大类，分别为（　　　　　）、（　　　　　）和（　　　　　）。

二、简答题

1. 程序数据有哪几种赋值方法？
2. 可以用哪种常用的数学运算指令实现加减运算？

任务 6.4　逻辑判断指令与调用例行程序指令的应用

6.4.1　常用的逻辑判断指令及用法

常用的逻辑判断指令及用法

逻辑判断指令用于对条件进行判断后，执行满足其对应条件的相应的操作。常用的条件判断指令有 Compact IF，IF，FOR，WHILE 和 TEST。

1. Compact IF

紧凑型条件判断指令，用于当一个条件满足了以后，就执行一句指令。

例如：`IF reg1=0  reg1:=reg1+1;`

如果 reg1=0，将 reg1+1 赋值给 reg1。

2. IF

条件判断指令，满足 IF 条件，则执行满足该条件下的指令。

例如：
```
IF reg1>5 THEN
Set do1;
Set do2;
ENDIF
```
仅当 reg1 大于 5 时，设置信号 do1 和 do2。

例如：
```
IF counter>100 THEN
counter:=100;
ELSELFcounter<0 THEN
counter:=0;
ELSE
counter:=counter+1;
ENDIF
```
通过赋值加 1，使 counter 增量。但是，如果 counter 的数值超出限制 0 ~ 100，则向 counter 分配相应的限值。

3. FOR

重复执行判断指令，用于一个或多个指令需要重复执行多次的情况。

例如：
```
FOR i FORM 1 TO 10 DO
routine1;
ENDFOR
```
重复执行 routine1 10 次。

4. WHILE

条件判断指令，用于满足给定条件的情况下，重复执行对应指令。

例如：
```
WHILE reg1<reg2 DO
…
reg1:=reg1+1;
ENDWHILE
```
只要 reg1<reg2，则重复 WHILE 块中的指令。

5. TEST

根据表达式或数据的值，执行不同指令。当有待执行不同的指令时，使用 TEST。

例如：
```
TEST reg1
CASE1,2,3:
routine1;
CASE4:
routine2;
DEFAULT:
TPWrite"IIlegaI" choice";
ENDTEST
```
根据 reg1 的值，执行不同的指令。如果该值为 1、2 或 3 时，则执行 routine1。如果该值为 4，则执行 routine2。否则，打印出错误消息。

以上介绍的是这几种指令各自的用途和优势。紧凑型条件判断指令是只有满足条件时才能执行指令；条件判断指令基于是否满足条件，执行指令序列；重复执行判断指令重复一段程序多次，可以简化程序语句；条件判断指令重复指令序列，直到满足给定条件。一个 TEST 指令便可以对不同情况进行处理。

6.4.2 ProcCall 调用例行程序指令的用法

ProcCall 调用例行程序指令的用法

在实际应用中，在一个完整的生产流程里，机器人经常会需要重复执行某一段动作或逻辑判断，此时我们是否需要按照重复的流程编写重复的程序呢？答案是否定的。一般来说，设计机器人程序时，需要根据完整的工作流程分解和提取出相对独立的小流程，进而为独立的小流程编制对应的程序。在流程重复时只需要反复调用对应程序即可。RAPID 语言中设置了调用例行程序的专用指令：ProcCall。

ProcCall 调用例行程序指令（图 6–28）是用于调用现有例行程序

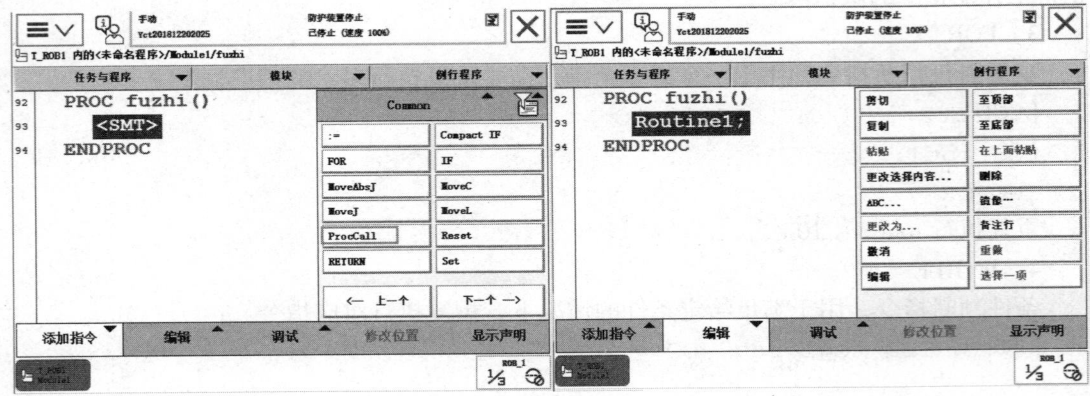

图 6–28　ProcCall 调用例行程序指令

（Procedure）的指令。当程序执行到该指令时，执行完整的被调用例行程序。当执行完此例行程序后，程序将继续执行调用后的指令语句。程序可相互调用，亦可自我调用（即递归调用）。

Procedure 类型的程序没有返回值，可以用指令直接调用；Function 类型的程序有特定类型的返回值，必须通过表达式调用；Trap 例行程序不能在程序中直接调用。

6.4.3 任务实施——利用 IF 指令实现圆形和三角形示教轨迹的选择

利用 IF 指令实现圆形和三角形示教轨迹的选择

1. 任务引入

在此任务实施中使用 IF 条件判断指令，实现圆形和三角形示教轨迹的选择，当数据变量 D=1 时，机器人走圆形轨迹；当数据变量 D=2 时，机器人走三角形轨迹。

2. 任务要求

掌握如何利用 IF 指令和数据变量实现圆形和三角形示教轨迹的选择。

3. 任务实操

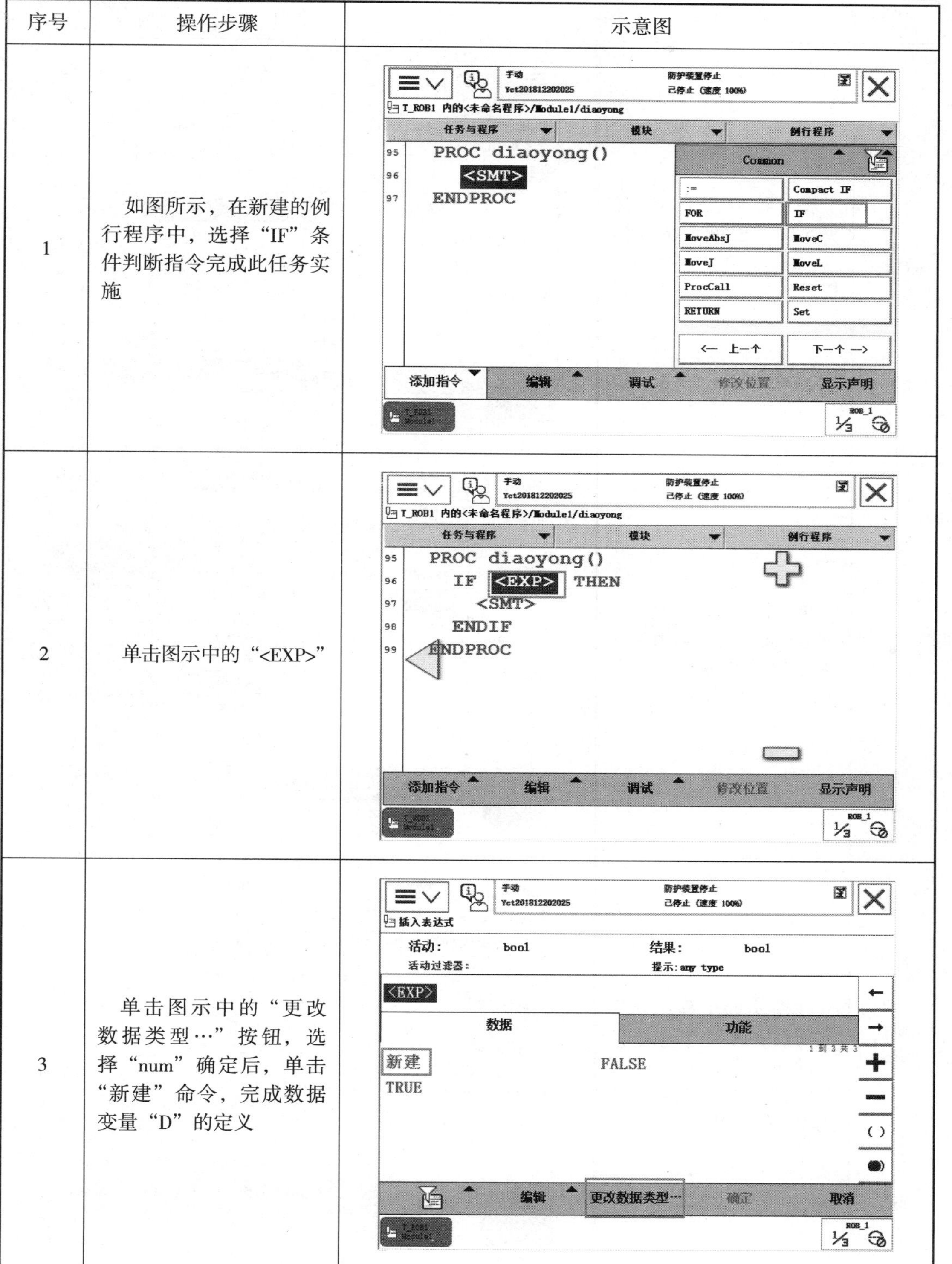

序号	操作步骤	示意图
1	如图所示，在新建的例行程序中，选择“IF”条件判断指令完成此任务实施	
2	单击图示中的“<EXP>”	
3	单击图示中的“更改数据类型…”按钮，选择“num”确定后，单击“新建”命令，完成数据变量“D”的定义	

续表

序号	操作步骤	示意图
4	将D赋值为1（方法见6.3.4，也可直接选用“count”），单击“确定”按钮	
5	单击图示中的“ProcCall”指令调用圆形轨迹的示教编程（详见6.2.6）	
6	在图示的子程序调用的列表中找到“yuanxing”并单击，单击右下角的“确定”按钮完成圆形轨迹程序的调用	

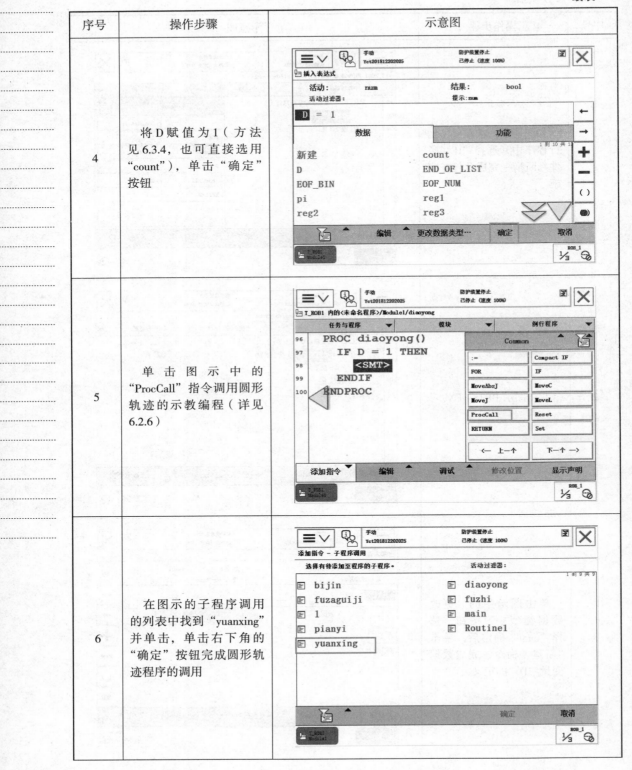

续表

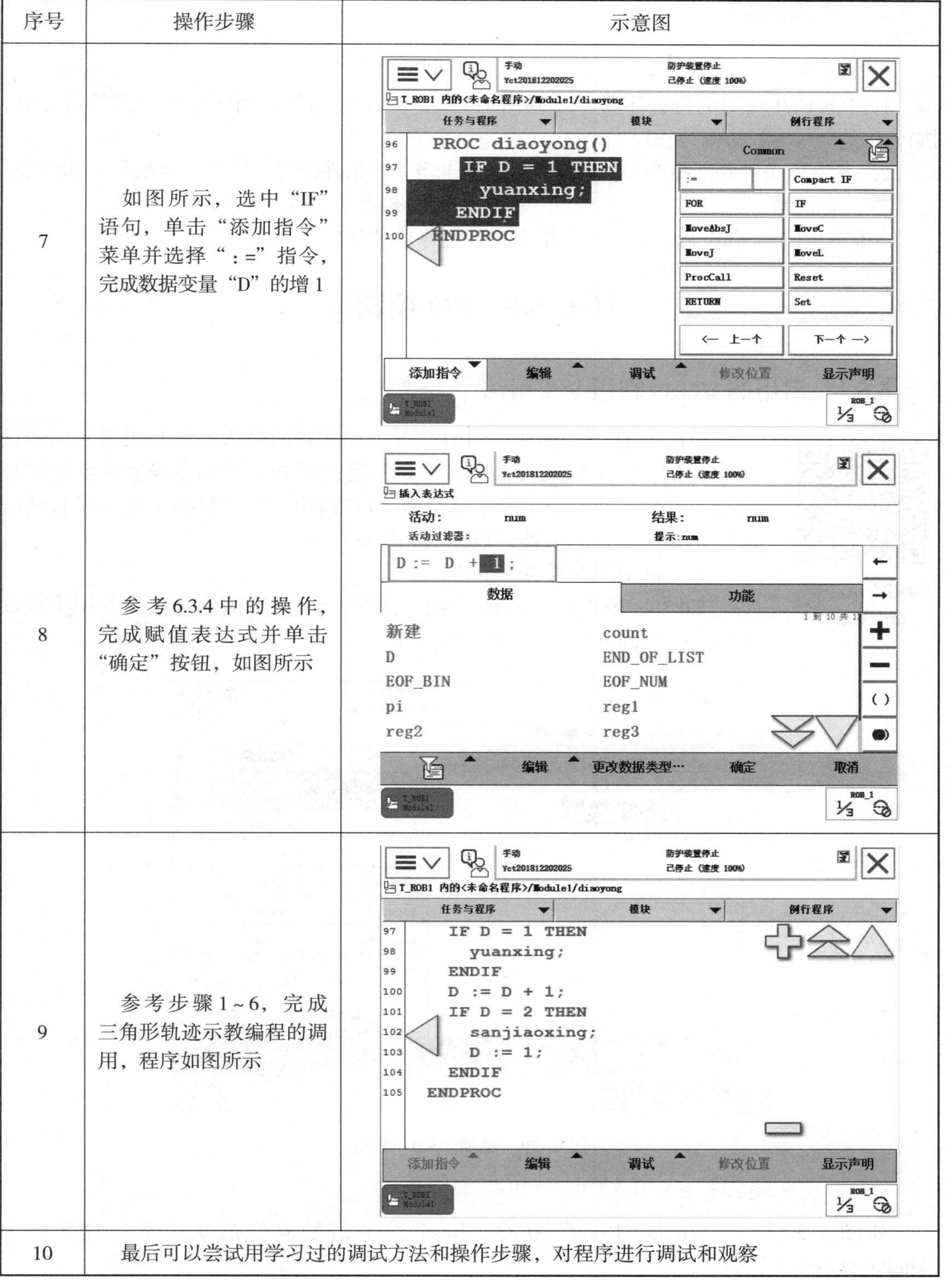

序号	操作步骤	示意图
7	如图所示，选中“IF”语句，单击“添加指令”菜单并选择“：=”指令，完成数据变量“D”的增1	
8	参考6.3.4中的操作，完成赋值表达式并单击“确定”按钮，如图所示	
9	参考步骤1~6，完成三角形轨迹示教编程的调用，程序如图所示	
10	最后可以尝试用学习过的调试方法和操作步骤，对程序进行调试和观察	

任务巩固

一、填空题

1. ProcCall 调用例行程序指令，调用（　　　　　）的指令，当程序执行到该指令时，执行（　　　　　）的例行程序。

2. 紧凑型条件判断指令（　　　　　），用于当一个条件满足了以后，就执行一句指令。

二、简答题

如何使用 ProcCall 调用例行程序指令实现程序的调用？

任务 6.5　I/O 控制※

6.5.1　常用的 I/O 控制指令及用法

常用的 I/O 控制指令及用法

I/O 控制指令用于控制 I/O 信号，以实现机器人系统与机器人周边设备的通信。在工业机器人中，主要是通过对 PLC 的通信设置来实现信号的交互，例如当打开相应开关，使 PLC 输出信号，机器人系统接收到信号后，做出对应的动作，以完成相应的任务。

1. Set 数字信号置位指令

如图 6-29 所示，添加“Set”指令。Set 数字信号置位指令用于将数字输出（Digital Output）置位为“1”。

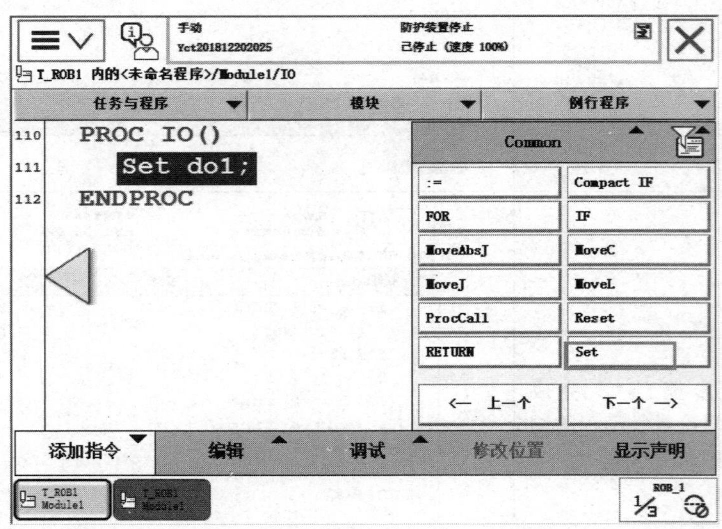

图 6-29　添加“Set”指令

2. Reset 数字信号复位指令

如图 6-30 所示，添加“Reset”指令，Reset 数字信号复位指令用于将数字输出（Digital Output）置位为“0”。

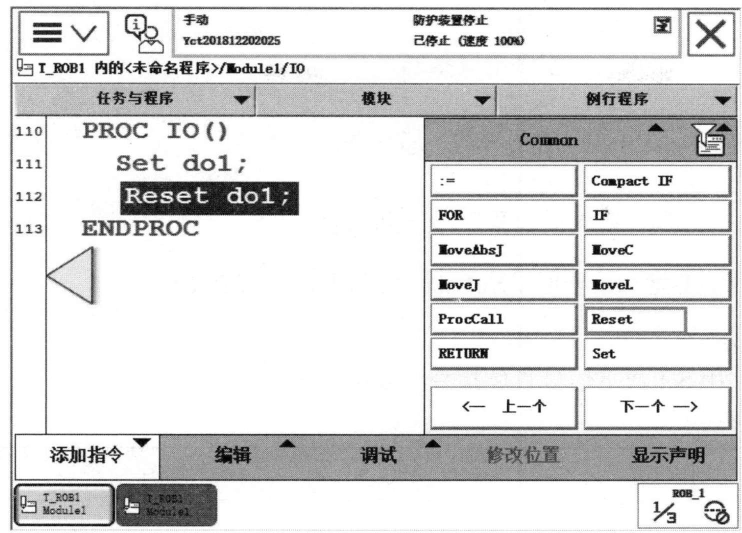

图 6–30　添加“Reset”指令

提示：如果在 Set、Reset 指令前有运动指令 MoveL、MoveJ、MoveC 或 MoveAbsJ 的转弯区数据，必须使用 fine 才可以精确地输出 I/O 信号状态的变化，否则信号会被提前触发。

3. SetAO

用于改变模拟信号输出信号的值。

例如：`SetAO ao2,5.5;`

将信号 ao2 设置为 5.5。

4. SetDO

用于改变数字信号输出信号的值。

例如：`SetDO do1,1;`

将信号 do1 设置为 1。

5. SetGO

用于改变一组数字信号输出信号的值。

例如：`SetGO go1,12;`

将信号 go1 设置为 12。在本书 5.2.4 中定义 go1 占用 8 个地址位，即 go1 输出信号的地址位 4～7 和 0～1 设置为 0，地址位 2 和 3 设置为 1，其地址的二级制编码为 00001100。

6. WaitAI

即 Wait Analog Input 用于等待，直至已设置模拟信号输入信号值。

例如：`WaitAI ai1,\GT,5;`

仅在 ai1 模拟信号输入具有大于 5 的值之后，方可继续程序执行。其中 GT 即 Greater Than，LT 即 Less Than。

7. WaitDI

即 Wait Digital Input 用于等待，直至已设置数字信号输入。

例如：`WaitDI di1,1;`

仅在已设置 di1 输入后，程序继续执行。

8. WaitGI

即 Wait Groupdigital Input 用于等待，直至将一组数字信号输入信号设置为指定值。

例如：`WaitGI gi1,5;`

仅在 gi1 输入已具有值 5 后，程序继续执行。

6.5.2 任务实施——利用 Set 指令将数字信号置位

1. 任务要求

掌握如何利用 Set 数字信号置位指令将 do1 置位。

2. 任务实操

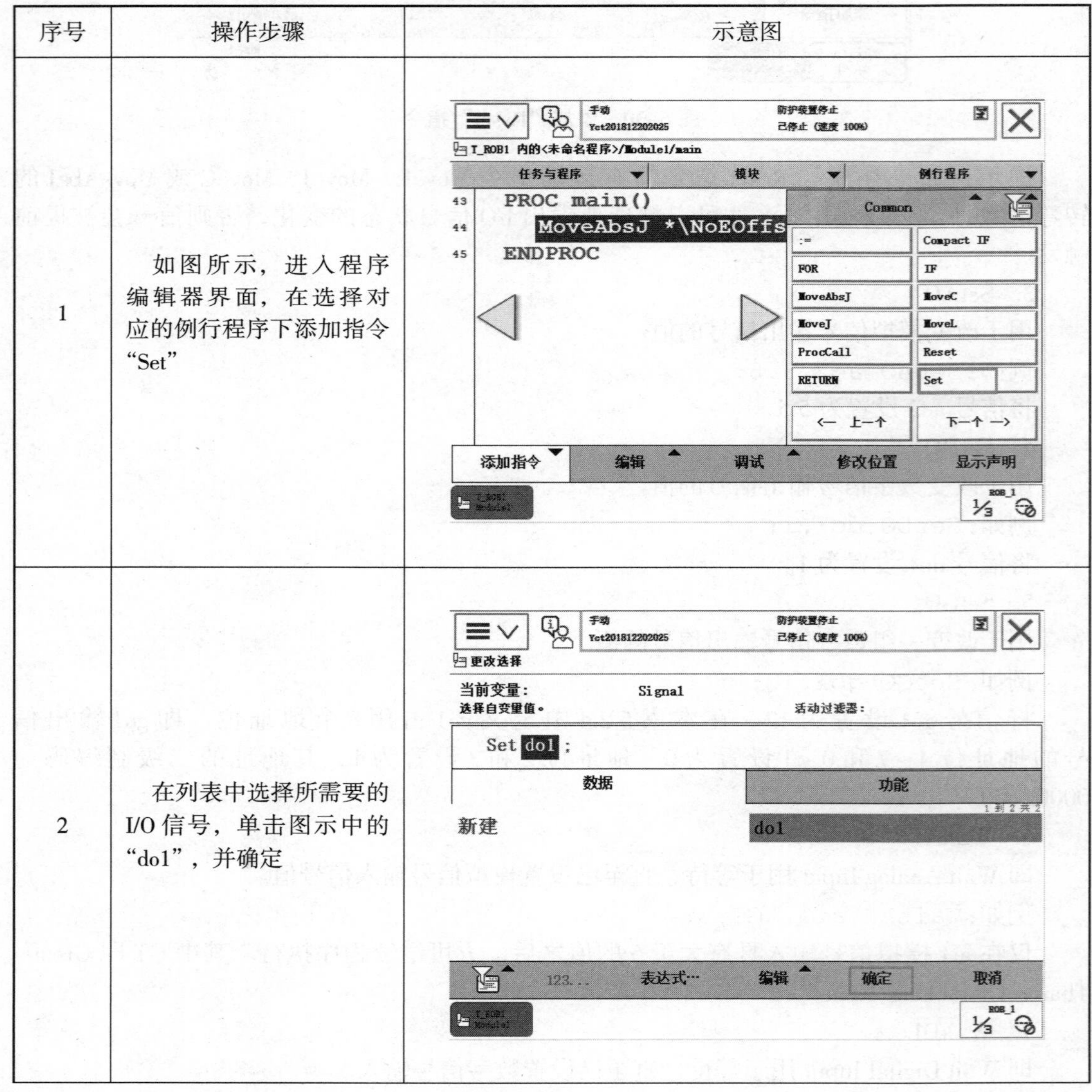

序号	操作步骤	示意图
1	如图所示，进入程序编辑器界面，在选择对应的例行程序下添加指令“Set”	
2	在列表中选择所需要的 I/O 信号，单击图示中的“do1”，并确定	

续表

序号	操作步骤	示意图
3	到此完成信号“do1”的置位程序的编写，如图所示（运行程序后，参考5.2.5对信号进行查看）	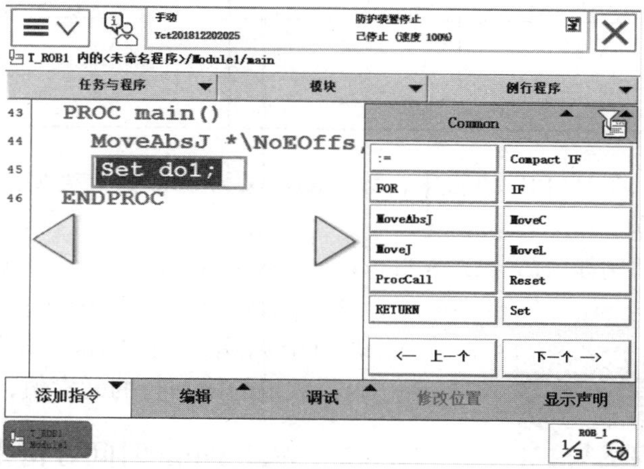

任务巩固

一、填空题

常用的I/O控制指令有（　　　　　）、（　　　　　）、（　　　　　）、（　　　　　）、（　　　　　）、（　　　　　）、（　　　　　）和（　　　　　）等。

二、判断题

1．I/O控制指令用于控制I/O信号，以实现机器人系统与机器人周边设备进行通信。（　　）

2．SetAO指令用于改变模拟信号输出信号的值。（　　）

任务6.6　基础示教编程的综合运用※

6.6.1　数组的定义及赋值方法

数组的定义及赋值方法

在程序设计中，为了处理方便，把相同类型的若干变量按有序的形式组织起来，这些按序排列的同类数据元素的集合称为数组。

一维数组是最简单的数组，其逻辑结构是线性表。二维数组在概念上是二维的，即在两个方向上变化，而不是像一维数组只是一个向量；一个二维数组也可以分解为多个一维数组。

数组中的各元素是有先后顺序的，元素用整个数组的名字和它自己所在顺序位置来表示。例如：数组a[3][4]，是一个三行四列的二维数组，如表6-9所示。例如a[2][3]代表数组的第2行第3列，故a[2][3]=6。

表 6-9　二维数组 a［3］［4］元素表

数组	a［ ］［1］	a［ ］［3］	a［ ］［3］	a［ ］［4］
a［1］［ ］	0	1	2	3
a［2］［ ］	4	5	6	7
a［3］［ ］	8	9	10	11

在 RAPID 语言中，数组的定义为 num 数据类型。程序调用数组时从行列数“1”开始计算。

例如：`MoveL Reltool(row_get,array_get{count,1},array_get{count,2},count_get{count,3}),v20,fine,tool0;`

此语句中调用数组“array_get”，当 count 值为 1 时，调用的即为“array_get”数组的第一行的元素值，使得机器人运动到对应位置点。

WaitTime 时间等待指令和 RelTool 工具

6.6.2　WaitTime 时间等待指令及用法※

WaitTime 时间等待指令，用于程序中等待一个指定的时间，再往下执行程序。如图 6-31 所示，指令等待 3 s 以后，程序向下执行。

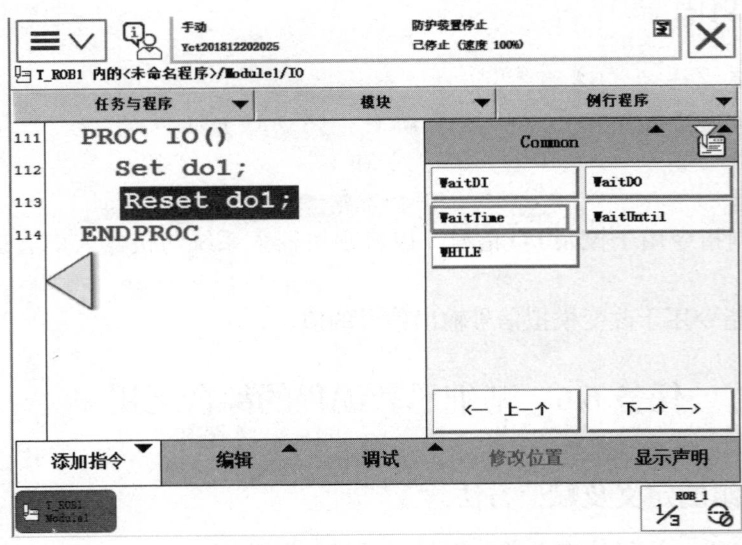

图 6-31　WaitTime 时间等待指令

提示： 如果在该指令之前采用 Move 指令，则必须通过停止点（fine）而非飞越点（即 Z 是有数值的点）来编程 Move 指令。否则，不可能在电源故障后重启。

6.6.3　RelTool 工具及姿态偏移函数的用法

Reltool（图 6-31）用于将通过有效工具坐标系表达的位移和 / 或旋转增加至机械臂位置，如表 6-10 所示。其用法上与前文介绍的 Offs 函数相同，详情参照 6.2.5。

表 6-10　RelTool 参数变量解析

参数	定义	操作说明
p1	目标点位置数据	定义机器人 TCP 的运动目标
0	*X* 方向上的偏移量	定义 *X* 方向上的偏移量
0	*Y* 方向上的偏移量	定义 *Y* 方向上的偏移量
100	*Z* 方向上的偏移量	定义 *Z* 方向上的偏移量
/Rx	绕 *X* 轴旋转的角度	定义 *X* 方向上的旋转量
/Ry	绕 *Y* 轴旋转的角度	定义 *Y* 方向上的旋转量
/Rz: =25	绕 *Z* 轴旋转的角度	定义 *Z* 方向上的旋转量

例如：MoveL RelTool(p1,0,0,100),v100,fine,tool1;

沿工具的 *Z* 方向，将机械臂移动至距 p1 点 100 mm 的一处位置。

MoveL RelTool(p1,0,0,0//Rz:=25),v100,fine,tool1;

将工具围绕其 *Z* 轴旋转 25°　。

工具位置及姿态偏移函数如图 6-32 所示。

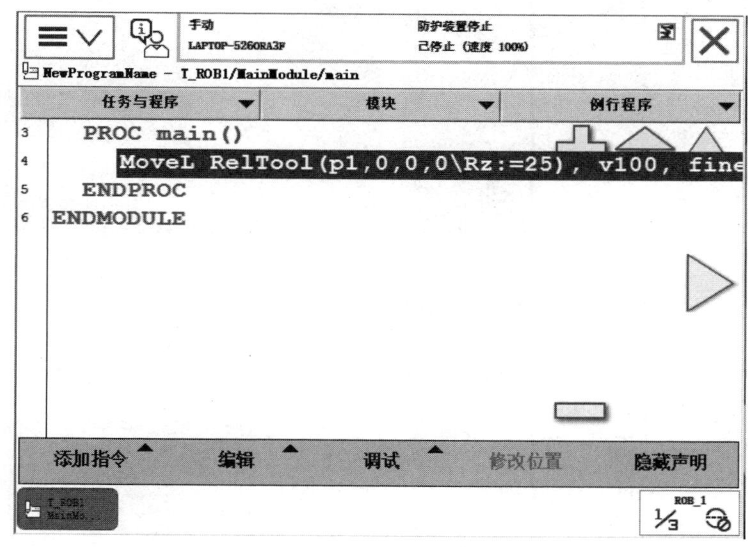

图 6-32　工具位置及姿态偏移函数

6.6.4　任务实施——利用数组实现搬运码垛

如何编写码垛搬运程序

1. 任务引入

在本任务中，码垛的过程为依次从物料上吸取物料块，搬运至码垛区相应位置，如图 6-33 所示。

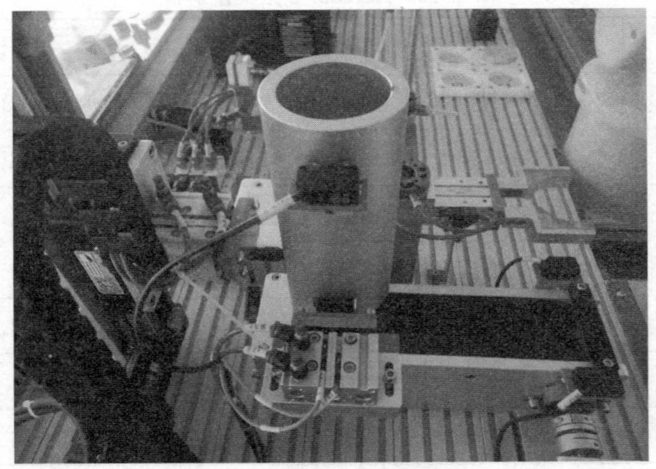

图 6-33　码垛示意图

物料块 1、2、3、4、5、6（尺寸为 50 mm × 25 mm × 20 mm）从物料架到码垛区过程中的对应位置，如图 6-34 ~ 图 6-36 所示。

（a）

（b）

图 6-34　码垛位置示意图（1）

在任务中利用数组实现搬运码垛，采用 4 个示教点和 2 个数组来实现码垛程序的编写。程序中运用“Reltool”指令调用数组，在“RelTool”语句中有 4 个可选项，第一个选项定义为参考点（示教点），后面三个选项为三个方向的偏移，全部调用对应数组的数值。

图 6-35　码垛位置示意图（2）

4 个示教点的位置定义如下：“row_get”是物料架上物料块 1 上的吸取示教点；“row_put”是码垛放料块 1 的示教点；“column_get”是码垛区放物料块 3 上的吸取示教点。“column_put”是码垛区放物料块 3 上的放物料示教点。

2 个数组分别为取物料数组“array_get”和

放物料数组“array_put”，数组定义为6行3列的二维数组，每一行中的数值对应物料块在示教点位置 X、Y、Z 方向上的偏移量（第一行对应物料块1，以此类推）。在取物料时，用“Reltool”语句调用“array_get”；放物料时，用“Reltool”语句调用“array_put”。以物料块2的取放为例说明，取物料块2时，“Reltool”调用数组“array_get”的第二行数值；放物料块2时，“Reltool”调用“array_put”的第二行数值。

数组数值的定义与物料块的尺寸相关。取料、放料时，物料块1的吸取位置和放置位置相对于“row_get”和“row_put”示教点的位置都没有任何偏移量，故此时“array_get”和“array_put”的第一行均为［0，0，0］。再以物料块2举例说明。取物料块时，物料块2的吸取位置相对物料块1的吸取位置在 Y 的负方向偏移25 mm（由物料块的尺寸得知），所以此时“array_get”第二行为［0，–25，0］；放物料块时，物料块2的放置位置相对物料块1的放置位置在 Y 的负方向偏移25 mm则“array_put”第二行为［0，–25，0］。物料块6的吸取和放置位置是以物料块3的吸取示教点和放置示教点进行偏移实现的。在此每个物料块相对应的数组行的数值便可类推得知。

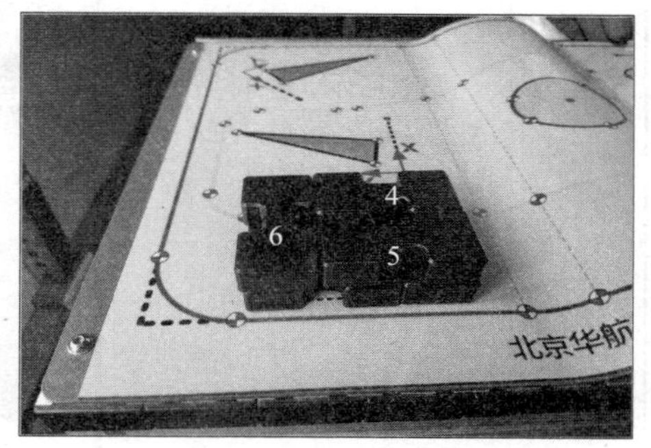

图 6–36　码垛位置示意图（3）

2. 任务要求

掌握如何利用数组实现搬运码垛。

3. 任务实操

序号	操作步骤	示意图
1	如图所示，建立取料二维数组，单击“程序数据”选项	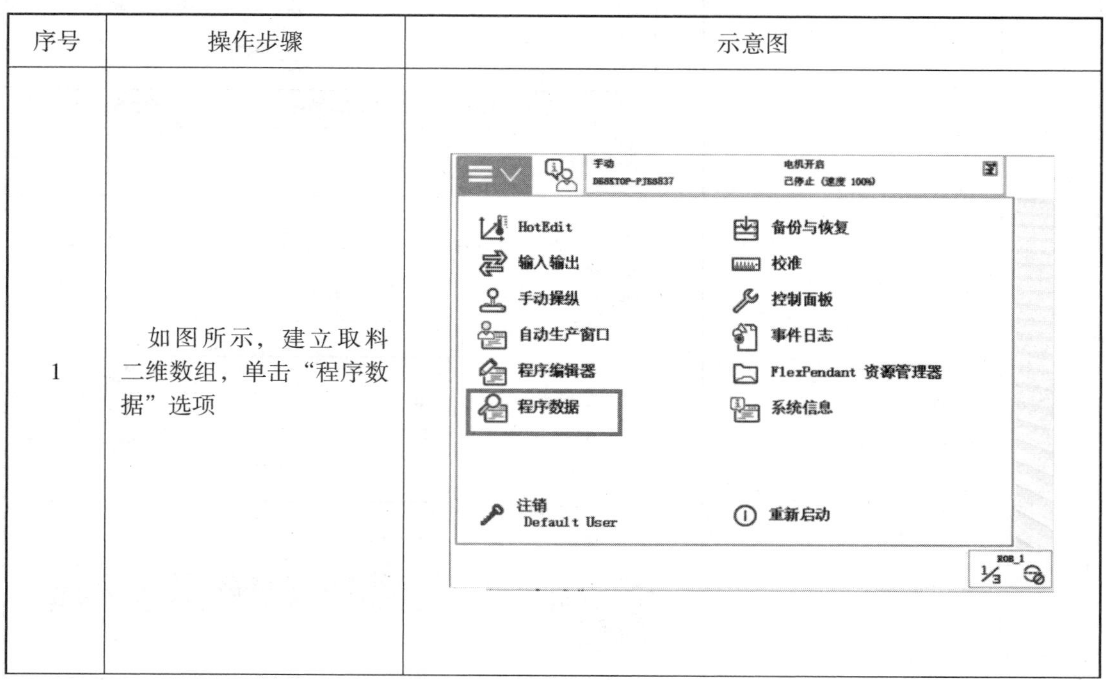

续表

序号	操作步骤	示意图
2	如图所示，选择数据类型“num”并单击右下角“显示数据”按钮	手动 Yct201812202025 防护装置停止 已停止（速度 100%） 程序数据 - 已用数据类型 从列表中选择一个数据类型。 范围：RAPID/T_ROB1 更改范围 clock jointtarget loaddata num robtarget signaldo tooldata wobjdata 显示数据 视图
3	单击图示的“新建...”按钮	手动 Yct201812202025 防护装置停止 已停止（速度 100%） 数据类型：num 选择想要编辑的数据。 活动过滤器： 范围：RAPID/T_ROB1 更改范围 名称 值 模块 count 0 Module1 全局 D 0 Module1 全局 reg1 0 user 全局 reg2 0 user 全局 reg3 0 user 全局 reg4 0 user 全局 reg5 0 user 全局 新建... 编辑 刷新 查看数据类型
4	如图所示，将“名称”改为“array_get”，“存储类型”选为“常量”，“维数”选为“2”，然后单击右侧“...”按钮	手动 Yct201812202025 防护装置停止 已停止（速度 100%） 新数据声明 数据类型：num 当前任务：T_ROB1 名称：array_get 范围：全局 存储类型：变量 任务：T_ROB1 模块：Module1 例行程序：<无> 维数 2 {1, 1} 确定 取消

续表

序号	操作步骤	示意图
5	如图所示，将“第一”改为“6”，将“第二”改为“3”，此数组为6行3列，单击“确定”按钮	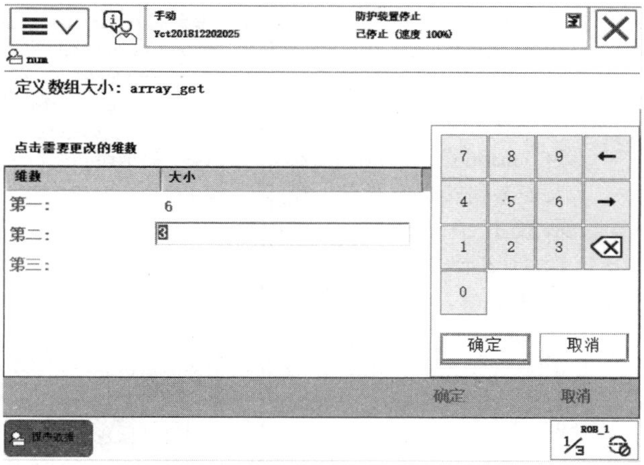
6	根据预先规划好的使用需求，对此数组中的值进行相应设置，如图所示。取物料时的数组“array_get” 定义为：[0，0，0][0，-25，0][0，0，0][-25，0，20][-25，-25，20][0，-50，20]	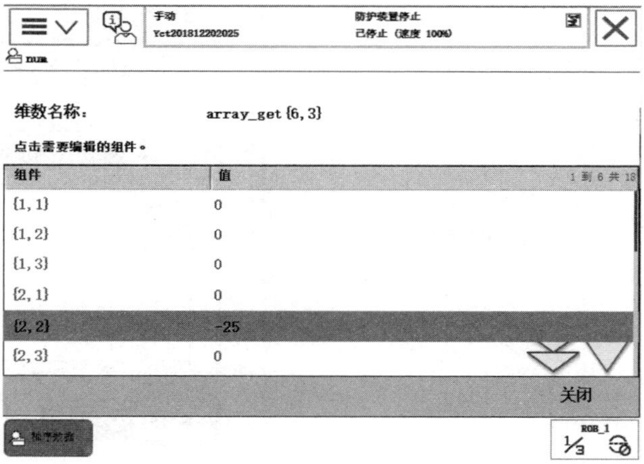
7	相同的方法建立放料数组，命名为“array_put”，对数组中的值进行相应的设置，如图所示。该数组定义为：[0，0，0][0，-25，0][0，0，0][-25，0，-20][-25，-25，-20][0，-50，-20]	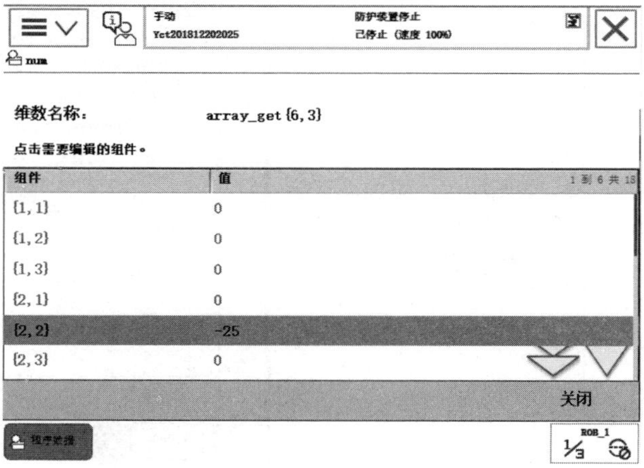

续表

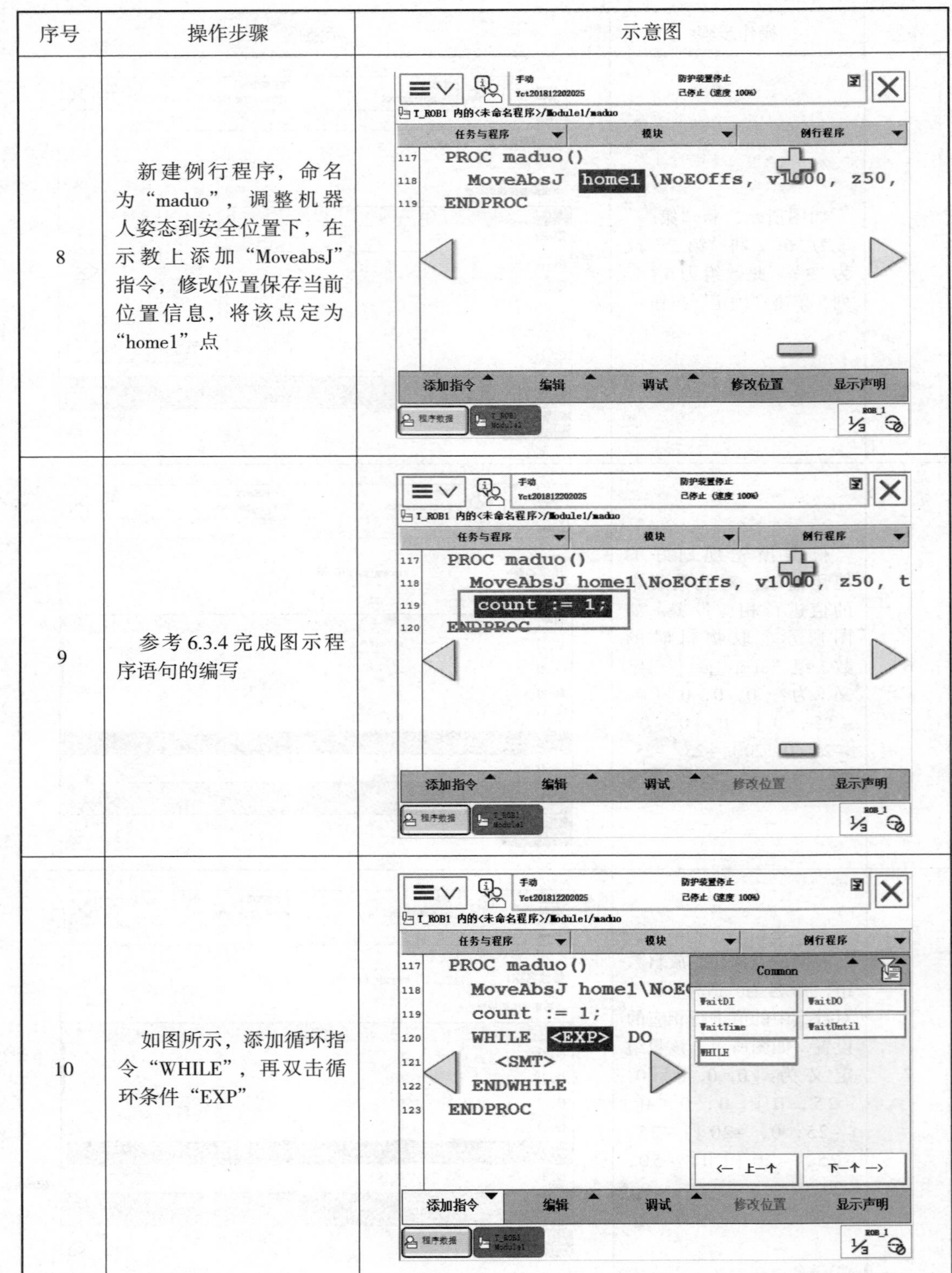

序号	操作步骤	示意图
8	新建例行程序，命名为“maduo”，调整机器人姿态到安全位置下，在示教上添加“MoveabsJ”指令，修改位置保存当前位置信息，将该点定为“home1”点	
9	参考6.3.4完成图示程序语句的编写	
10	如图所示，添加循环指令“WHILE”，再双击循环条件“EXP”	

续表

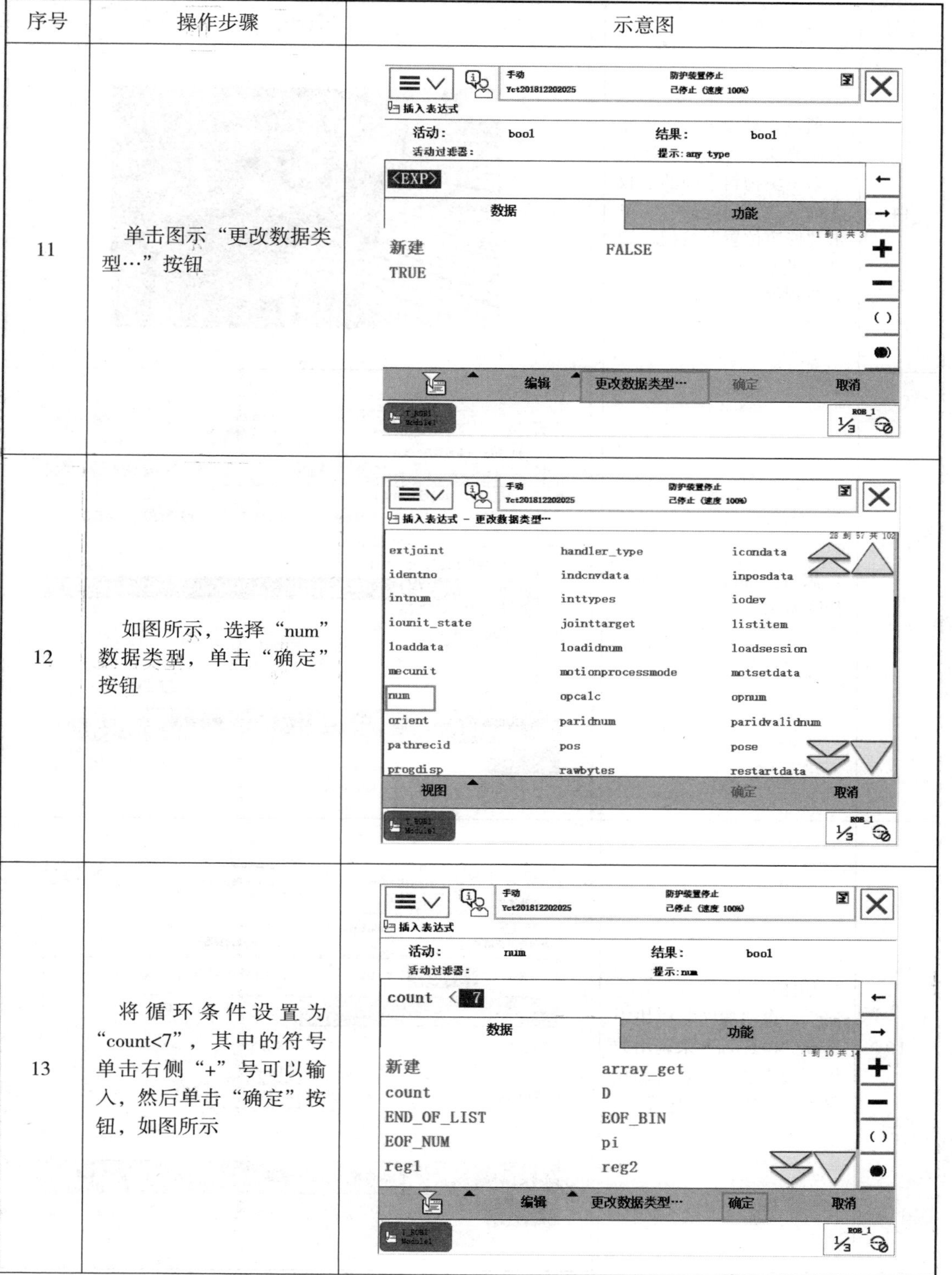

序号	操作步骤	示意图
11	单击图示“更改数据类型…”按钮	
12	如图所示，选择“num”数据类型，单击“确定”按钮	
13	将循环条件设置为“count<7”，其中的符号单击右侧“+”号可以输入，然后单击“确定”按钮，如图所示	

续表

序号	操作步骤	示意图
14	通过手动操纵，将机器人激光头 / 吸盘工具运动至第一块物料中间的示教点命名为“row_get”，单击“修改位置”按钮，记录下此点的位置和姿态，如图所示	

15	添加“MoveL”语句，如图所示	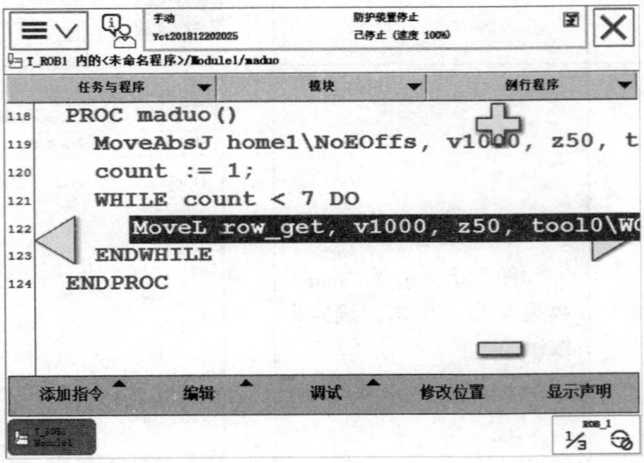 手动 Yct201812202025 防护装置停止 已停止（速度 100%）
		T_ROB1 内的<未命名程序>/Module1/maduo
		任务与程序 模块 例行程序
		PROC maduo()
		MoveAbsJ home1\NoEOffs, v1000, z50, t
		count := 1;
		WHILE count < 7 DO
		MoveL row_get, v1000, z50, tool0\WO
		ENDWHILE
		ENDPROC
		添加指令 编辑 调试 修改位置 显示声明

16	如图所示，单击“row_get”，在“功能”模块中选择“RelTool”来调用数组，使机器人可以自动找寻到下一块物料的位置	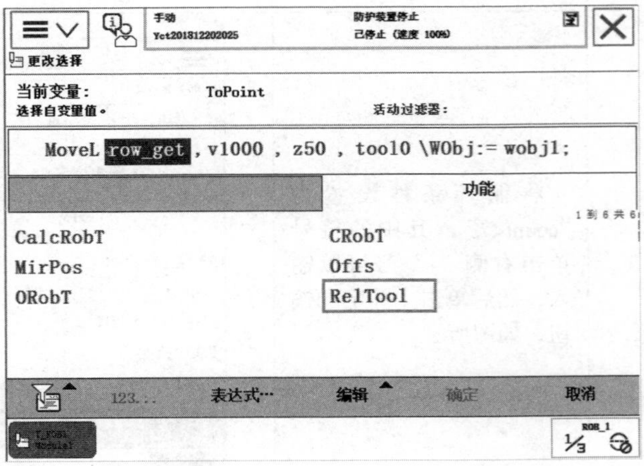 手动 Yct201812202025 防护装置停止 已停止（速度 100%） 更改选择 当前变量： ToPoint 选择自变量值。 活动过滤器： MoveL row_get , v1000 , z50 , tool0 \WObj:= wobj1; 功能 1 到 6 共 6 CalcRobT CRobT MirPos Offs ORobT RelTool 123... 表达式… 编辑 确定 取消

续表

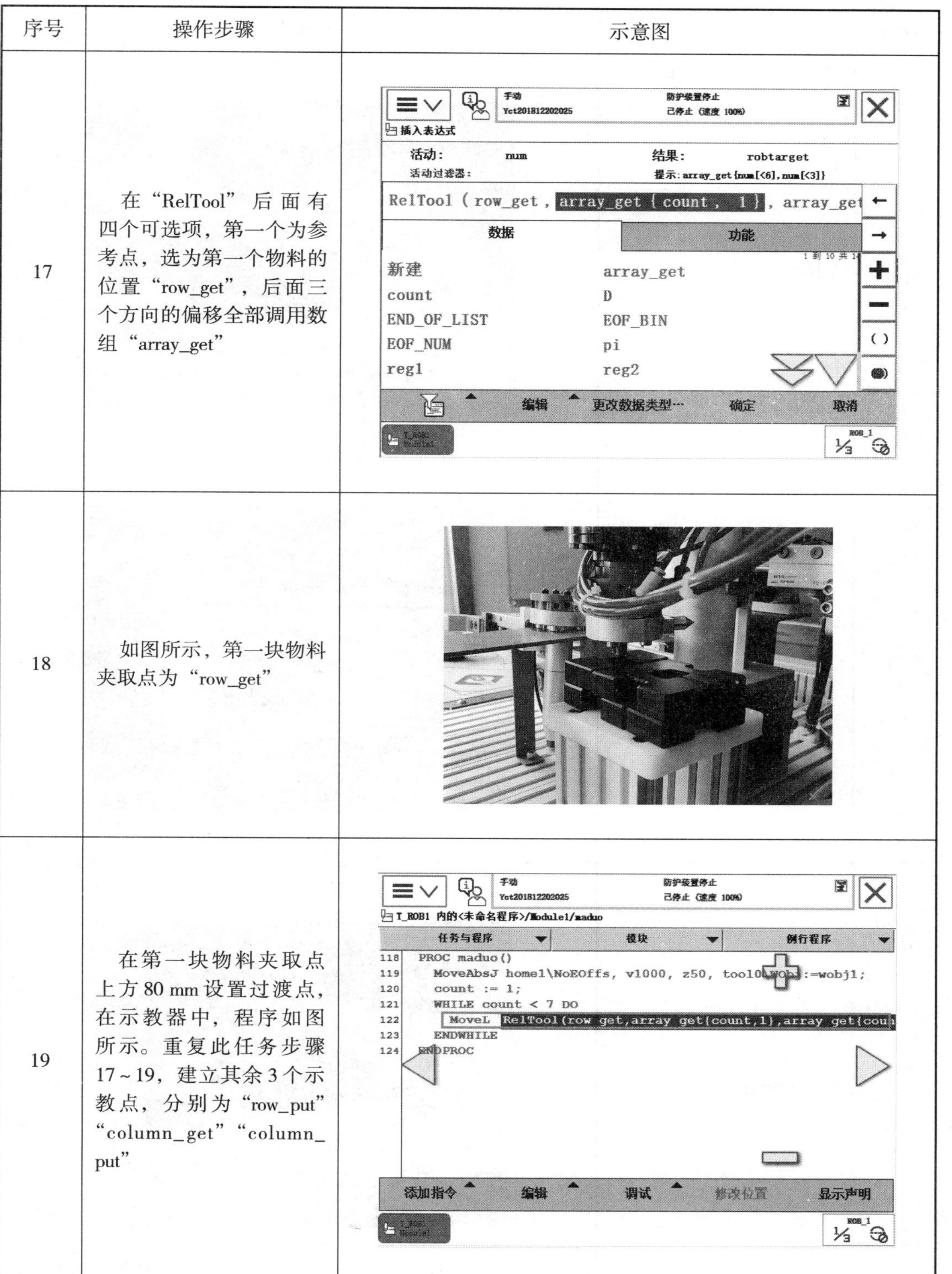

序号	操作步骤	示意图
17	在“RelTool”后面有四个可选项，第一个为参考点，选为第一个物料的位置“row_get”，后面三个方向的偏移全部调用数组“array_get”	
18	如图所示，第一块物料夹取点为“row_get”	
19	在第一块物料夹取点上方 80 mm 设置过渡点，在示教器中，程序如图所示。重复此任务步骤 17～19，建立其余 3 个示教点，分别为“row_put”“column_get”“column_put”	

续表

序号	操作步骤	示意图
20	“row_put”示教点位置如图所示	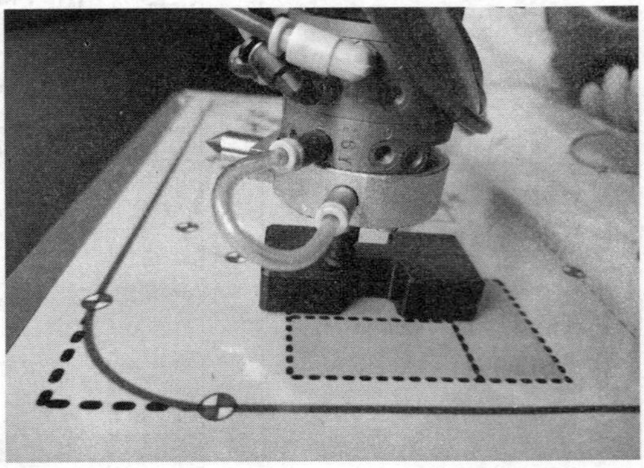
21	“column_get”示教点位置如图所示	
22	“column_put”示教点位置如图所示	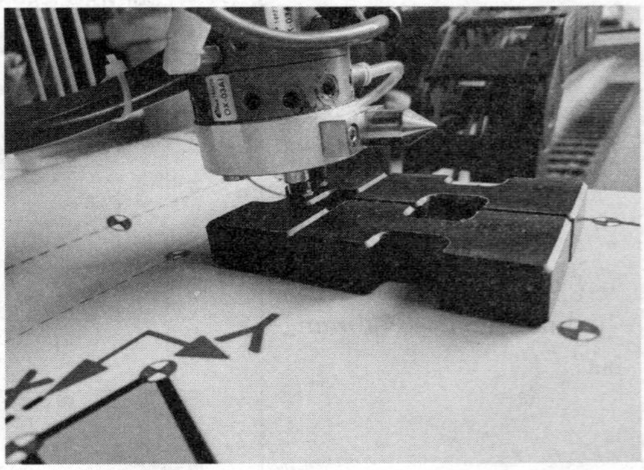

续表

序号	操作步骤	示意图
23	在每一个物料块上方设置过渡点，复制上一条语句，将 Z 方向的偏移设置为适宜的值，然后记得修改从过渡点到取料点的速度，程序如图所示	
24	取物料时，调用数组“array_get”；放物料时，调用数组“array_put”。参照码垛程序实例，完成码垛程序的编写	

码垛程序实例

```
MoveAbsJ home1,v1000,z50,tool0;调整姿态
count:=1;把 1 赋值给变量 count,记录搬运物料块的数量
WHILE count<7DO
TEST count
CASE1,2,4,5:
MoveAbsJ home1,v1000,z50,tool0;防止机器人运动状态下发生碰撞的安全点
MoveL RelTool(row_get,array_get{count,1},array_get{count,2},
-80),v200,fine,tool0;吸取物料示教点正上方过渡点
MoveL RelTool(row_get,array_get{count,1},array_get{count,2},
array_get{count,3},v20,fine,tool0;吸取物料示教点
WaitTime 0.5;
Set DO10_11;吸取物料信号
WaitTime 0.5;
MoveL RelTool(row_get,array_get{count,1},array_get{count,2},
-80),v200,fine,tool0;吸取物料示教点正上方过渡点
MoveAbsJ home11,v200,fine,tool0;设置过渡点 1
MoveAbsJ home21,v200,fine,tool0;设置过渡点 2
```

```
MoveL RelTool(row_get,array_get{count,1},array_get{count,2},
-100),v200,fine,tool0;吸取物料示教点正上方过渡点
MoveL RelTool(row_put,array_put{count,1},array_put{count,2},
array_put{count,3}),v20,fine,tool0;码放物料示教点
WaitTime0.5;
Rest DO10_11;复位吸取信号
WaitTime 0.5;
MoveL RelTool(row_put,array_put{count,1},array_put{count,2},
-100),v200,fine,tool;码放物料示教点正上方过渡点
MoveAbsJ home21,v200,fine,tool0;过渡点 2
CASE 3,6;
MoveAbsJ home1,v1000,z50,tool0;防止机器人运动状态下发生碰撞的安全点
MoveL RelTool(column_get,array_get{count,1},array_get{count,
2},-80),v200,fine,tool0;吸取物料示教点正上方过渡点
MoveL RelTool((column_get,array_get{count,1},array_get{count,
2}),array_get{count,3}),v20,fine,tool10;吸取物料示教点
WaitTime 0.5;
Set DO10_11;吸取物料信号
WaitTime 0.5;
MoveL RelTool(column_get,array_get{count,1},array_get{count,
2},-80),v20,fine,tool0;吸取物料示教点正上方过渡点
MoveAbsJ home11,v200,fine,tool0;设置过渡点 1
MoveAbsJ home21,v200,fine,tool0;设置过渡点 2
MoveL RelTool(column_put,array_put{count,1},array_put{count,
2},-100),v200,fine,tool0;码放物料示教点正上方过渡点
MoveL RelTool(column_put,array_put{count,1},array_put{count,
2},array_put{count,3}),v20,fine,tool0;码放物料示教点
WaitTime 0.5;
Reset DO10_11;复位吸取信号
WaitTime 0.5;
MoveL RelTool(column_put,array_put{count,1},array_put{count,
2},-100),v200,fine,tool0;码放物料示教点正上方过渡点
MoveAbsJ home21,v200,fine,tool0;过渡点 2
ENDTEST
count:=count+1;计数码垛数量
ENDWHILE;完成六个码垛搬运程序,跳出循环
MoveAbsJ home1,v1000,z50,tool0;返回初始姿态
```

任务巩固

一、填空题

1．在 RAPID 语言中，数组的定义为（　　　　）类型。程序调用数组时从（　　　　）开始计算。

2．RelTool 用于将通过有效工具坐标系表达的（　　　　）增加至机械臂位置。

二、简答题

运用 WaitTime 时间等待指令时，应注意什么问题？为什么？

习题

一、填空题

1．常用的逻辑判断指令有（　　　　）、（　　　　）、FOR、（　　　　）和（　　　　）。

2．WaitTime 时间等待指令用于程序中等待（　　　　），再（　　　　）。

二、简答题

1．如何使用条件判断指令 WHILE 实现圆形和三角形示教轨迹的选择？

2．为什么需要用到 WaitTime 时间等待指令？

任务清单

<table>
<tr><td>姓名</td><td></td><td>工作名称</td><td colspan="2">工业机器人的基础示教编程与调试</td></tr>
<tr><td>班级</td><td></td><td>小组成员</td><td colspan="2"></td></tr>
<tr><td>指导教师</td><td></td><td>分工内容</td><td colspan="2"></td></tr>
<tr><td>计划用时</td><td></td><td>实施地点</td><td colspan="2"></td></tr>
<tr><td>完成日期</td><td colspan="2"></td><td>备注</td><td></td></tr>
<tr><td colspan="5">工作准备</td></tr>
<tr><td colspan="3">资料</td><td>工具</td><td>设备</td></tr>
<tr><td colspan="3"></td><td></td><td></td></tr>
<tr><td colspan="5">工作内容与实施</td></tr>
<tr><td colspan="2">完成程序模块以及例行程序的建立</td><td colspan="3"></td></tr>
<tr><td colspan="2">利用运动指令 MoveJ 和 MoveL 实现两点间移动</td><td colspan="3"></td></tr>
<tr><td colspan="2">利用圆弧指令 MoveC 示教圆形轨迹</td><td colspan="3"></td></tr>
<tr><td colspan="2">建立工件坐标系 Wobj10 并测试准确性，利用工件坐标系偏移三角形示教轨迹</td><td colspan="3"></td></tr>
<tr><td colspan="2">完成多工位码垛程序的编写</td><td colspan="3"></td></tr>
</table>

工作评价

项目	评价内容				
	完成的质量（60 分）	技能提升能力（20 分）	知识掌握能力（10 分）	团队合作（10 分）	备注
自我评价					
小组评价					
教师评价					

1. 自我评价

班级：　　　　　　　　姓名：　　　　　　　　工作名称：

自我评价表

序号	评价项目			是	否
1	是否明确人员的职责				
2	能否按时完成工作任务的准备部分				
3	工作着装是否规范				
4	是否主动参与工作现场的清洁和整理工作				
5	是否主动帮助同学				
6	是否掌握工业机器人程序的建立				
7	是否掌握 MoveJ、MoveL、MoveC 等指令的用法				
8	是否了解工件坐标系的作用				
9	是否掌握建立工件坐标系的技能				
10	是否掌握常用的数学运算指令及用法				
11	是否掌握常用的逻辑判断指令及用法				
12	是否执行 5S 标准				
评价人		分数		时间	年　月　日

2. 小组评价

小组评价表

序号	评价项目	评价情况
1	与其他同学的沟通是否顺畅	
2	是否尊重他人	

续表

序号	评价项目	评价情况
3	工作态度是否积极主动	
4	是否服从教师安排	
5	着装是否符合标准	
6	能否正确地理解他人提出的问题	
7	能否按照安全和规范的规程操作	
8	能否保持工作环境的干净整洁	
9	是否遵守工作场所的规章制度	
10	是否有工作岗位的责任心	
11	是否全勤	
12	是否能正确对待肯定和否定的意见	
13	团队工作中的表现如何	
14	是否达到任务目标	
15	存在的问题和建议	

3. 教师评价表

教师评价表

课程	工业机器人现场编程	任务名称	工业机器人的基础示教编程与调试	完成地点	
姓名		小组成员			
序号	项目		分值		
1	完成程序模块以及例行程序的建立		20		
2	利用运动指令 MoveJ 和 MoveL 实现两点间移动		20		
3	利用圆弧指令 MoveC 示教圆形轨迹		20		
4	建立工件坐标系 wobj10 并测试准确性，利用工件坐标系偏移三角形示教轨迹		20		
5	完成多工位码垛程序的编写		20		

项目七

工业机器人的高级示教编程与调试

项目导入

码垛机器人是继人工和码垛机后出现的智能化码垛作业设备，可使运输工业加快码垛效率，提升物流速度，获得争取统一的码垛，减少物料破损和浪费，如图 7-1 所示。实现码垛搬运程序又将使用哪些复杂程序和指令呢？

图 7-1 机器人码垛

项目目标

★知识目标

掌握示教编程与调试的高级指令。

掌握程序的中断和停止。

了解程序自动运行的条件。

★能力目标

能完成 Function 函数程序的编写和调用。（工业机器人职业技能等级证书考核要点）

能熟练应用程序跳转指令。

能熟练应用中断程序，正确触发动作指令。（工业机器人职业技能等级证书考核要点）

能实现程序自动运行。

能完成程序的导入导出。（工业机器人职业技能等级证书考核要点）

★素质目标

通过本项目的训练培养学生严谨认真、注重实践的工作态度，在实现码垛程序任务中重视新知识、新技术、新工艺、新方法应用，创造性地解决实际问题，使学生增强劳动意识，积累职业经验，提升就业创业能力。

项目分解

任务 7.1　编写并调用 Function 函数程序
任务 7.2　程序的跳转和标签
任务 7.3　程序的中断和停止
任务 7.4　程序的自动运行和导入导出

任务 7.1　编写并调用 Function 函数程序※

函数功能与输入输出分析

7.1.1　函数功能与输入输出分析

在项目六中介绍了如何调用 RAPID 语言封装好的 Offs 和 RelTool 函数，下面来讲用户自行编写 Function 函数的方法。

先来看一个典型函数的结构，如图 7–2 所示，通过观察可以发现，函数包含输入变量、输出返回值和程序语句三个要素。

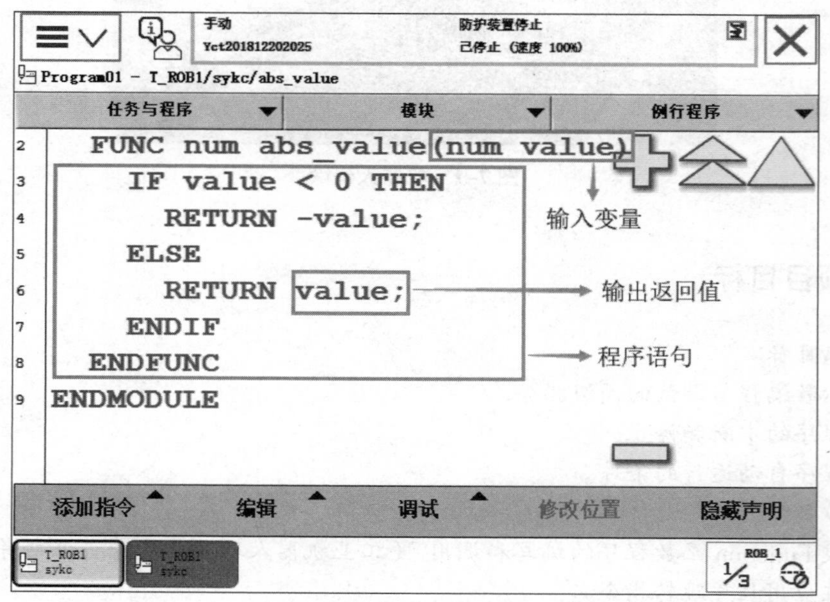

图 7–2　函数结构

假设我们现在需要定义一个功能为判断任意数据输入所处的区间范围（0 ~ 10，11 ~ 20 或 21 ~ 30）的函数，以此函数的编写为例讲解其分析思路。

首先，根据函数功能要求明确输入变量：输入的是一个待比较的数，再根据更详细的功能需求可以进一步确定这个数的数据类型，比如 intnum、num；是变量还是可变量等。最后设计变量的初始值，可以参照 6.3 的方法进行变量定义。

然后分析实现函数功能的程序语句如何编写。函数功能要求获取输入变量所在区间，因此要使用不等式作为判断三个区间的条件，可以选用 IF 或 TEST 指令完成判断，并在判断出所在区间之后通过 RETURN 指令（详见 7.1.2）返回一个代表判断结果的值。

最后，明确返回值的要求和数据类型。对返回值的要求是：让外界识别通过判断得出的结果。在此，可以将数据在三个区间的对应返回值分别设置为 1、2、3。

这就是编写一个函数时的分析过程，在实际应用时，根据具体情况判断对函数三个要素的要求，进而完成程序设计。

7.1.2　RETURN 指令的用法

上文提到，RETURN 指令图（7–3）用于函数中可以返回函数的返回值，此指令也可以完成 Procedure 型例行程序的执行，两种用法的具体介绍请见下文示例。

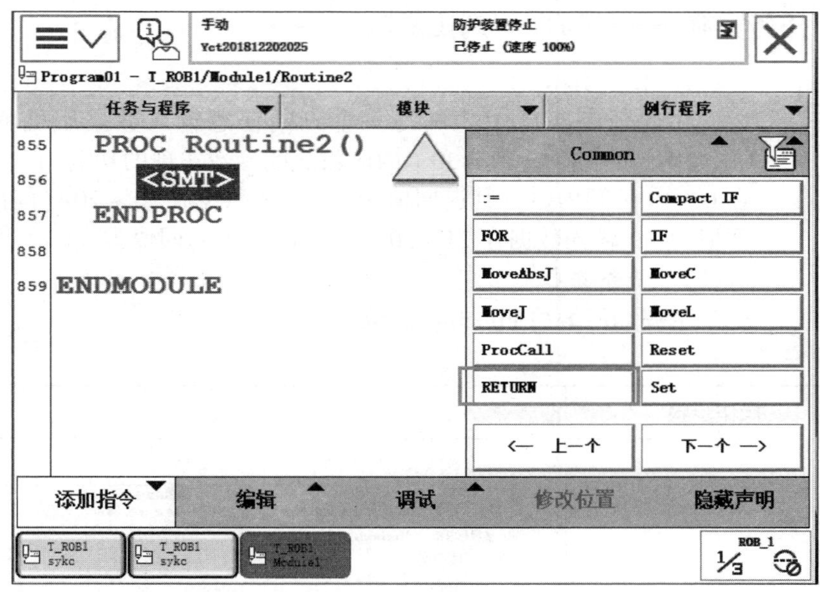

图 7–3　RETURN 指令

例 1：

```
errormessage;
Set do1;
…
PROC errormessage( )
IF di1=1 THEN
RETURN;
ENDIF
```

```
TPWrite"Error";
ENDPROC
```

首先调用 errormessage 程序，如果程序执行到达 RETURN 指令（即 di1=1 时）则直接返回 Set do1 指令行往下执行程序。RETURN 指令这里直接完成了 errormessage 程序的执行。

例 2：

```
FUNC num abs_value(num value)
IF value<0 THEN
RETURN-value;
ELSE
RETURN value;
ENDIF
ENDFUNC
```

这里程序是个函数，RETURN 指令使得该函数返回某一个数字的绝对值。

7.1.3 任务实施——编写区间判定函数

编写区间判定函数

1. 任务引入

在此任务实施中将编写一个判断任意输入数据所处的区间范围（0～10，11～20 或 21～30）的函数。此函数实现的功能为，当输入数据在 0～10 区间内时，其返回值为 1；输入数据在 11～20 区间内时，其返回值为 2；输入数据在 21～30 区间内时，其返回值为 3。

2. 任务要求

掌握如何编写 Function 函数。

3. 任务实操

序号	操作步骤	示意图
1	首先，在新建 Function 函数程序时，单击图示“…”按钮，设置函数参数	手动 Yct201812202025 防护装置停止 已停止（速度 100%） 新例行程序 - Program01 - T_ROB1/sykc 例行程序声明 名称：panduan ABC... 类型：功能 参数：无 ... 数据类型：num ... 模块：sykc 本地声明： 撤消处理程序： 错误处理程序： 结果... 确定 取消 T_ROB1 sykc T_ROB1 sykc T_ROB1 sykc ROB_1 1/3

续表

序号	操作步骤	示意图
2	在图示界面中，打开“添加”菜单，单击“添加参数”命令	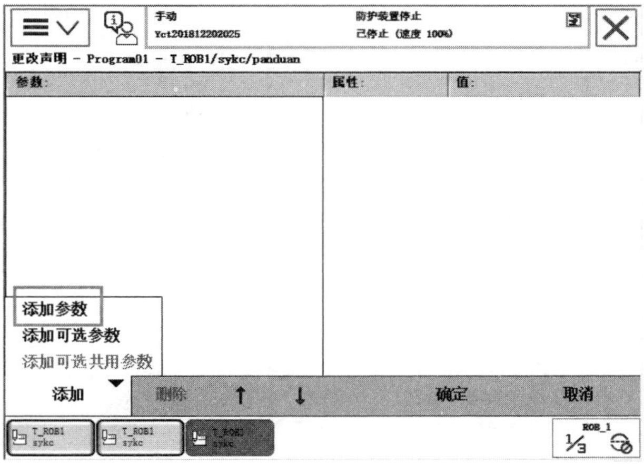
3	如图所示，在“添加函数”界面输入参数“QJ”，数据类型为“num”（参数名称可以自己设定）	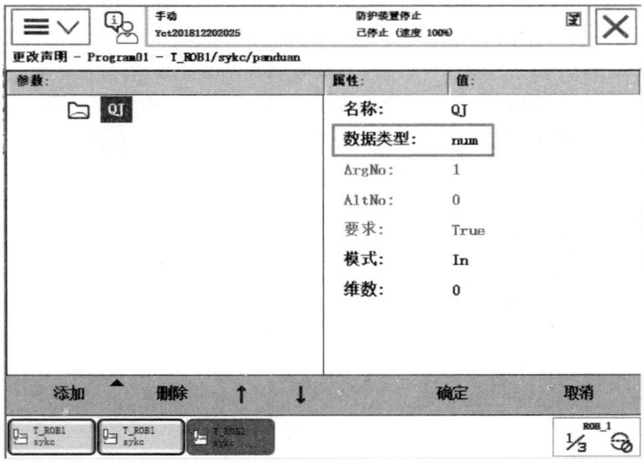
4	数据类型选择“num”，作为函数返回值的数据类型。完成参数的定义后，单击“确定”按钮，便建立了一个函数程序	

续表

序号	操作步骤	示意图
5	进入刚新建的“panduan”程序中，进行函数的编写	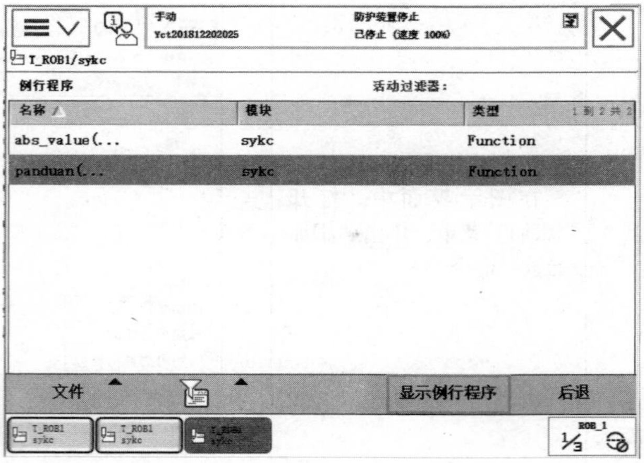
6	现在编写的“panduan”程序想要实现的功能为：判断任意输入数据所处的区间范围，因此需要用到逻辑判断指令。本操作任务中，我们采用逻辑判断指令“IF”完成程序的编写	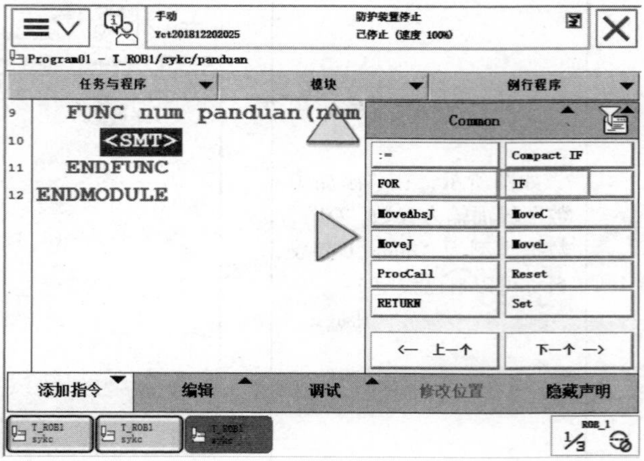
7	用“IF”指令编写图示指令，完成输入数据在0~10区间内的判断。即当输入数据在区间内时，程序返回值为1	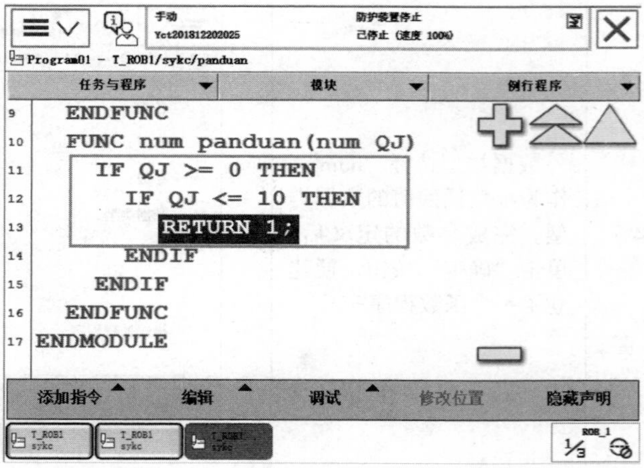

续表

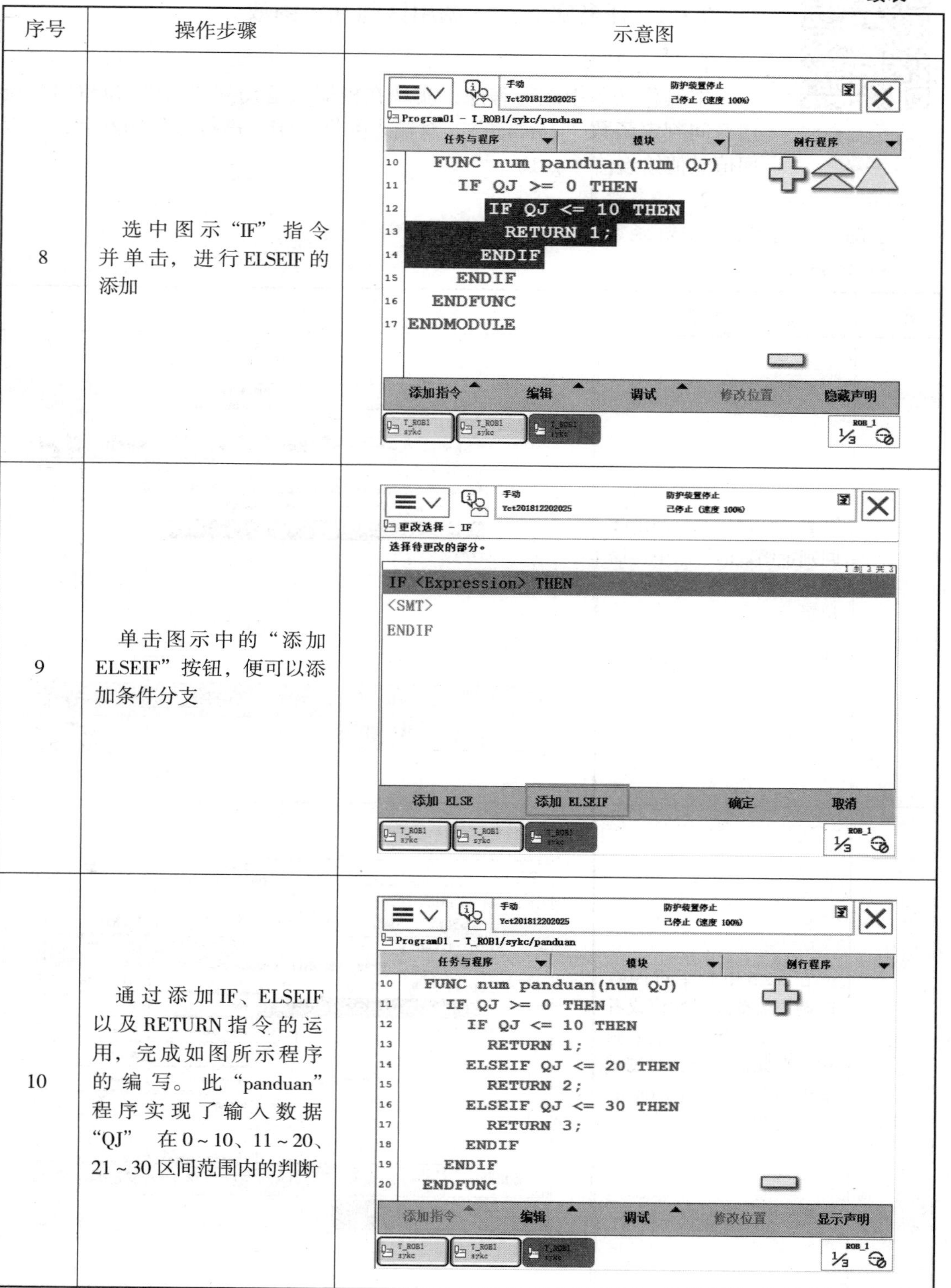

序号	操作步骤	示意图
8	选中图示“IF”指令并单击，进行ELSEIF的添加	
9	单击图示中的“添加ELSEIF”按钮，便可以添加条件分支	
10	通过添加IF、ELSEIF以及RETURN指令的运用，完成如图所示程序的编写。此“panduan”程序实现了输入数据“QJ”在0~10、11~20、21~30区间范围内的判断	

调用区间判定函数

7.1.4 任务实施——调用区间判定函数

1. 任务引入

本操作任务中编写程序，实现在机器人运动到“A10”位置时，调用区间判定函数“panduan”，对输入数据“QJ”进行区间判断后，其返回值赋值给组信号 go1。

2. 任务要求

掌握如何调用 Function 函数。

3. 任务实操

序号	操作步骤	示意图
1	首先，进入需要调用区间判定函数的程序中，找到需要调用函数的语句位置	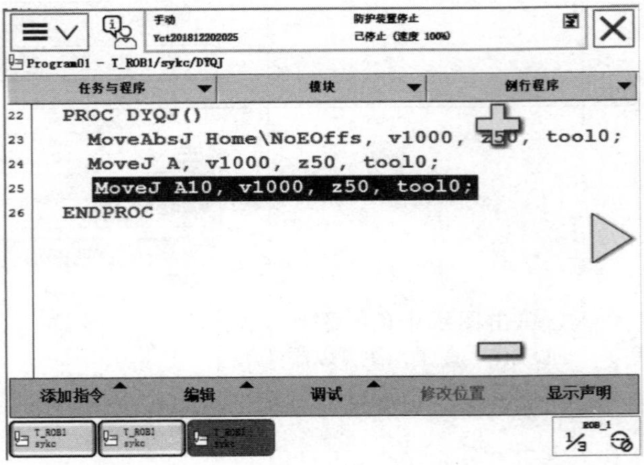
2	在 6.2.5 中介绍过函数的调用需要通过赋值或者作为其他函数的变量来调用。在此任务中，通过赋值的方法完成“panduan”函数的调用	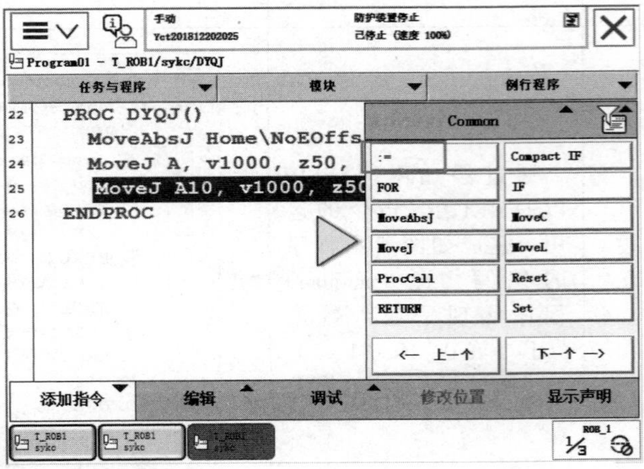

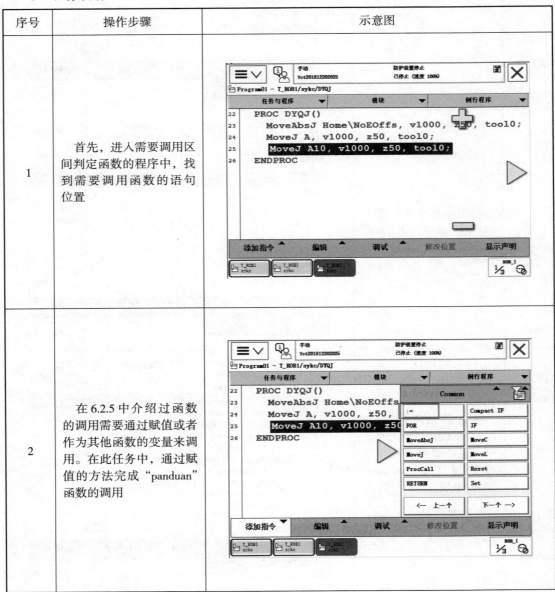

续表

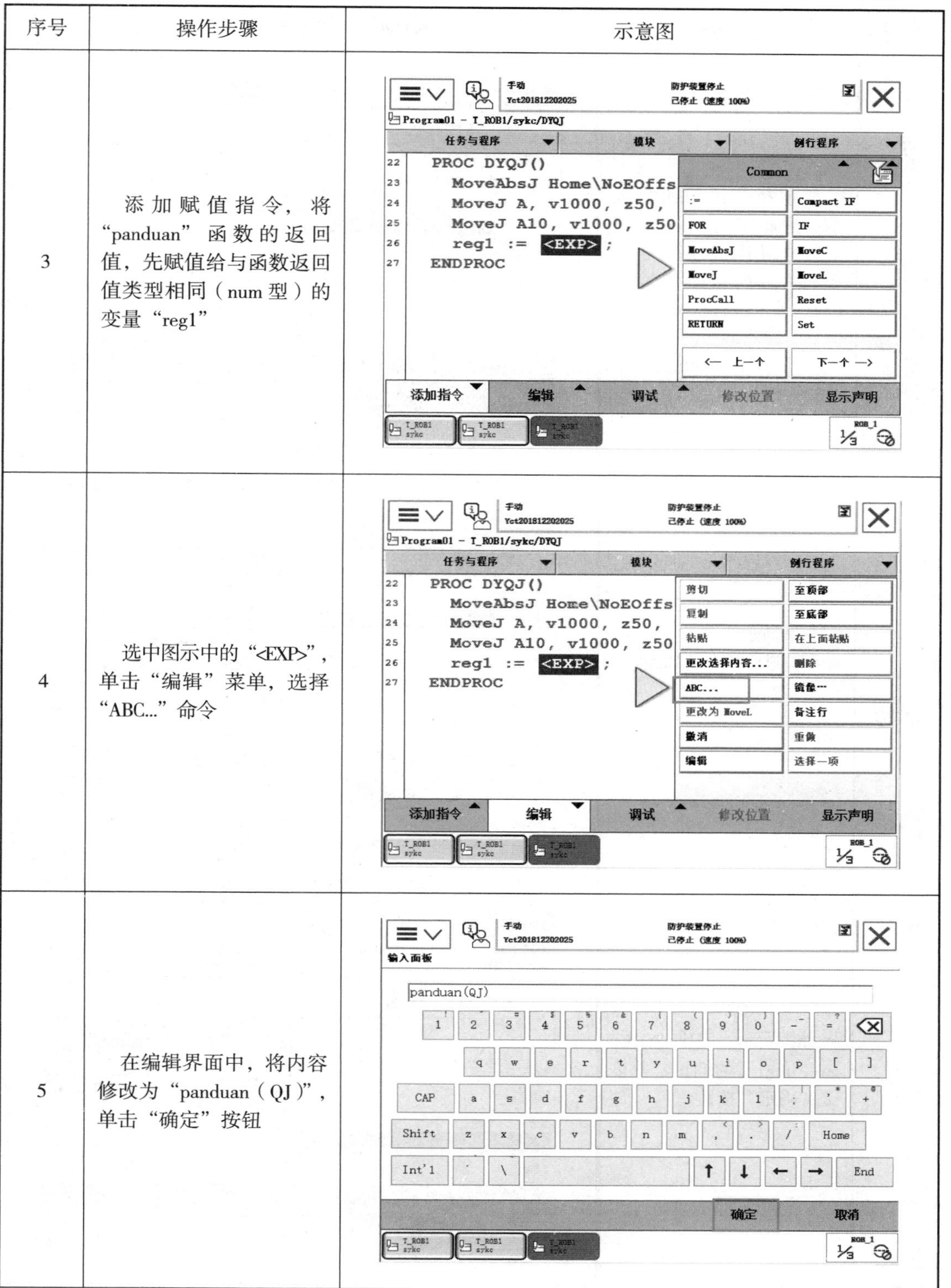

序号	操作步骤	示意图
3	添加赋值指令，将“panduan”函数的返回值，先赋值给与函数返回值类型相同（num 型）的变量“reg1”	
4	选中图示中的“<EXP>”，单击“编辑”菜单，选择“ABC...”命令	
5	在编辑界面中，将内容修改为“panduan（QJ）”，单击“确定”按钮	

续表

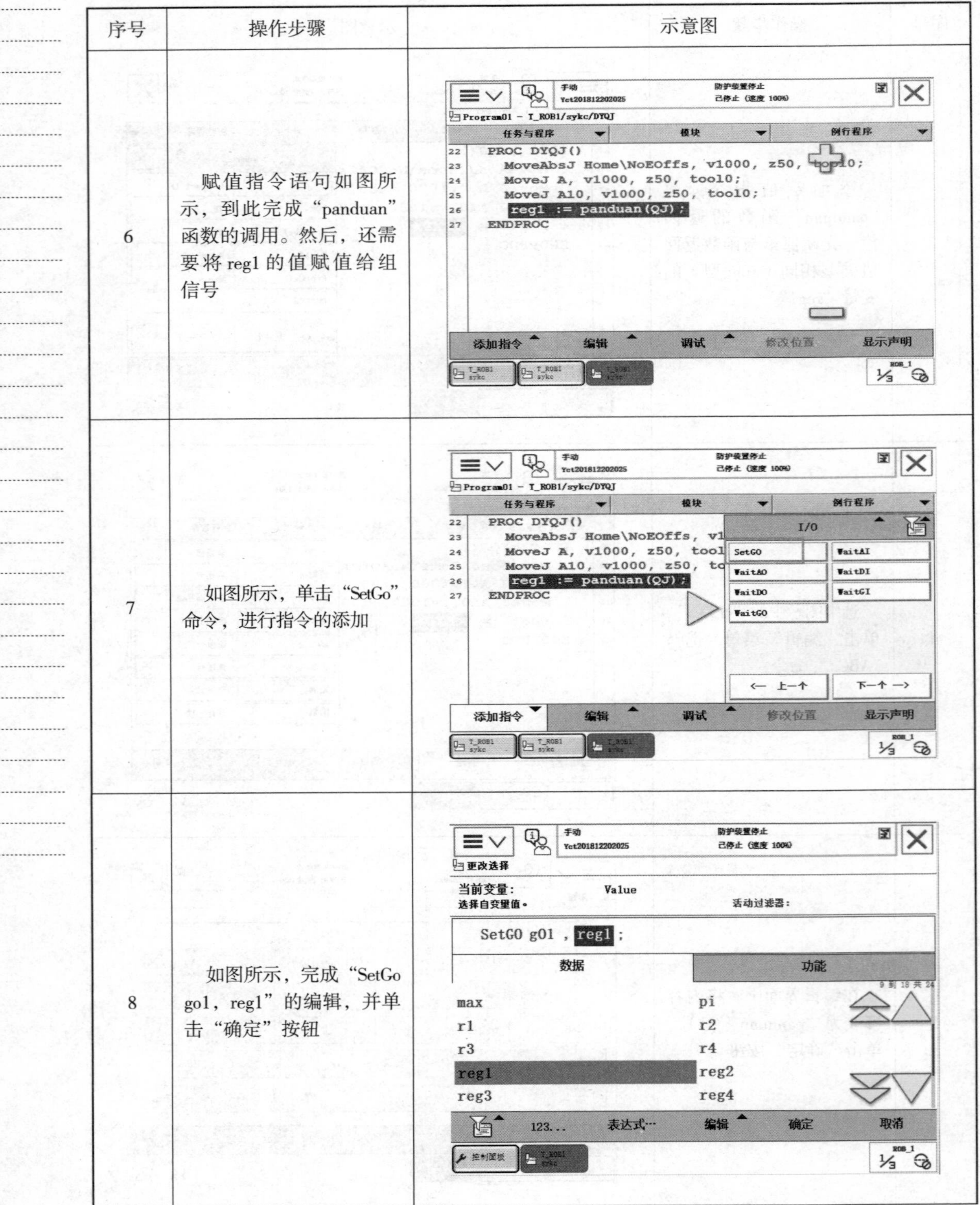

序号	操作步骤	示意图
6	赋值指令语句如图所示，到此完成“panduan”函数的调用。然后，还需要将reg1的值赋值给组信号	
7	如图所示，单击“SetGo”命令，进行指令的添加	
8	如图所示，完成“SetGo go1，reg1”的编辑，并单击“确定”按钮	

续表

序号	操作步骤	示意图
9	最终程序如图所示。即“panduan”函数的返回值，将通过中间量 reg1，被赋值给 go1	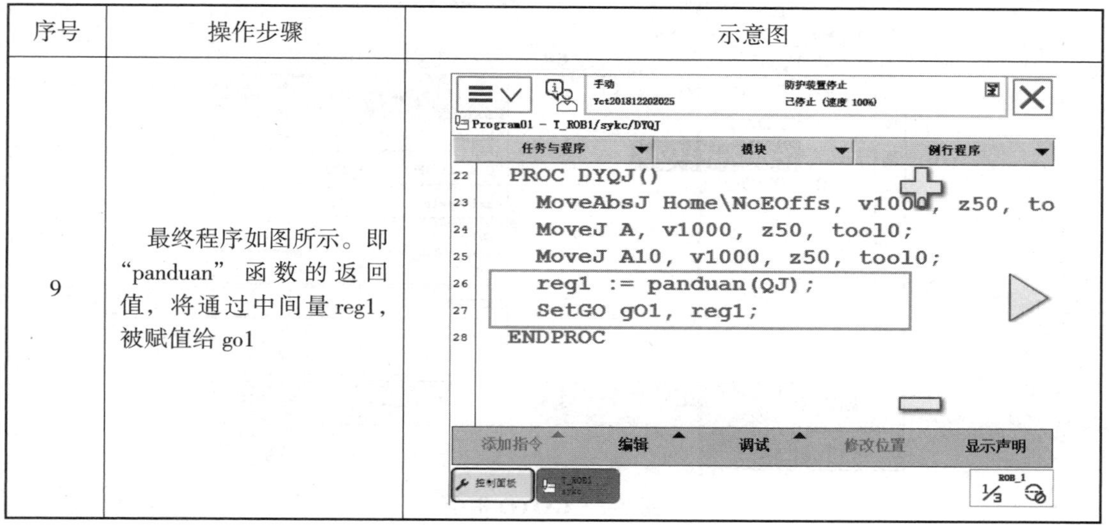

任务 7.2　程序的跳转和标签

7.2.1　Label 指令和 GOTO 指令的用法

label 和 goto 指令

Label 指令（图 7–4）用于标记程序中的指令语句，相当于一个标签，一般作为 GOTO 指令（7–5）的变元与其成对的使用，从而实现程序从某一位置到标签所在位置的跳转。Label 指令与 GOTO 指令成对使用时，注意两者标签 ID 要相同。

图 7–4　Label 指令

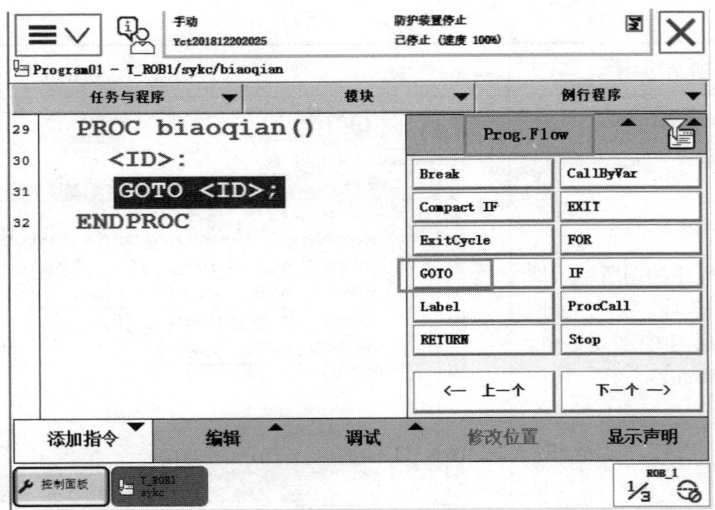

图 7–5　GOTO 指令

如图 7–6 所示，此程序将执行 next 下的指令 4 次，然后停止程序。如果运行此例行程序“biaoqian”，机器人将在 p10 和 p1 点间来回运动 4 次。

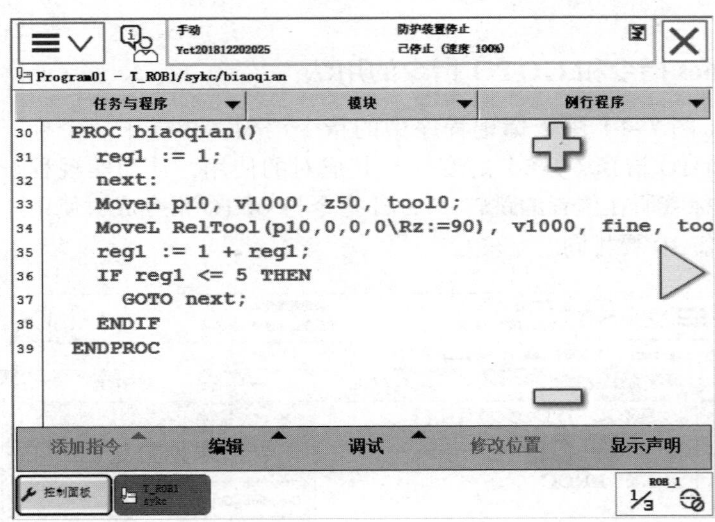

图 7–6　简单运用示例

7.2.2　任务实施——编写跳转程序

编写跳转程序

1. 任务引入

在此任务实施中编写程序，程序实现对两个变量做比较，如果变量的正负符号相同则执行画圆形和画三角形；如果符号相反则只画三角形。

2. 任务要求

掌握如何编写跳转函数程序。

3. 任务实操

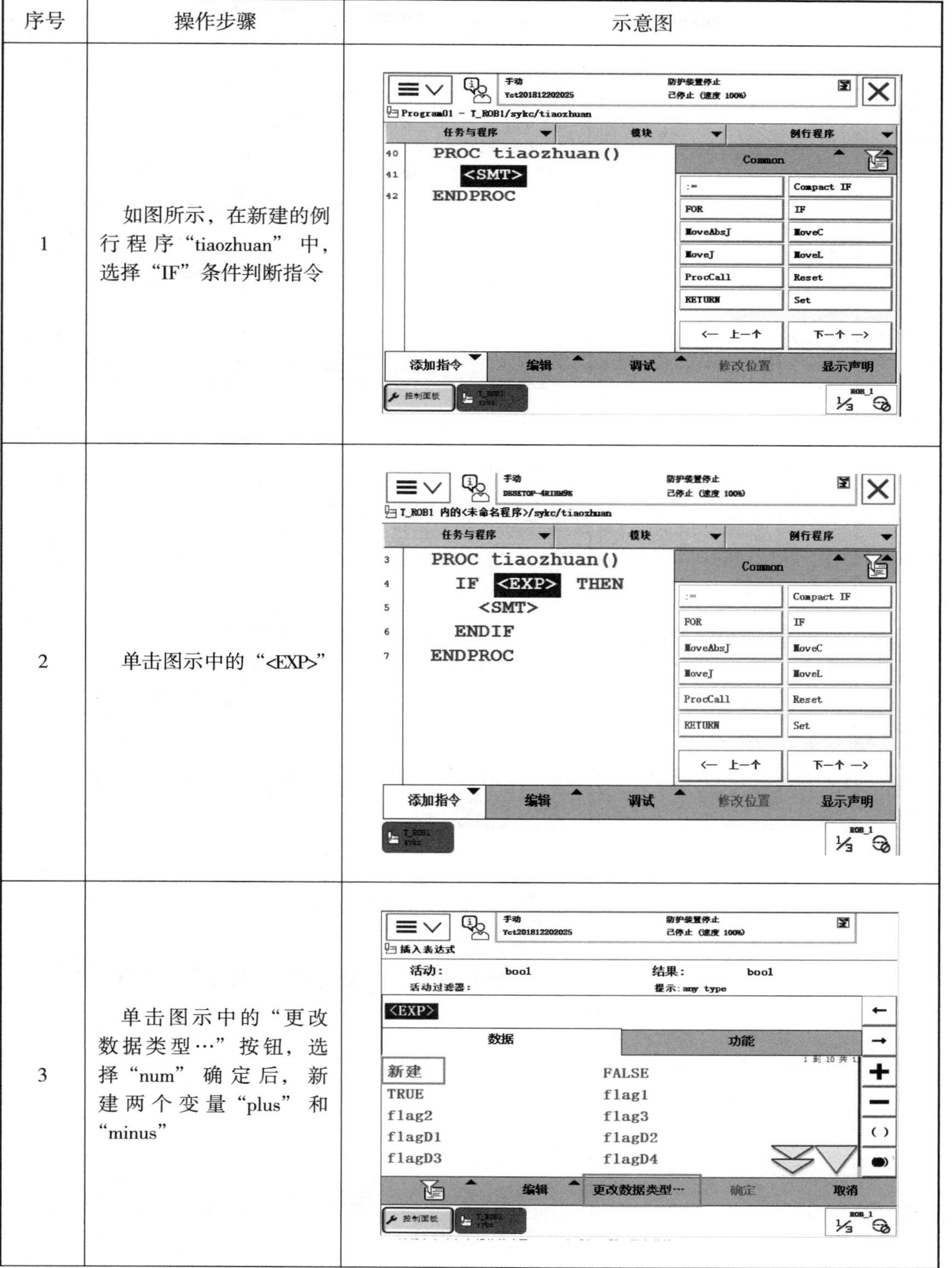

序号	操作步骤	示意图
1	如图所示，在新建的例行程序“tiaozhuan”中，选择“IF”条件判断指令	
2	单击图示中的“<EXP>”	
3	单击图示中的“更改数据类型…”按钮，选择“num”确定后，新建两个变量“plus”和“minus”	

续表

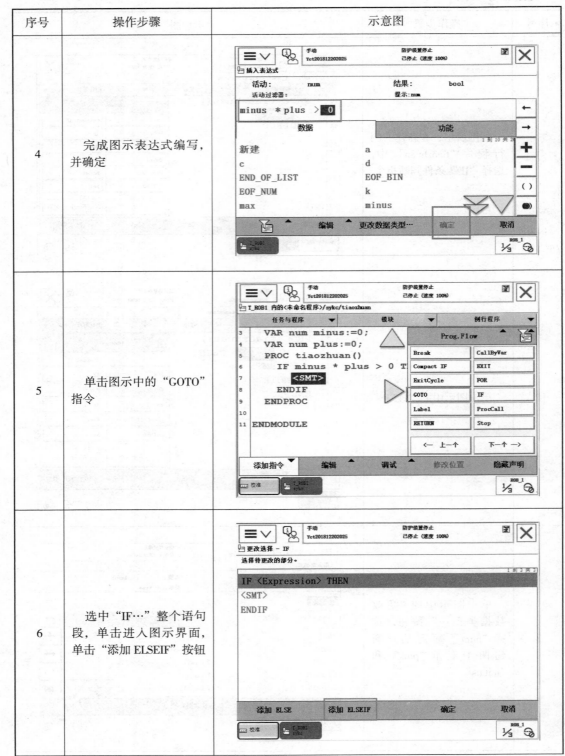

序号	操作步骤	示意图
4	完成图示表达式编写，并确定	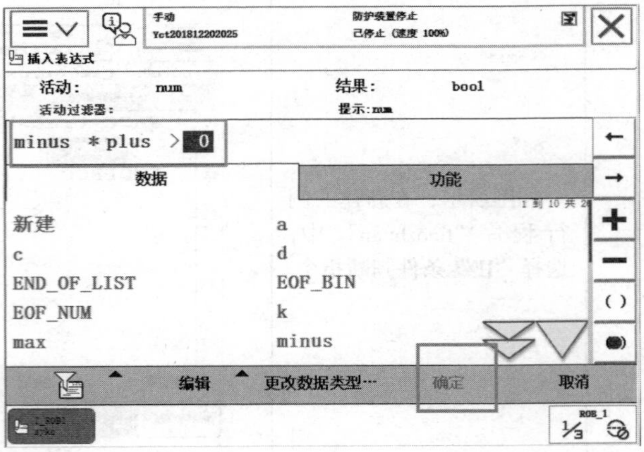
5	单击图示中的“GOTO”指令	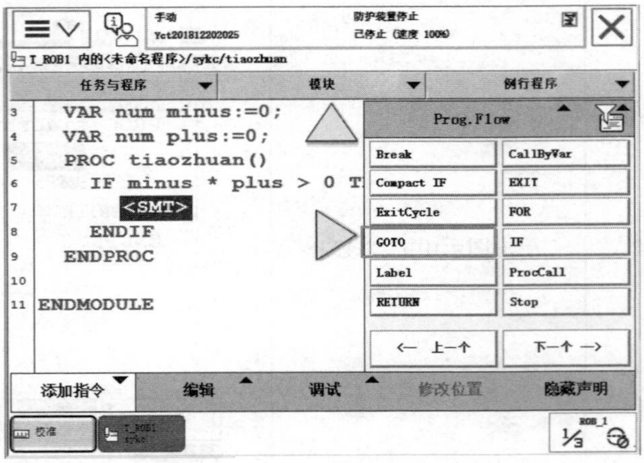
6	选中“IF…”整个语句段，单击进入图示界面，单击“添加 ELSEIF”按钮	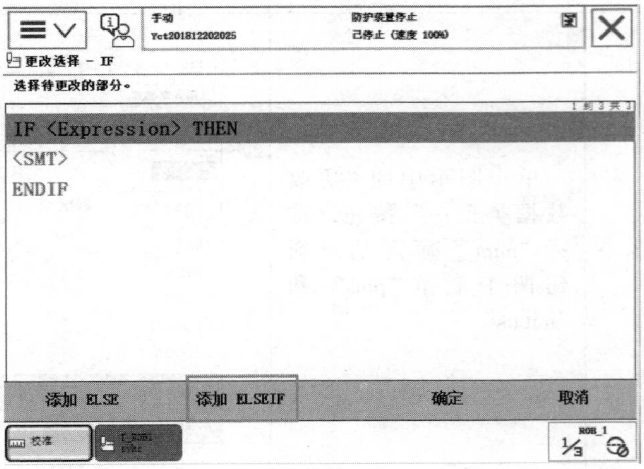

续表

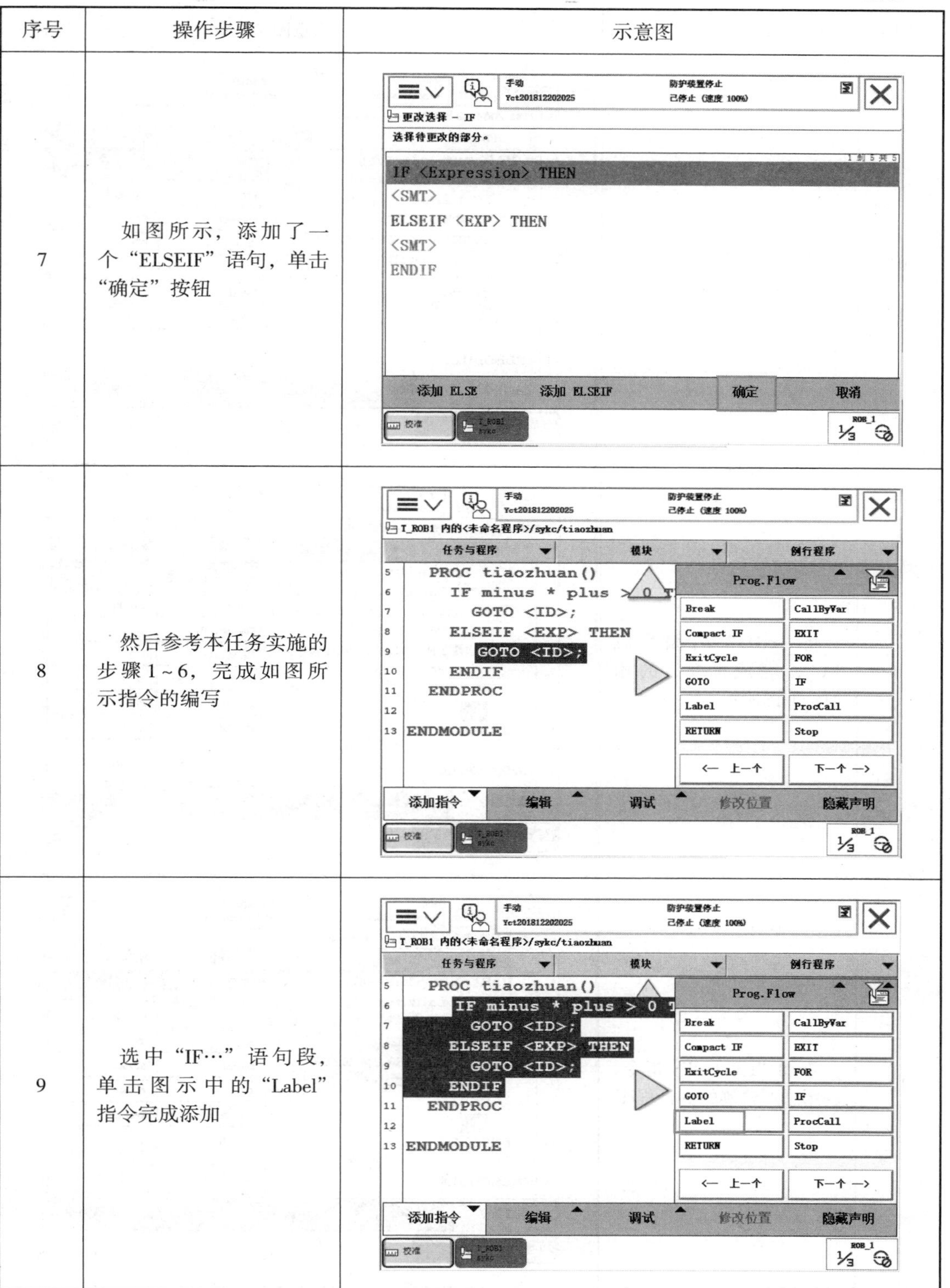

序号	操作步骤	示意图
7	如图所示，添加了一个“ELSEIF”语句，单击“确定”按钮	
8	然后参考本任务实施的步骤1~6，完成如图所示指令的编写	
9	选中“IF…”语句段，单击图示中的“Label”指令完成添加	

续表

序号	操作步骤	示意图
10	单击图示的“<ID>”	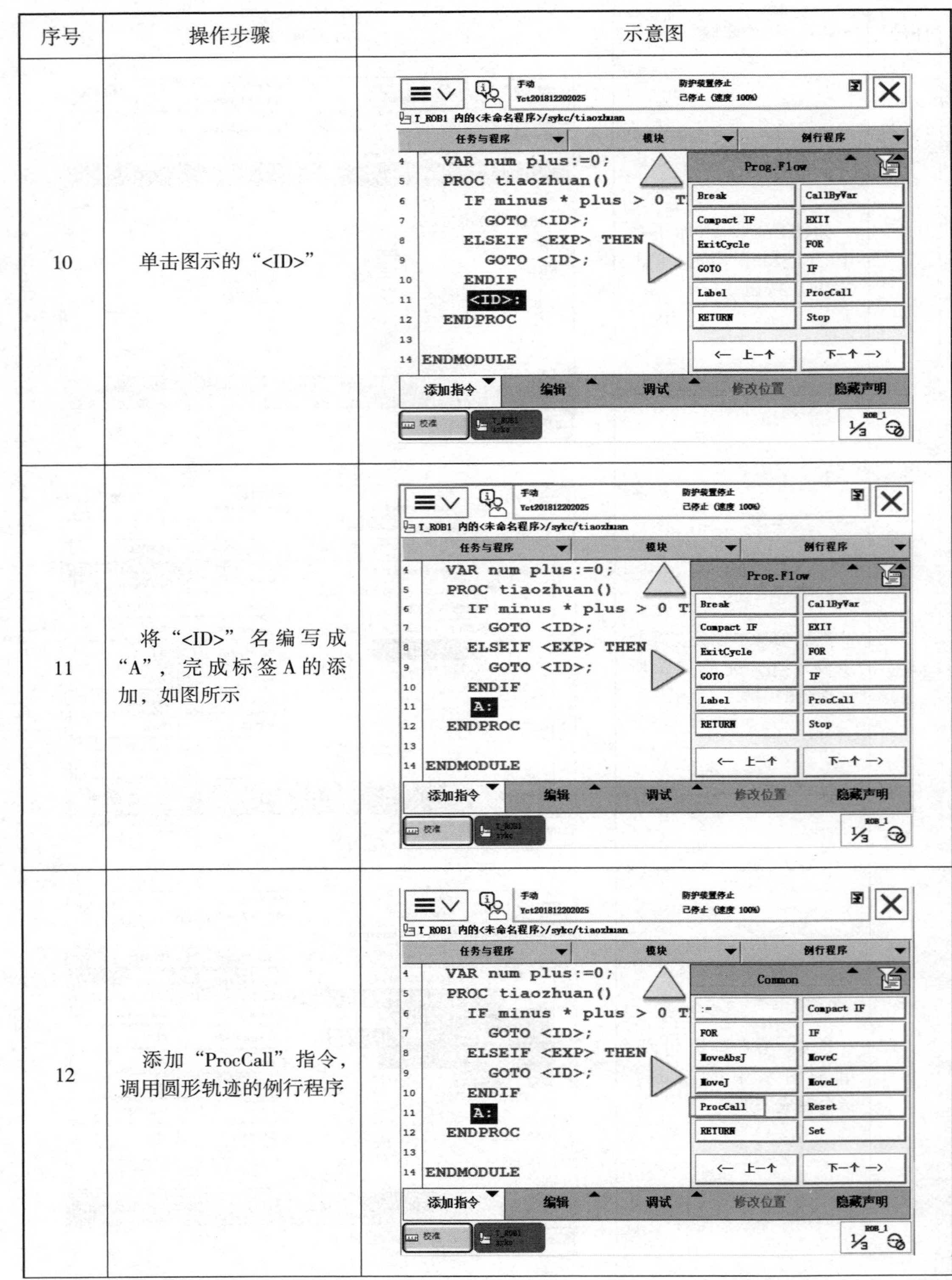
11	将“<ID>”名编写成“A”，完成标签A的添加，如图所示	
12	添加“ProcCall”指令，调用圆形轨迹的例行程序	

续表

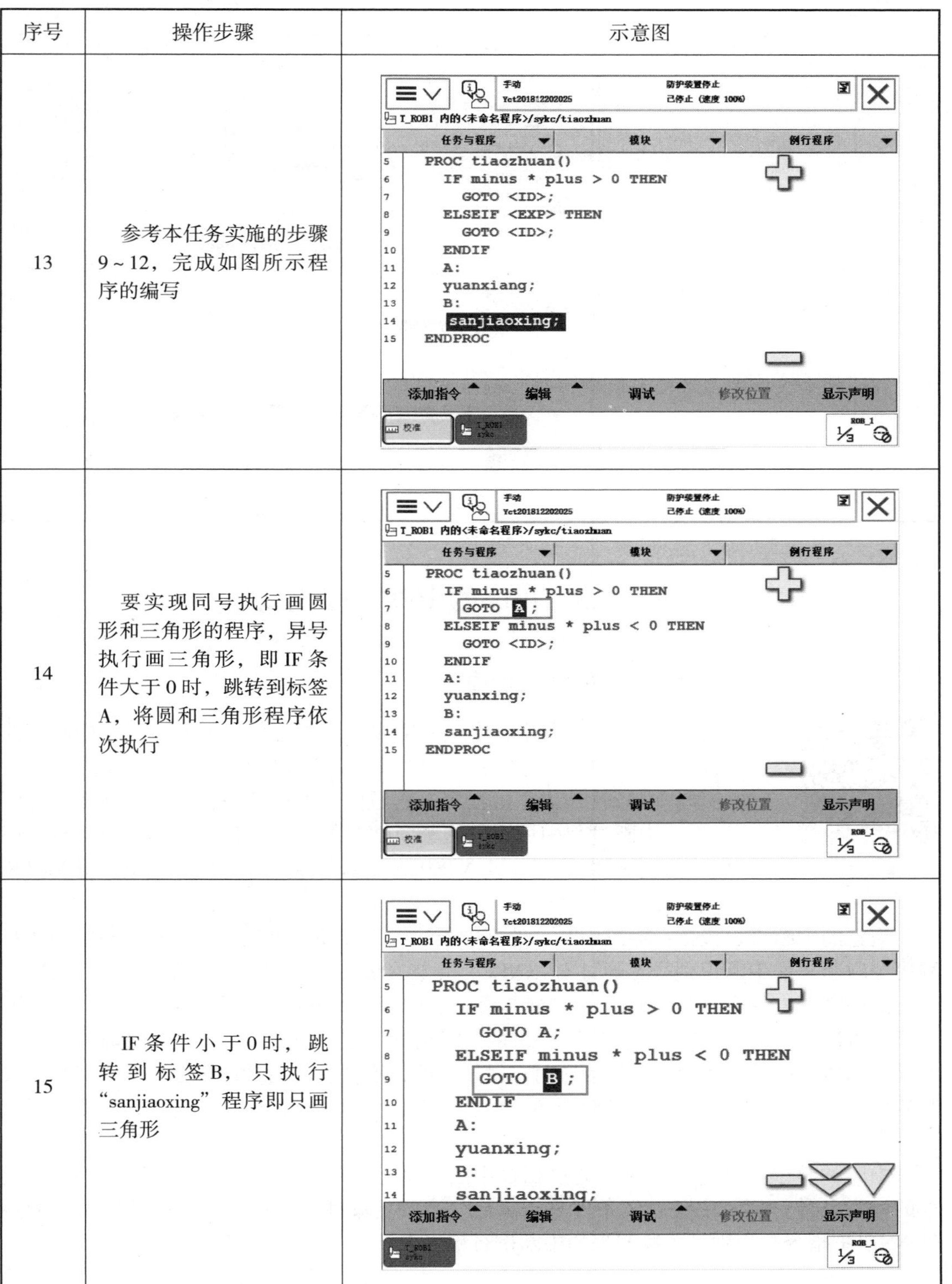

序号	操作步骤	示意图

13	参考本任务实施的步骤9～12，完成如图所示程序的编写	PROC tiaozhuan()
		IF minus * plus > 0 THEN
		GOTO <ID>;
		ELSEIF <EXP> THEN
		GOTO <ID>;
		ENDIF
		A:
		yuanxiang;
		B:
		sanjiaoxing;
		ENDPROC

14	要实现同号执行画圆形和三角形的程序，异号执行画三角形，即IF条件大于0时，跳转到标签A，将圆和三角形程序依次执行	PROC tiaozhuan()
		IF minus * plus > 0 THEN
		GOTO A;
		ELSEIF minus * plus < 0 THEN
		GOTO <ID>;
		ENDIF
		A:
		yuanxing;
		B:
		sanjiaoxing;
		ENDPROC

15	IF条件小于0时，跳转到标签B，只执行“sanjiaoxing”程序即只画三角形	PROC tiaozhuan()
		IF minus * plus > 0 THEN
		GOTO A;
		ELSEIF minus * plus < 0 THEN
		GOTO B;
		ENDIF
		A:
		yuanxing;
		B:
		sanjiaoxing;

续表

序号	操作步骤	示意图

16	标签号设置完成好后，即完成了程序的编写，如图所示	手动 Yct201812202025 防护装置停止 已停止（速度 100%）
		T_ROB1 内的<未命名程序>/sykc/tiaozhuan
		任务与程序 模块 例行程序
		PROC tiaozhuan()
		IF minus * plus > 0 THEN
		GOTO A;
		ELSEIF minus * plus < 0 THEN
		GOTO B;
		ENDIF
		A:
		yuanxing;
		B:
		sanjiaoxing;
		ENDPROC
		添加指令 编辑 调试 修改位置 显示声明

任务 7.3　程序的中断和停止※

7.3.1　中断例行程序

中断例行程序

在程序执行过程中，当发生需要紧急处理的情况时，需要中断当前执行的程序，跳转程序指针执行到对应的程序中，对紧急情况进行相应的处理。中断就是指正常程序过程暂停，跳过控制，进入中断例行程序的过程。中断过程中用于处理紧急情况的程序，我们称作中断例行程序（TRAP）。中断例行程序经常被用于出错处理、外部信号的响应等实时响应要求高的场合

完整的中断过程包括：触发中断、处理中断、结束中断。首先，通过获取与中断例行程序关联起来的中断识别号（通过 CONNECT 指令关联，见 7.3.2），扫描与识别号关联在一起的中断触发指令（见 7.3.2）来判断是否触发中断。触发中断原因可以是多种多样的，它们有可能是将输入或输出设定 1 或 0，也可能是下令在中断后按给定时间延时，也有可能是到达指定位置。在中断条件为真时，触发中断，程序跳转指针跳转至与对应识别号关联的程序中进行相应的处理。在处理结束后，程序指针返回至被中断的地方，继续往下执行程序。

中断的整个实现过程，首先通过扫描中断识别号，然后扫描到与中断识别号关联起来的触发条件，判断中断触发条件是否满足。当触发条件满足后，程序指针跳转至通过 CONNECT 指令与识别号关联起来的中断例行程序中。

7.3.2　常用的中断相关指令

常用的中断相关指令

1. CONNECT

CONNECT 指令（图 7–7）是实现中断识别号与中断例行程序连接的指令。实现中断首先需要创建数据类型为 intnum 的变量作为中断的识别号，识别号代表某一种中断类型或事件，然后通过 CONNECT 指令将识别号与处理此识别号中断的中断例行程序关联。

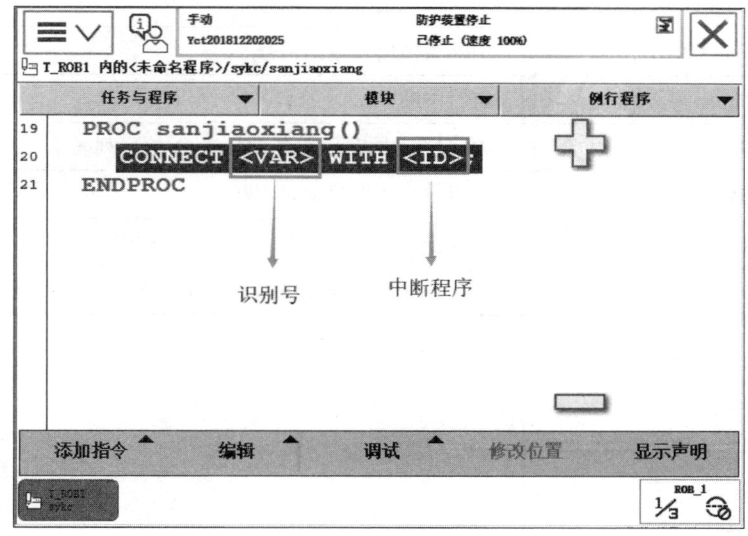

图 7–7　CONNECT 指令

例如：

```
VAR intnum feeder_error;
TRAP correct_feeder;
…
PROCmain(  )
CONNECT feeder_error WITH correct_feeder;
```

将中断识别号“feeder_error”与“correct_feeder”中断程序关联起来。

2. 中断触发指令

由于触发程序中断的事件是多种多样的，它们可能是将输入或输出设为 1 或 0，也可能是下令在中断后给定时间延时，还有可能是机器人运动到达指定位置，因此在 RAPID 程序中包含多种中断触发指令（表 7–1），可以满足不同中断触发需求。这里以 ISignalDI 为例说明中断触发指令的用法，其他指令的具体使用方法，可以查阅 RAPID 指令、函数和数据类型技术参考手册。

表 7–1 中断触发指令

指令	说明
ISignalDI	中断数字信号输入信号
ISignalDO	中断数字信号输出信号
ISignalGI	中断一组数字信号输入信号
ISignalG0	中断一组数字信号输出信号
ISignalAI	中断模拟信号输入信号
ISignalAO	中断模拟信号输出信号
ITimer	定时中断
Triggint	固定位置中断【运动（Motion）拾取列表】
IPers	变更永久数据对象时中断
IError	出现错误时下达中断指令并启用中断
IRMQMessage	RAPID 语言消息队列收到指定数据类型时中断

例如：

```
VAR intnum feeder_error;
TRAP correct_feeder;
…
PROC main( )
CONNECT feeder_error WITH correct_feeder;
ISignalDI di1,1,feeder_error;
```

将输入 di1 设置为 1 时，产出中断。此时，调用 corrcet_feeder 中断程序。

3. 控制中断是否生效的指令

还有一些指令（表 7–2）可以用来控制中断是否生效。这里以 Idisable 和 IEnable 为例说明，其他指令的具体使用方法，可以查阅 RAPID 指令、函数和数据类型技术参考手册。

表 7–2 控制中断是否生效的指令

指令	说明	指令	说明
IDelete	取消（删除）中断	IDisable	禁用所有中断
ISleep	使个别中断失效	IEnable	启用所有中断
IWatch	使个别中断生效		

例如：

```
IDisable;
FOR i FORM1 TO 100 DO
reg:=reg1+1;
```

```
ENDFOR
IEnable;
```

只要在从 1 ~ 100 进行计数的时候，则不允许任何中断。完毕后，启用所有中断。

7.3.3　程序停止指令

为处理突发事件，中断例行程序的功能有时会设置为让机器人程序停止运行。下面对程序停止指令及简单用法进行介绍。

1. EXIT

用于终止程序执行，随后仅可从主程序第一个指令重启程序。当出现致命错误或永久地停止程序执行时，应当用 EXIT 指令。Stop 指令用于临时停止程序执行。在执行指令 EXIT 后，程序指针消失。为继续程序执行，必须设置程序指针。

程序停止指令

例如：

```
MoveL p1,v1000,z30,tool1;
EXIT;
```

程序执行停止，且无法从程序中的该位置继续往下执行，需要重新设置程序指针。

2. Break

出于 RAPID 程序代码调试目的，将 Break 用于立即中断程序执行。机械臂立即停止运动。为排除故障，临时终止程序执行过程。

例如：

```
MoveL p1,v1000,z30,tool2;
 Break;
MoveL p2,v1000,z30,tool2;
```

机器人在往 p1 点运动过程中，Break 指令就绪时，机器人立即停止动作。如想要继续往下执行机器人运动至 p2 点的指令，不需要再次设置程序指针。

3. Stop

用于停止程序执行。在 Stop 指令就绪之前，将完成当前执行的所有移动。

例如：

```
MoveL p1,v1000,z30,tool2;
 Stop;
MoveL p2,v1000,z30,tool2;
```

机器人在往 p1 点运动的过程中，Stop 指令就绪时，机器人仍将继续完成到 p1 点的动作。如想继续往下执行机器人运动至 p2 点的指令，不需要再次设置程序指针。

7.3.4　任务实施——编写并使用 TRAP 中断例行程序

编写并使用 trap 中断例行程序

1. 任务引入

在此任务实施中编写一个中断程序，实现对机器人输入组信号 gi1=13 的时候，立即停止动作。

2. 任务要求

掌握如何编写 TRAP 中断例行程序。

3. 任务实操

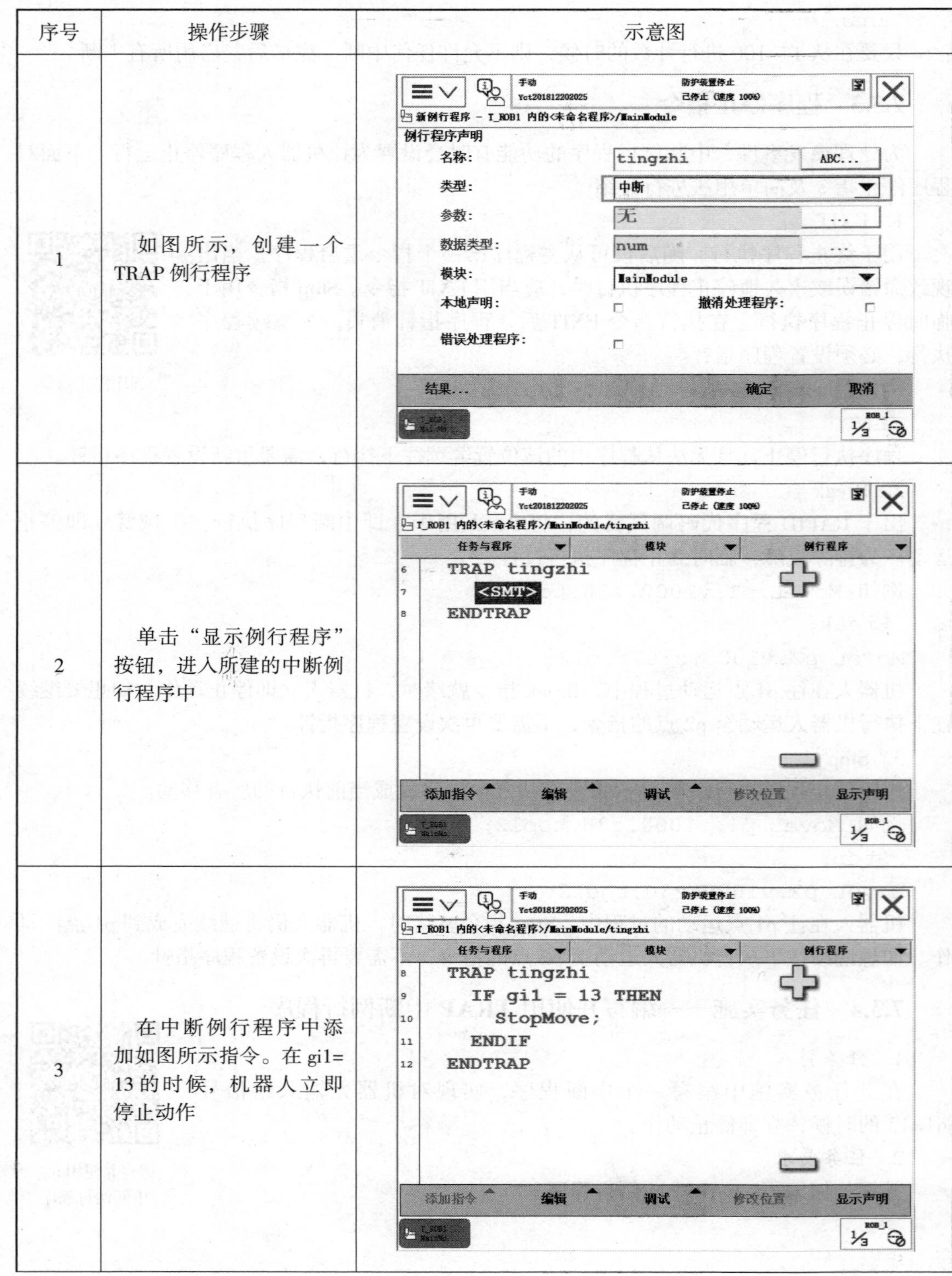

序号	操作步骤	示意图
1	如图所示，创建一个TRAP例行程序	
2	单击“显示例行程序”按钮，进入所建的中断例行程序中	
3	在中断例行程序中添加如图所示指令。在gi1=13的时候，机器人立即停止动作	

续表

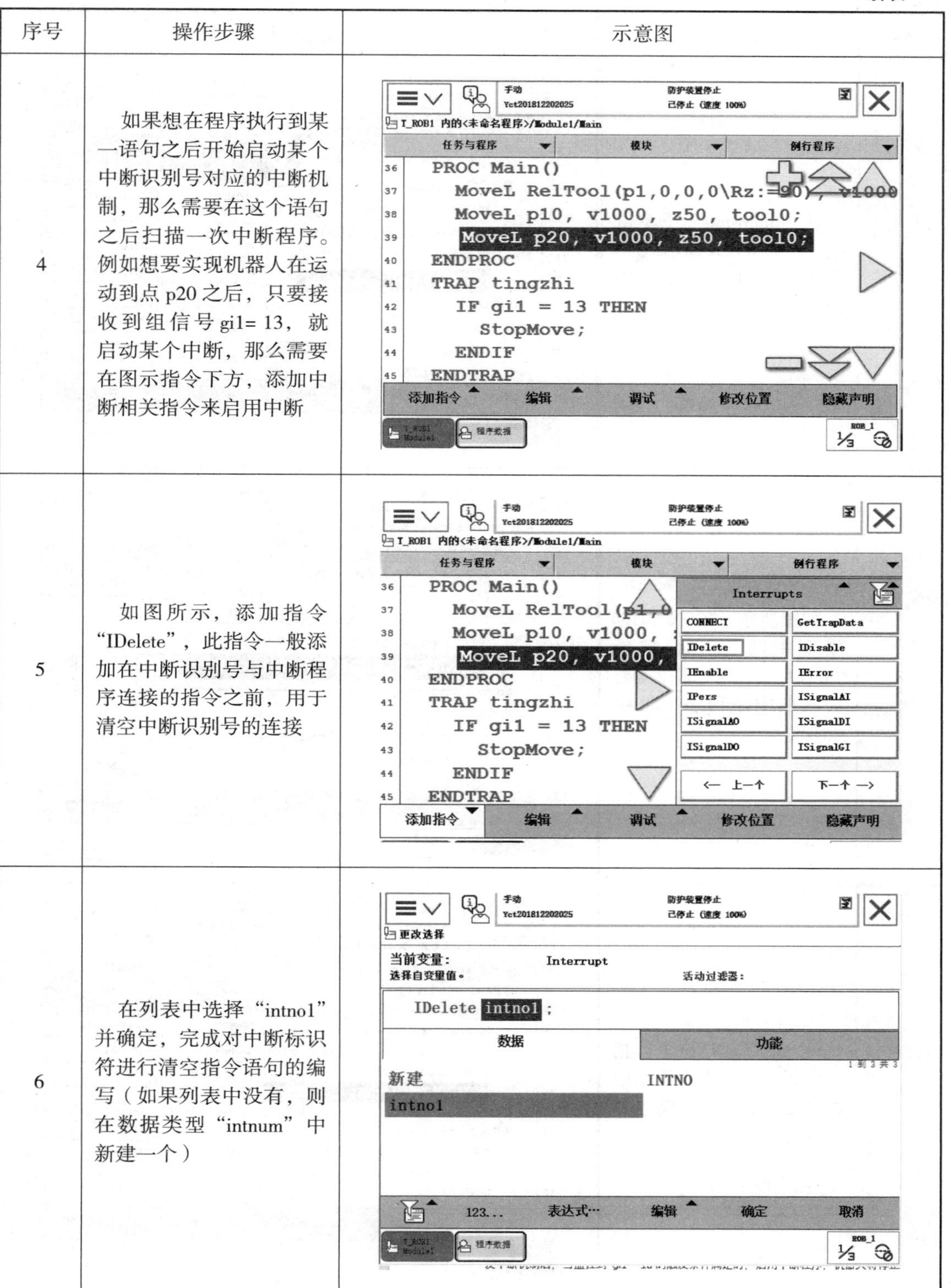

序号	操作步骤	示意图
4	如果想在程序执行到某一语句之后开始启动某个中断识别号对应的中断机制，那么需要在这个语句之后扫描一次中断程序。例如想要实现机器人在运动到点 p20 之后，只要接收到组信号 gi1= 13，就启动某个中断，那么需要在图示指令下方，添加中断相关指令来启用中断	
5	如图所示，添加指令“IDelete”，此指令一般添加在中断识别号与中断程序连接的指令之前，用于清空中断识别号的连接	
6	在列表中选择“intno1”并确定，完成对中断标识符进行清空指令语句的编写（如果列表中没有，则在数据类型“intnum”中新建一个）	

续表

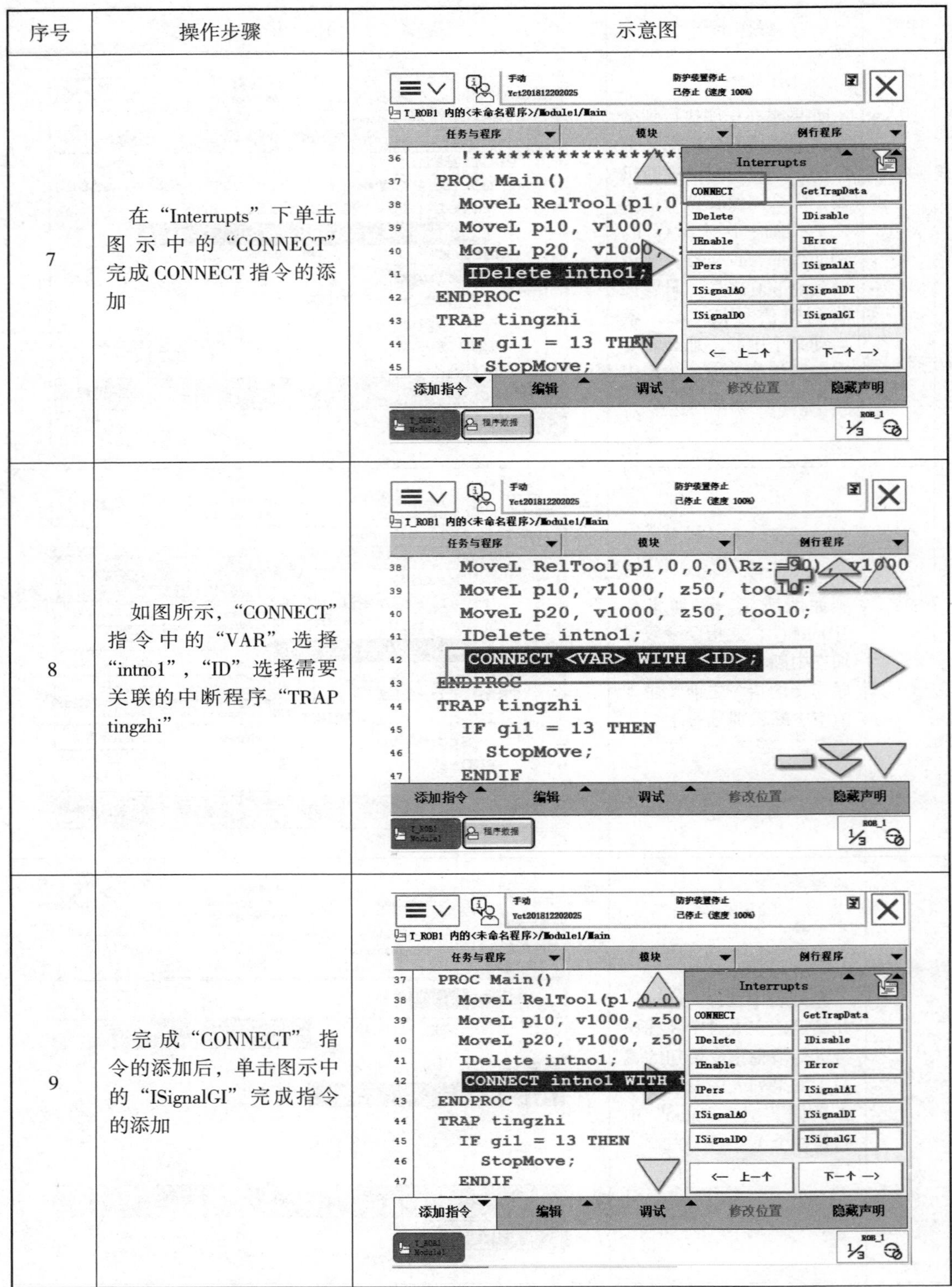

序号	操作步骤	示意图
7	在“Interrupts”下单击图示中的“CONNECT”完成CONNECT指令的添加	
8	如图所示，“CONNECT”指令中的“VAR”选择“intno1”，“ID”选择需要关联的中断程序“TRAP tingzhi”	
9	完成“CONNECT”指令的添加后，单击图示中的“ISignalGI”完成指令的添加	

续表

序号	操作步骤	示意图
10	选择“gi1”，并确定	
11	选中“ISignalGI”指令，单击进入编辑界面。(ISignalGI 中的 single 参数启用，gi1 只会触发一次中断；若要重复触发中断，则将其关闭)	
12	单击图示中的“可选变量”按钮	

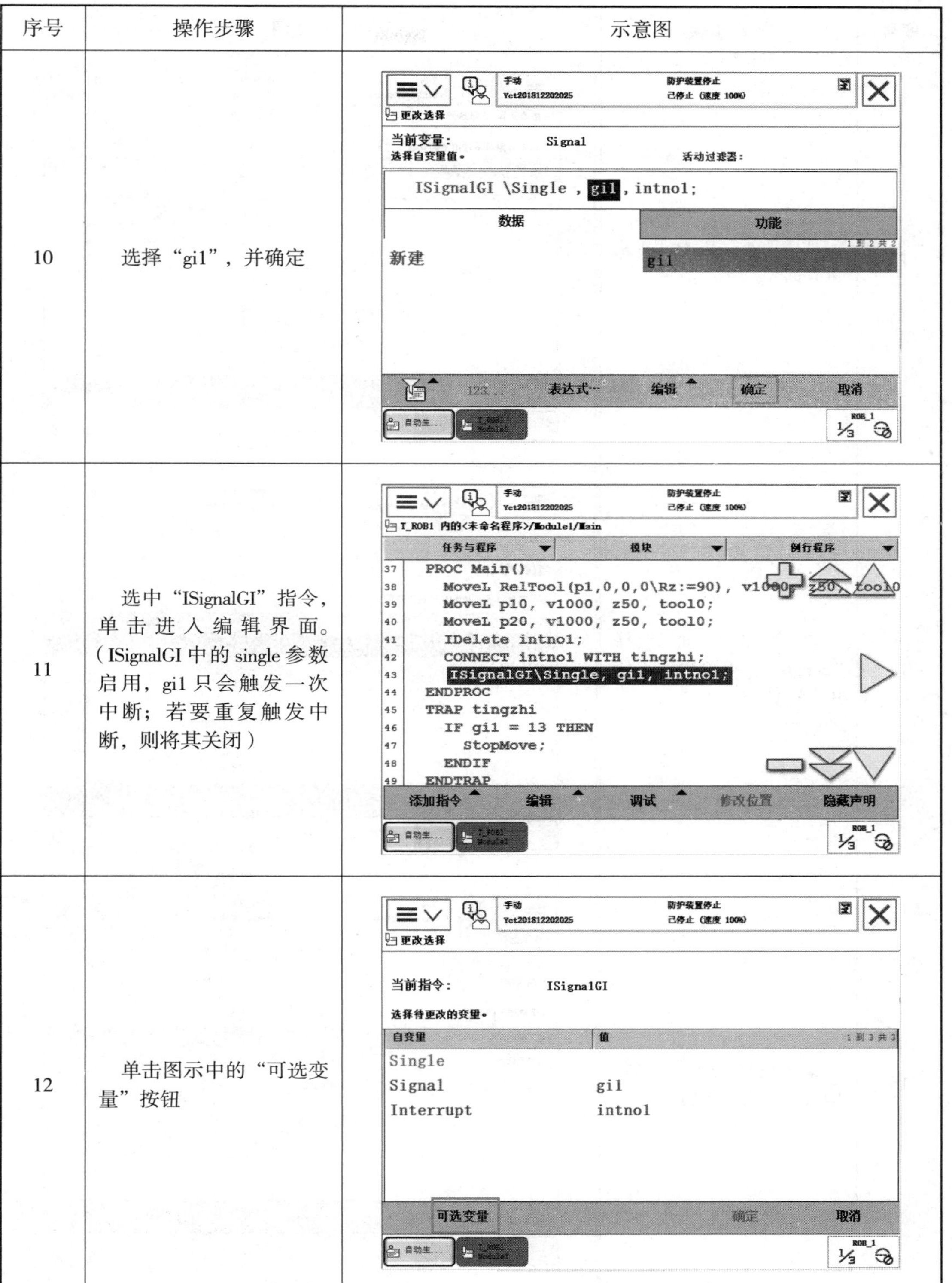

续表

序号	操作步骤	示意图
13	如图所示，单击进入变量界面	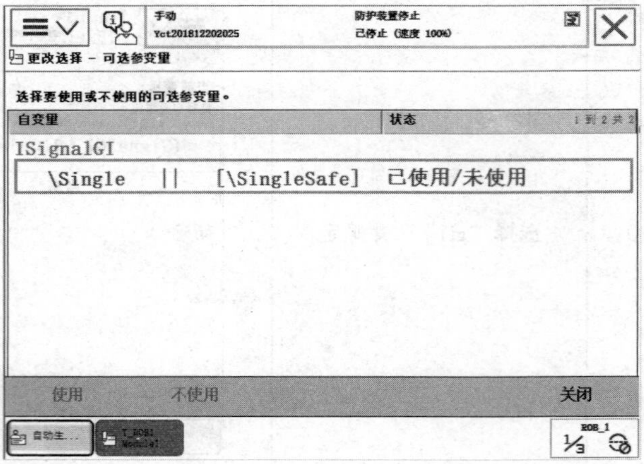手动 Yct201812202025 防护装置停止 已停止 (速度 100%) 更改选择 - 可选参变量 选择要使用或不使用的可选参变量。 自变量 状态 1 到 2 共 2 ISignalGI \Single || [\SingleSafe] 已使用/未使用 使用 不使用 关闭 自动生... ROB_1 1/3
14	在变量界面选择“\Single”，再单击“不使用”按钮	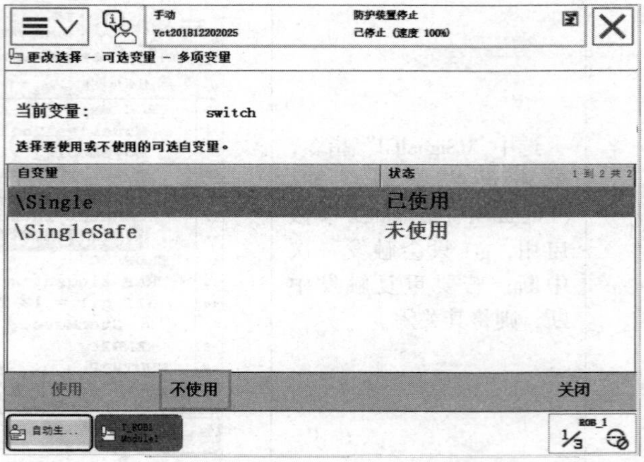手动 Yct201812202025 防护装置停止 已停止 (速度 100%) 更改选择 - 可选变量 - 多项变量 当前变量： switch 选择要使用或不使用的可选自变量。 自变量 状态 1 到 2 共 2 \Single 已使用 \SingleSafe 未使用 使用 不使用 关闭 自动生... ROB_1 1/3
15	关闭返回到图示界面，单击“确定”按钮	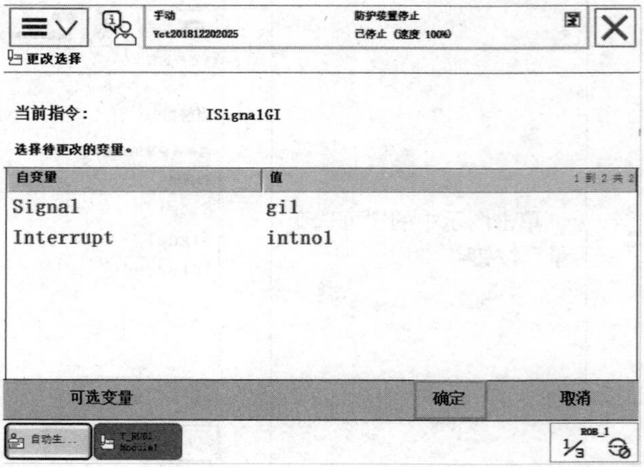手动 Yct201812202025 防护装置停止 已停止 (速度 100%) 更改选择 当前指令： ISignalGI 选择待更改的变量。 自变量 值 1 到 2 共 2 Signal gi1 Interrupt intno1 可选变量 确定 取消 自动生... ROB_1 1/3

续表

序号	操作步骤	示意图

16	完成设定后，此中断程序将在“main”例行程序执行中生效。即执行例行程序过程中，触发中断机制后，当监控到 gi1=13 的触发条件满足时，启用中断程序，机器人将停止动作	PROC Main()
		MoveL RelTool(p1,0,0,0\Rz:=90), v1000, z50, tool0
		MoveL p10, v1000, z50, tool0;
		MoveL p20, v1000, z50, tool0;
		IDelete intno1;
		CONNECT intno1 WITH tingzhi;
		ISignalGI gi1, intno1;
		ENDPROC
		TRAP tingzhi
		IF gi1 = 13 THEN
		StopMove;
		ENDIF
		ENDTRAP

任务巩固

中断程序能直接调用吗？那么中断程序的调用需要通过哪些指令实现？

任务 7.4　程序的自动运行和导入导出※

7.4.1　RAPID 程序自动运行的条件

如何自动运行 rapid 程序

机器人系统的 RAPID 程序编写完成，对程序进行调试满足生产加工要求后，可以选择将运行模式从手动模式切换到自动模式下自动运行程序。自动运行程序前，确认程序正确性的同时，还要确认工作环境的安全性。当两者达到标准要求后，方可自动运行程序。

RAPID 程序自动运行的优势：调试好的程序自动运行，可以有效地解放劳动力，因为手动模式下使能器是需要一直处于第一挡，程序才可以运行；另一方面，自动运行程序还可以有效地避免安全事故的发生，这主要是因为自动运行下工业机器人处于安全防护栏中，操作人员均位于安全保护范围内。

7.4.2　任务实施——自动运行搬运码垛程序

1. 任务引入

参照 6.6.4 完成数组码垛程序的编写，单步运行进行调试确保机器人姿态移动的准确性，检查机器人周围环境，保证机器人运行范围内安全无障碍。

2. 任务要求

掌握如何实现搬运码垛程序的自动运行。

3. 任务实操

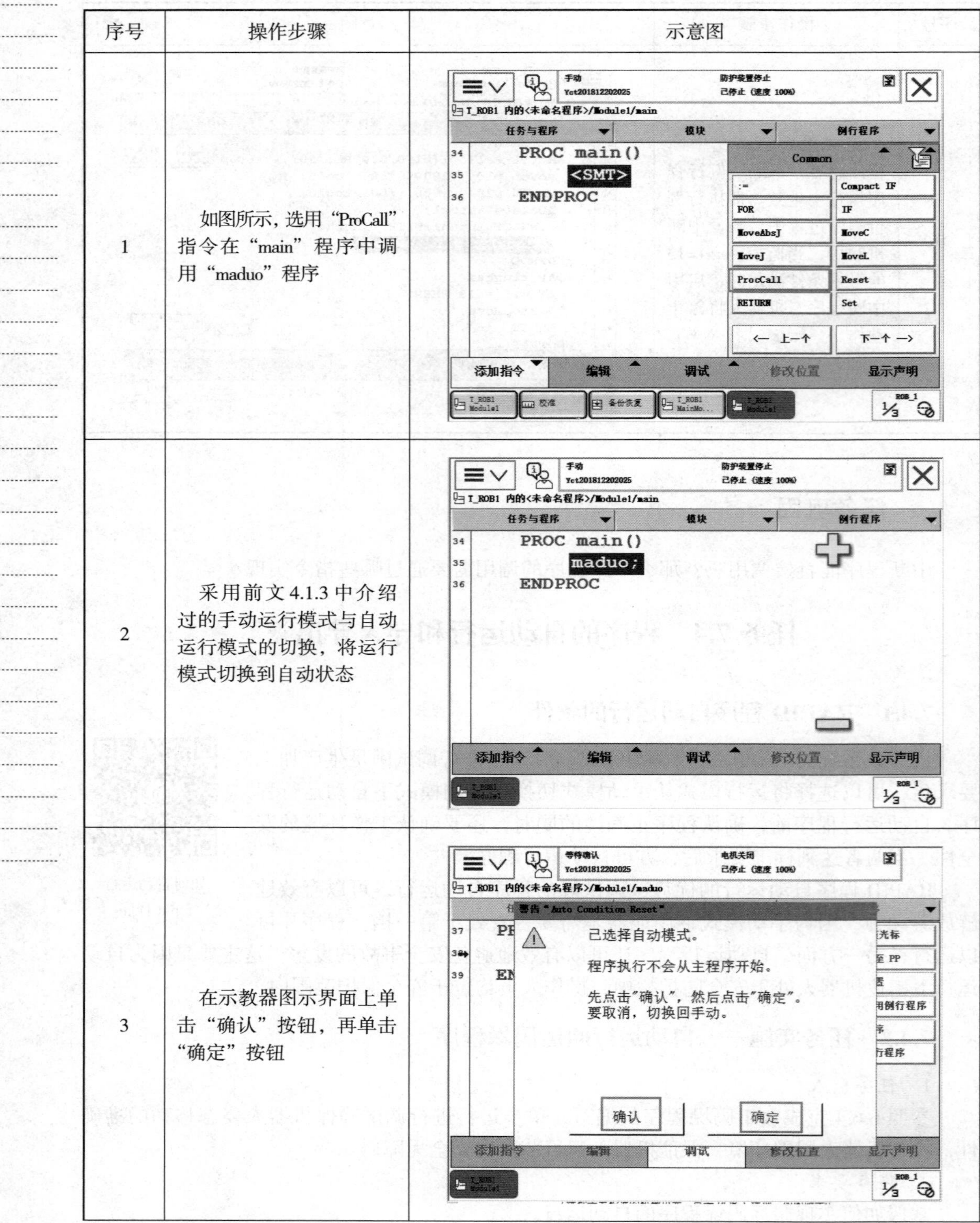

序号	操作步骤	示意图
1	如图所示，选用“ProCall”指令在“main”程序中调用“maduo”程序	
2	采用前文 4.1.3 中介绍过的手动运行模式与自动运行模式的切换，将运行模式切换到自动状态	
3	在示教器图示界面上单击“确认”按钮，再单击“确定”按钮	

续表

序号	操作步骤	示意图
4	按下电机上电按钮，如图所示	
5	按下图示框内的程序调试控制“连续”按钮，即可完成，码垛程序将自动连续运行	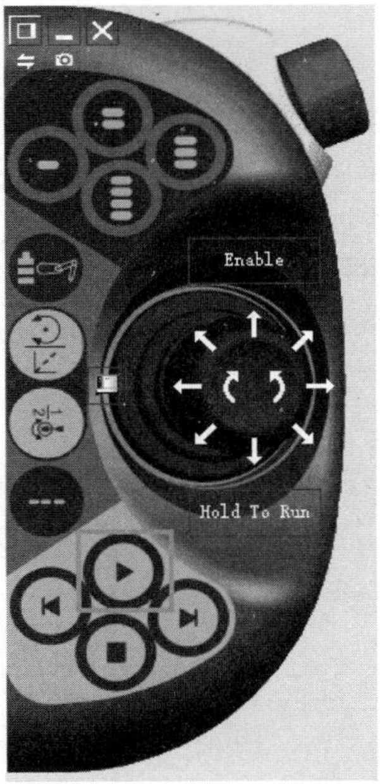

7.4.3　任务实施——导出 RAPID 程序模块至 USB 存储设备

1. 任务引入

程序在完成调试并且在自动运行确认符合实际要求后，便可对程序模块进行保存，程序模块根据实际需要可以保存在机器人的硬盘或 U 盘上。

2. 任务要求

掌握如何导出 RAPID 程序模块至 USB 存储设备。

3. 任务实操

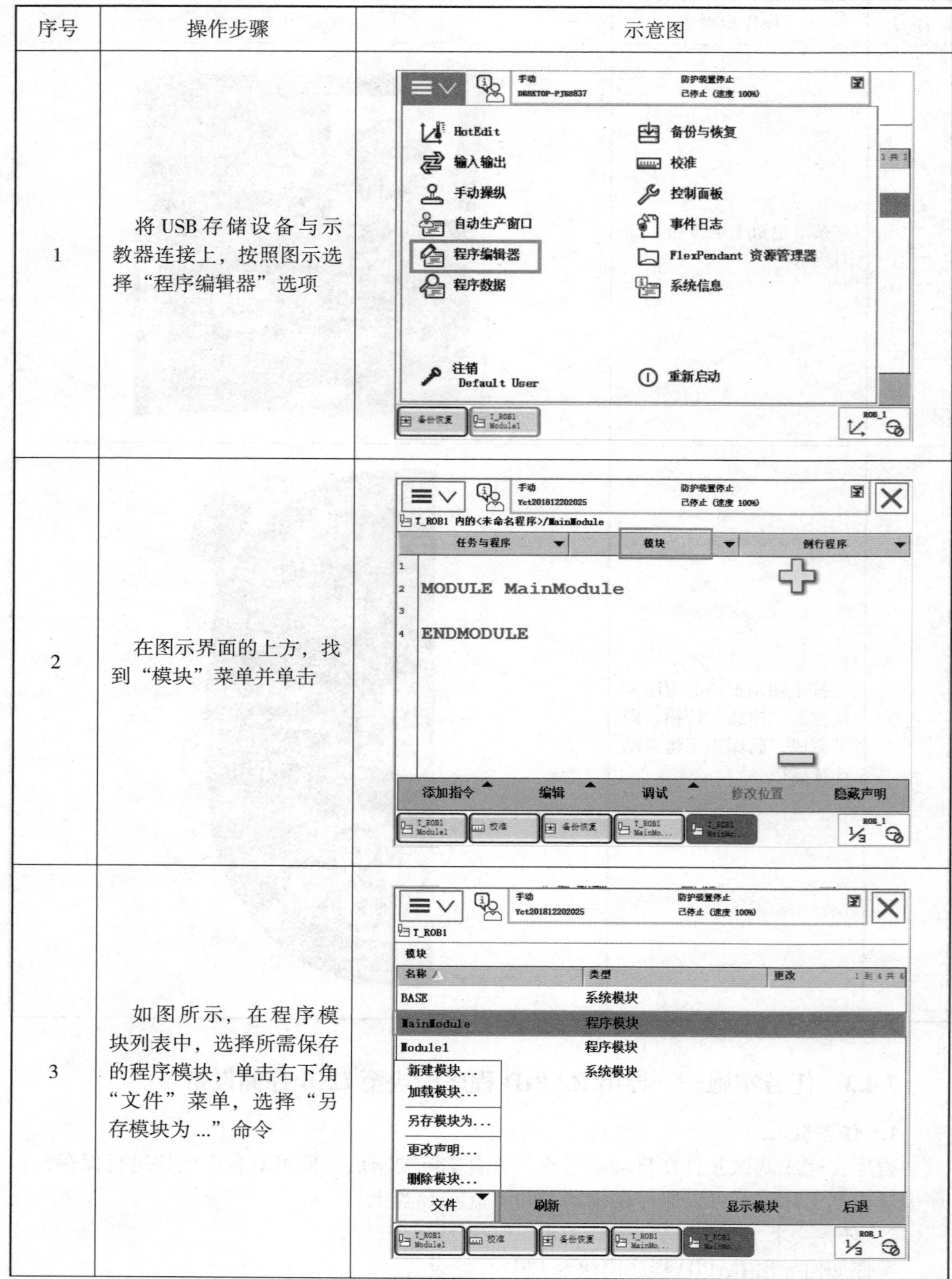

序号	操作步骤	示意图
1	将USB存储设备与示教器连接上，按照图示选择“程序编辑器”选项	
2	在图示界面的上方，找到“模块”菜单并单击	
3	如图所示，在程序模块列表中，选择所需保存的程序模块，单击右下角“文件”菜单，选择“另存模块为...”命令	

续表

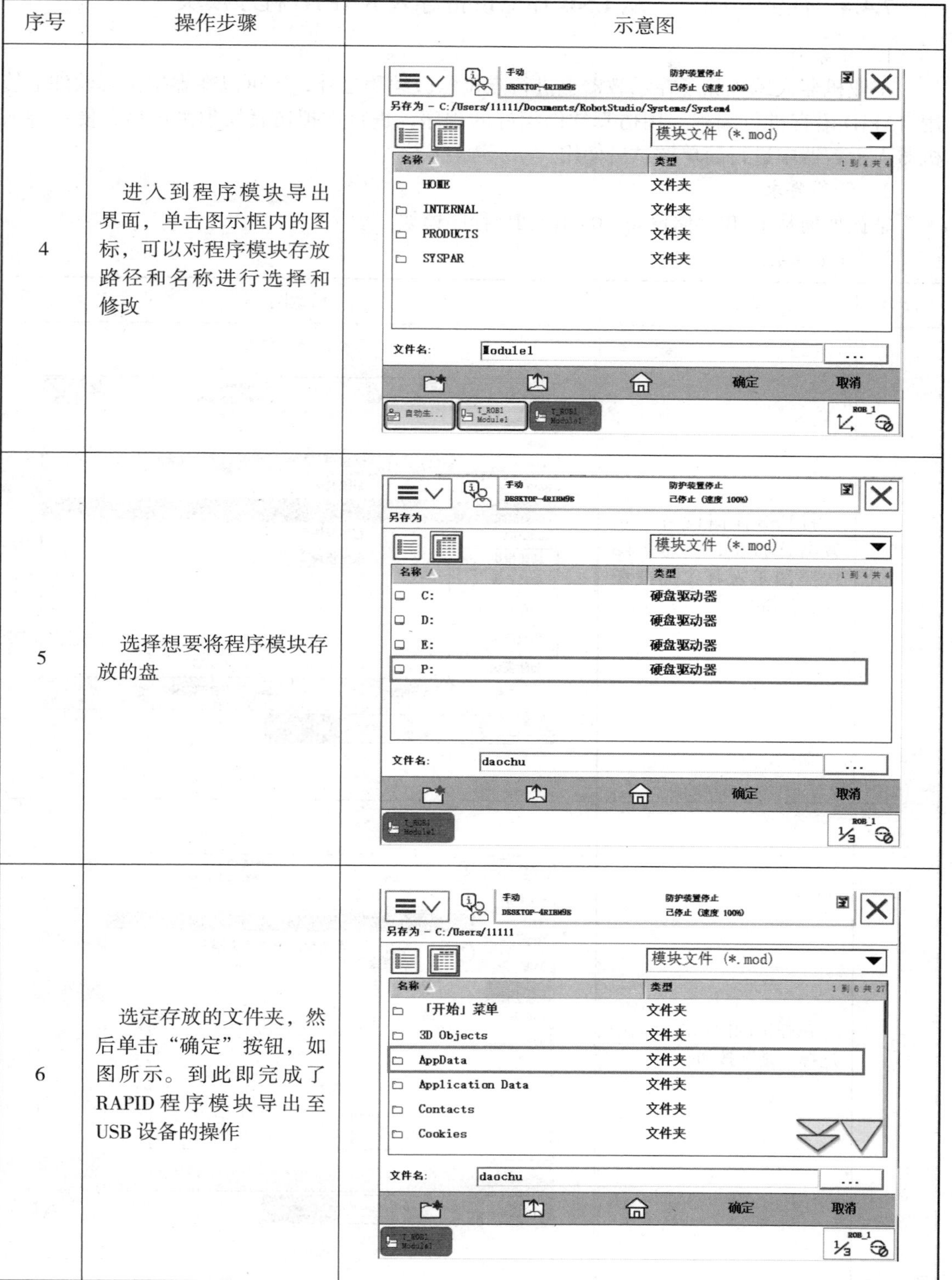

序号	操作步骤	示意图
4	进入到程序模块导出界面，单击图示框内的图标，可以对程序模块存放路径和名称进行选择和修改	
5	选择想要将程序模块存放的盘	
6	选定存放的文件夹，然后单击“确定”按钮，如图所示。到此即完成了RAPID程序模块导出至USB设备的操作	

7.4.4 任务实施——从 USB 存储设备导入 RAPID 程序模块

1. 任务引入

工业机器人编程除了在示教器上进行点位示教编程之外，还可以在虚拟仿真软件上使用 RAPID 语言进行编程。用仿真软件编好的程序，进行虚拟仿真模拟测试后，便可导入机器人示教器中进行简单调试后使用。

2. 任务要求

掌握如何从 USB 存储设备导入 RAPID 程序模块。

3. 任务实操

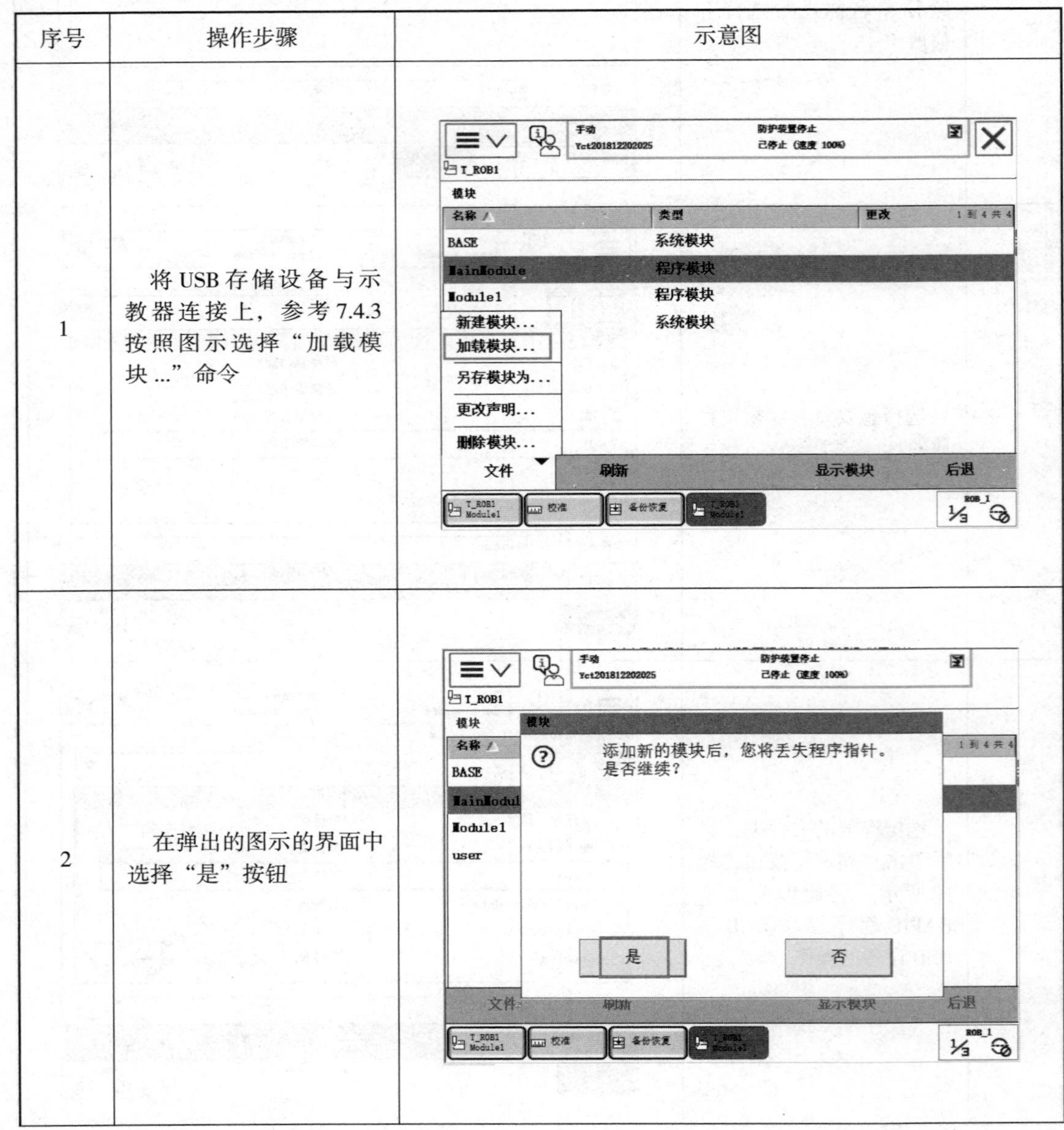

序号	操作步骤	示意图
1	将 USB 存储设备与示教器连接上，参考 7.4.3 按照图示选择“加载模块 ...”命令	
2	在弹出的图示的界面中选择“是”按钮	

续表

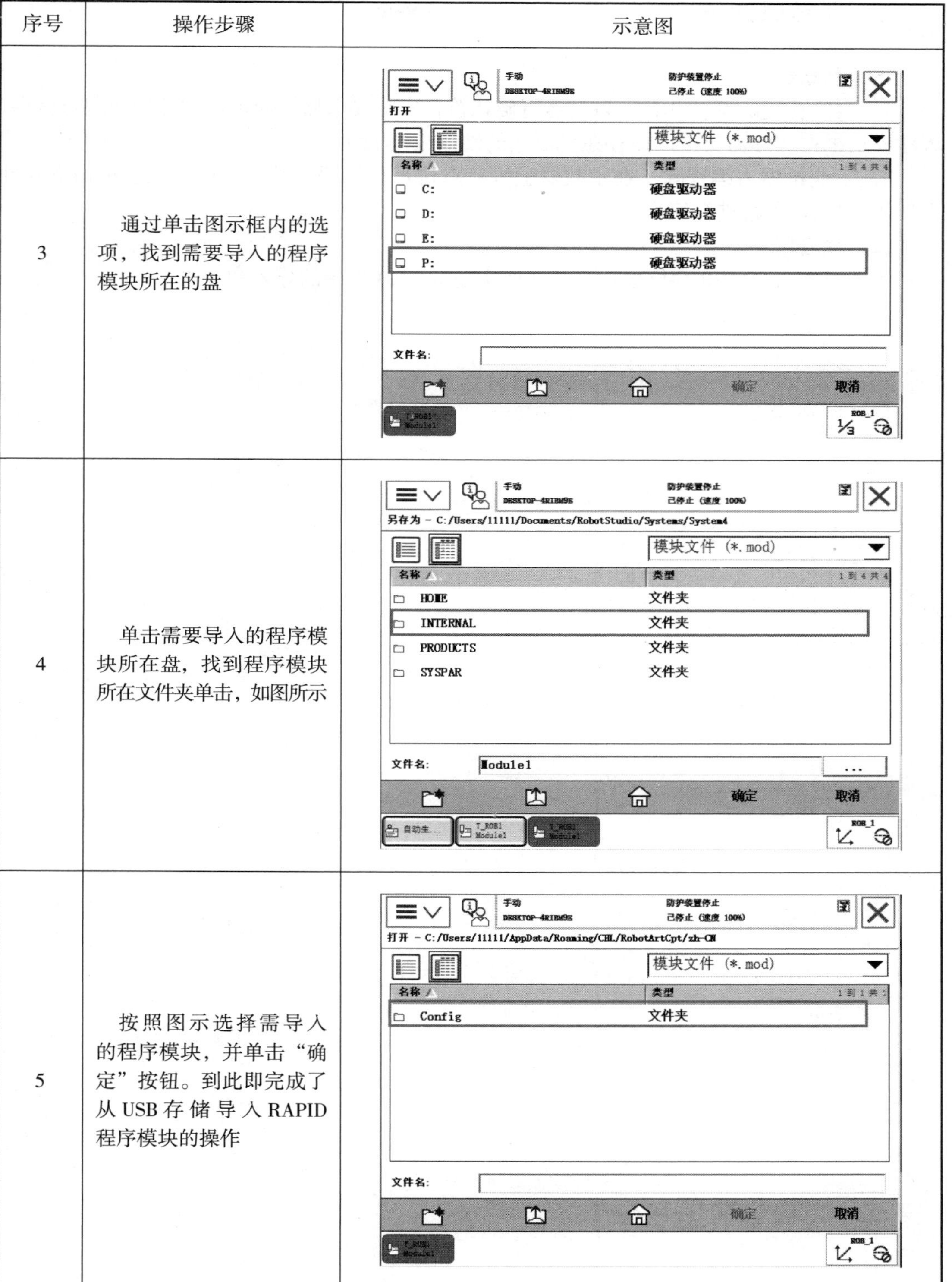

序号	操作步骤	示意图
3	通过单击图示框内的选项，找到需要导入的程序模块所在的盘	
4	单击需要导入的程序模块所在盘，找到程序模块所在文件夹单击，如图所示	
5	按照图示选择需导入的程序模块，并单击“确定”按钮。到此即完成了从 USB 存储导入 RAPID 程序模块的操作	

任务巩固

一、判断题

1．程序在完成调试并且在自动运行确认符合实际要求后，便可对程序模块进行保存，程序模块根据实际需要可以保存在机器人的硬盘或 U 盘上。　　（　　）

2．工业机器人编程除了在示教器上进行点位示教编程之外，还可以在虚拟仿真软件上使用 RAPID 语言进行编程。　　（　　）

二、简答题

工业机器人与 USB 存储设备之间如何实现 RAPID 程序的导入和导出？

任务清单

<table>
<tr><td>姓名</td><td></td><td>工作名称</td><td colspan="2">工业机器人的高级示教编程与调试</td></tr>
<tr><td>班级</td><td></td><td>小组成员</td><td colspan="2"></td></tr>
<tr><td>指导教师</td><td></td><td>分工内容</td><td colspan="2"></td></tr>
<tr><td>计划用时</td><td></td><td>实施地点</td><td colspan="2"></td></tr>
<tr><td>完成日期</td><td colspan="2"></td><td>备注</td><td></td></tr>
<tr><td colspan="5">工作准备</td></tr>
<tr><td colspan="3">资料</td><td>工具</td><td>设备</td></tr>
<tr><td colspan="3"></td><td></td><td></td></tr>
<tr><td colspan="5">工作内容与实施</td></tr>
<tr><td colspan="2">1. 编写并调用区间判定函数</td><td colspan="3"></td></tr>
<tr><td colspan="2">2. 简述 Label 指令和 GOTO 指令的用法</td><td colspan="3"></td></tr>
<tr><td colspan="2">3. 编写一个跳转程序</td><td colspan="3"></td></tr>
<tr><td colspan="2">4. 编写一个 TRAP 中断例行程序</td><td colspan="3"></td></tr>
<tr><td colspan="2">5. 自动运行搬运码垛程序</td><td colspan="3"></td></tr>
<tr><td colspan="2">6. 导出 RAPID 程序模块至 USB</td><td colspan="3"></td></tr>
</table>

工作评价

项目	评价内容				
	完成的质量（60分）	技能提升能力（20分）	知识掌握能力（10分）	团队合作（10分）	备注
自我评价					
小组评价					
教师评价					

1. 自我评价

班级： 姓名： 工作名称：

自我评价表

序号	评价项目			是	否
1	是否明确人员的职责				
2	能否按时完成工作任务的准备部分				
3	工作着装是否规范				
4	是否主动参与工作现场的清洁和整理工作				
5	是否主动帮助同学				
6	是否正确编写并调用区间判定函数				
7	是否了解 Label 指令和 GOTO 指令的用法				
8	是否正确编写跳转程序				
9	是否正确编写 TRAP 中断例行程序				
10	是否正确自动运行搬运码垛程序				
11	是否执行 5S 标准				
评价人		分数		时间	年 月 日

2. 小组评价

小组评价表

序号	评价项目	评价情况
1	与其他同学的沟通是否顺畅	
2	是否尊重他人	

续表

序号	评价项目	评价情况
3	工作态度是否积极主动	
4	是否服从教师安排	
5	着装是否符合标准	
6	能否正确地理解他人提出的问题	
7	能否按照安全和规范的规程操作	
8	能否保持工作环境的干净整洁	
9	是否遵守工作场所的规章制度	
10	是否有工作岗位的责任心	
11	是否全勤	
12	是否能正确对待肯定和否定的意见	
13	团队工作中的表现如何	
14	是否达到任务目标	
15	存在的问题和建议	

3. 教师评价表

教师评价表

<table>
<tr><td>课程</td><td>工业机器人现场编程</td><td>任务名称</td><td>工业机器人的高级示教编程与调试</td><td>完成地点</td><td></td></tr>
<tr><td>姓名</td><td></td><td>小组成员</td><td colspan="3"></td></tr>
<tr><td>序号</td><td colspan="2">项目</td><td>分值</td><td colspan="2"></td></tr>
<tr><td>1</td><td colspan="2">编写并调用区间判定函数</td><td>20</td><td colspan="2"></td></tr>
<tr><td>2</td><td colspan="2">编写跳转程序</td><td>20</td><td colspan="2"></td></tr>
<tr><td>3</td><td colspan="2">编写 TRAP 中断例行程序</td><td>20</td><td colspan="2"></td></tr>
<tr><td>4</td><td colspan="2">自动运行搬运码垛程序</td><td>20</td><td colspan="2"></td></tr>
<tr><td>5</td><td colspan="2">导出 RAPID 程序模块至 USB</td><td>20</td><td colspan="2"></td></tr>
</table>

项目八

工业机器人的日常维护

项目导入

如图 8–1 所示，工业机器人在具有严重粉尘、油污的空间中应用，必须对其进行维护，否则将大幅降低其寿命。当然，在工业机器人的正常生产过程中，也需要对工业机器人进行日常维护。

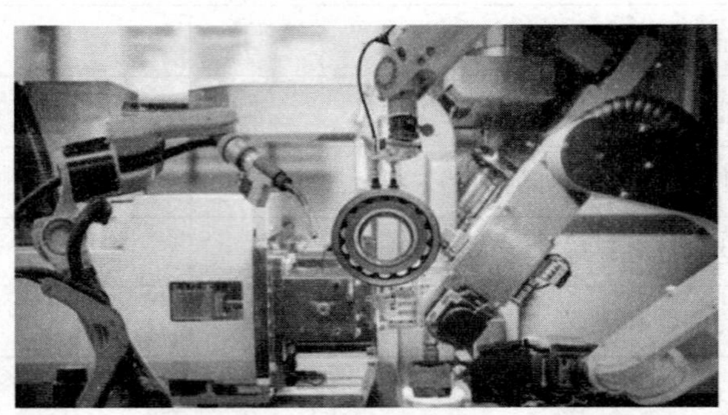

图 8–1　工业机器人的日常维护

项目目标

★知识目标

掌握转数计数器更新的目的及需要更新的条件。

掌握工业机器人本体电池的作用。

了解备份工业机器人系统的作用。

了解工业机器人微校的目的。

★能力目标

能实现工业机器人零点校对，更新转数计数器（工业机器人职业技能等级证书考核要点）。

能更换工业机器人本体电池。

能恢复和导入工业机器人备份程序和数据（工业机器人职业技能等级证书考核要点）。

★素质目标

通过本项目的训练培养学生学思结合、知行统一的学习态度，理性客观的思维习惯，在机器人故障维修任务中增强学生勇于探索的创新精神、善于解决问题的实践能力，培育精益求精、追求卓越的工匠精神和爱岗敬业的劳动态度。

项目分解

任务 8.1　转数计数器的更新
任务 8.2　更换工业机器人本体电池
任务 8.3　工业机器人的备份与恢复
任务 8.4　工业机器人的微校

任务 8.1　转数计数器的更新

8.1.1　转数计数器更新的目的及需要更新的条件

更新转数计数器

工业机器人在出厂时，对各关节轴的机械零点进行了设定，对应着机器人本体六个关节轴同步标记，该零点作为各关节轴运动的基准。机器人的零点信息是指，机器人各轴处于机械零点时各轴电机编码器对应的读数（包括转数数据和单圈转角数据）。零点信息数据存储在本体串行测量板上，数据需供电才能保持保存，掉电后数据会丢失。

机器人出厂时的机械零点与零点信息的对应关系是准确的，但由于误删零点信息、转数计数器掉电、拆机维修或断电情况下机器人关节轴被撞击移位，可能会造成零点信息的丢失和错误，进而导致零点失效，丢失运动基准。

将机器人关节轴运动至机械零点（把各关节轴上的同步标记对齐），然后在示教器进行转数数据校准更新的操作即为转数计数器的更新。在机器人零点丢失后，更新转数计数器可以将当前关节轴所处位置对应的编码器转数数据（单圈转角数据保持不变）设置为机械零点的转数数据，从而对机器人的零点进行粗略的校准。

在遇到下列情况时，需要进行转数计数器更新操作：

（1）当系统报警提示“10036 转数计数器更新”时。

（2）当转数计数器发生故障修复后。

（3）在转数计数器与测量板之间断开过之后。

（4）在断电状态下，机器人关节轴发生移动。

（5）在更换伺服电动机转数计数器电池之后。

8.1.2　任务实施——工业机器人六轴回机械零点

工业机器人六轴回机械零点

1. 任务引入

通常情况下，机器人六轴进行回机械零点操作时，各关节轴的调整顺序依次为 4—5—6—3—2—1（从机器人安装方式考虑，通常情况下机器人与地面配合安装，造成 4～6 轴位置较高），不同型号的机器人机械零点位置会有所不同，具体信息可以查阅机器人出厂说明书。

2. 任务要求

掌握工业机器人六轴回机械零点的操作。

3. 任务实操

序号	操作步骤	示意图
1	将机器人运动到安全合适的位置，手动操纵下，选择对应的轴动作模式“轴 4–6”，如图所示	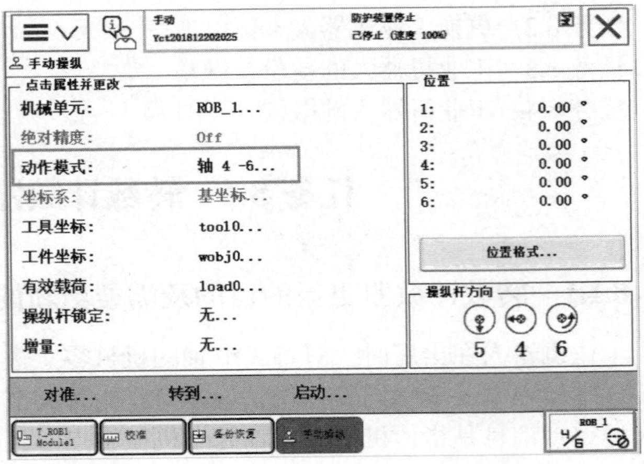
2	首先将关节轴 4 转到其机械零点刻度位置，如图所示（中线尽量与槽口中点对齐）	
3	调整机器人，将关节轴 5 转到其机械零点刻度位置，如图所示（中心尽量与槽口中点对齐）	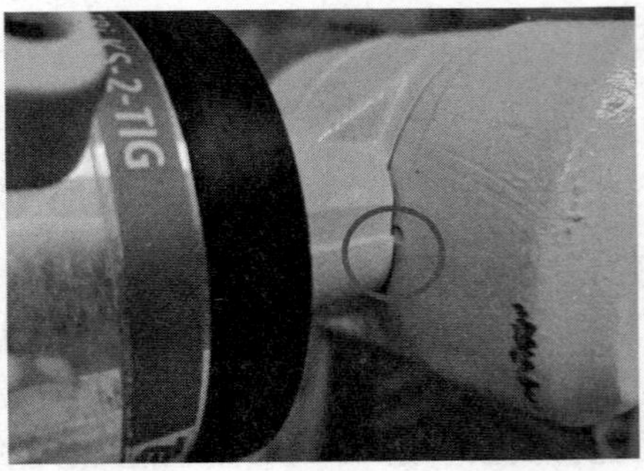

续表

序号	操作步骤	示意图
4	调整机器人，将关节轴6转到其机械零点刻度位置，如图所示（刻度线为亮黑色，需仔细查找）	
5	手动操纵下，选择对应的轴动作模式“轴1–3”，如图所示	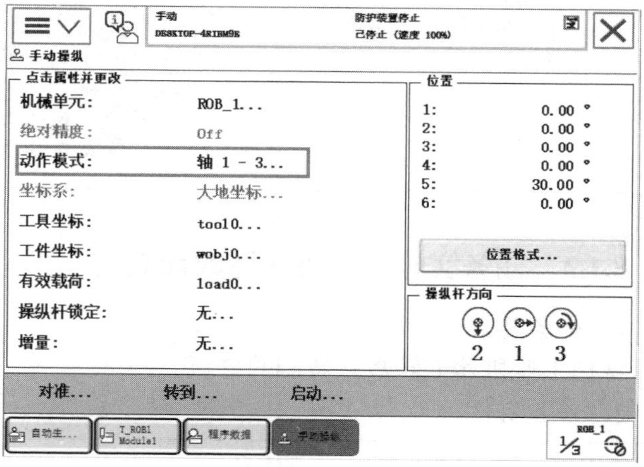
6	调整机器人，将关节轴3转到其机械零点刻度位置，如图所示（尽量使得中点对齐）	

续表

序号	操作步骤	示意图
7	调整机器人，将关节轴2转到其机械零点刻度位置，如图所示（尽量使得中点对齐）	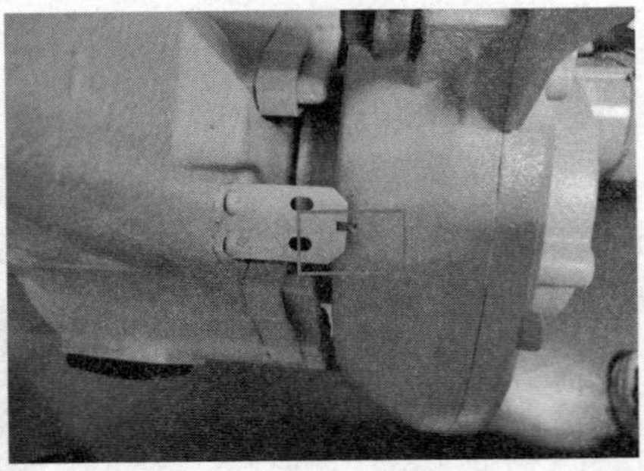
8	调整机器人，将关节轴1转到其机械零点刻度位置，如图所示（尽量使得中点对齐）	

8.1.3 任务实施——更新转数计数器

1. 任务要求

掌握工业机器人转数计数器的更新。

2. 任务实操

序号	操作步骤	示意图
1	参照8.1.2的步骤将机器人各关节轴调整至机械零点后，单击“主菜单”按钮，如图所示	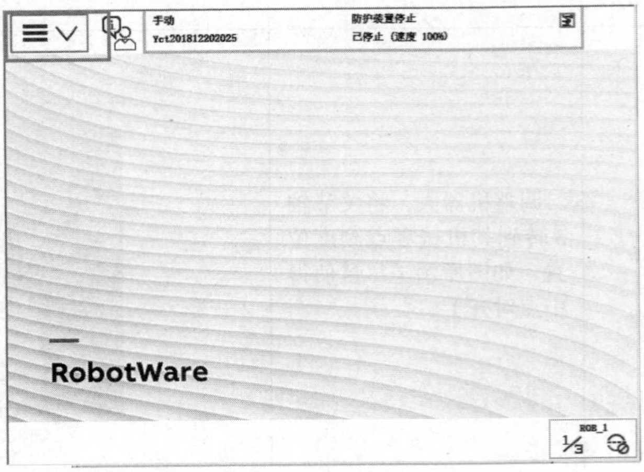 手动 Yct201812202025 防护装置停止 已停止（速度 100%） RobotWare ROB_1 1/3

续表

序号	操作步骤	示意图
2	在主菜单界面选择“校准”选项并单击，如图所示	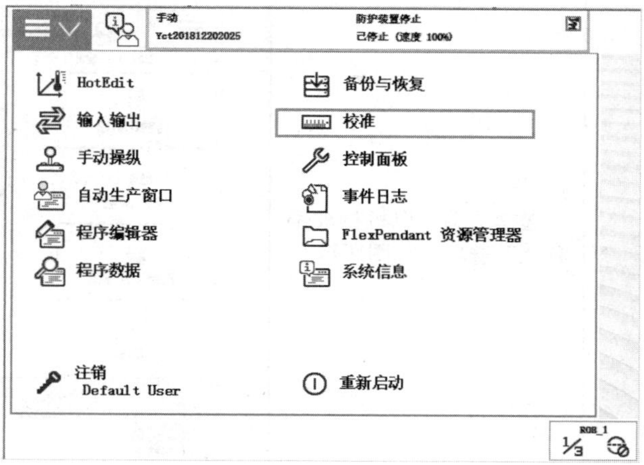 手动 Yct201812202025 防护装置停止 已停止（速度 100%） HotEdit　备份与恢复 输入输出　校准 手动操纵　控制面板 自动生产窗口　事件日志 程序编辑器　FlexPendant 资源管理器 程序数据　系统信息 注销 Default User　重新启动 ROB_1 1/3
3	选择需要校准的机械单元，单击“ROB_1”选项，如图所示	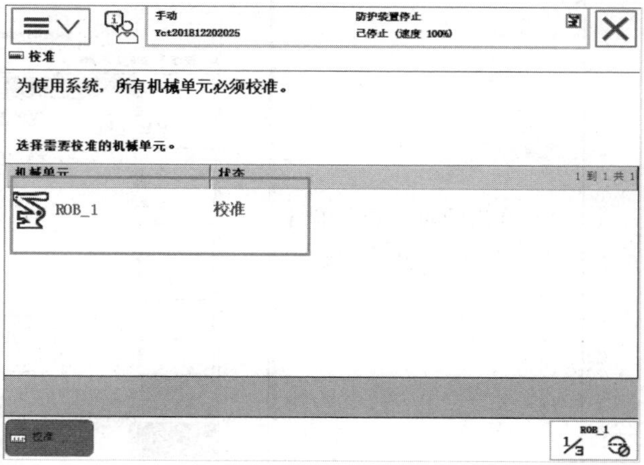 手动 Yct201812202025 防护装置停止 已停止（速度 100%） 校准 为使用系统，所有机械单元必须校准。 选择需要校准的机械单元。 机械单元　状态　1 到 1 共 1 ROB_1　校准 校准　ROB_1 1/3
4	如图所示，选择“校准参数”选项卡	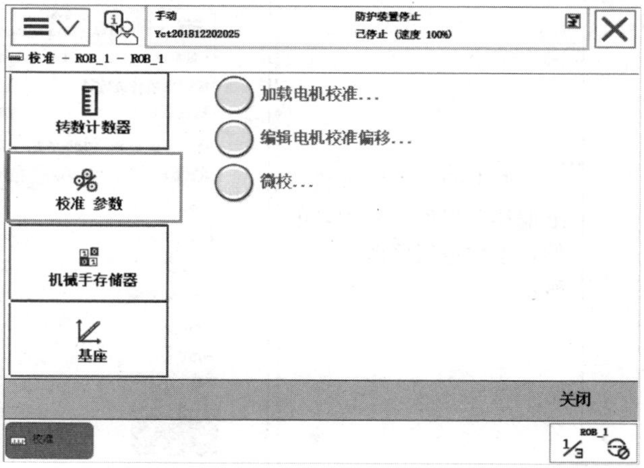 手动 Yct201812202025 防护装置停止 已停止（速度 100%） 校准 - ROB_1 - ROB_1 转数计数器　加载电机校准... 校准 参数　编辑电机校准偏移... 机械手存储器　微校... 基座 关闭 校准　ROB_1 1/3

续表

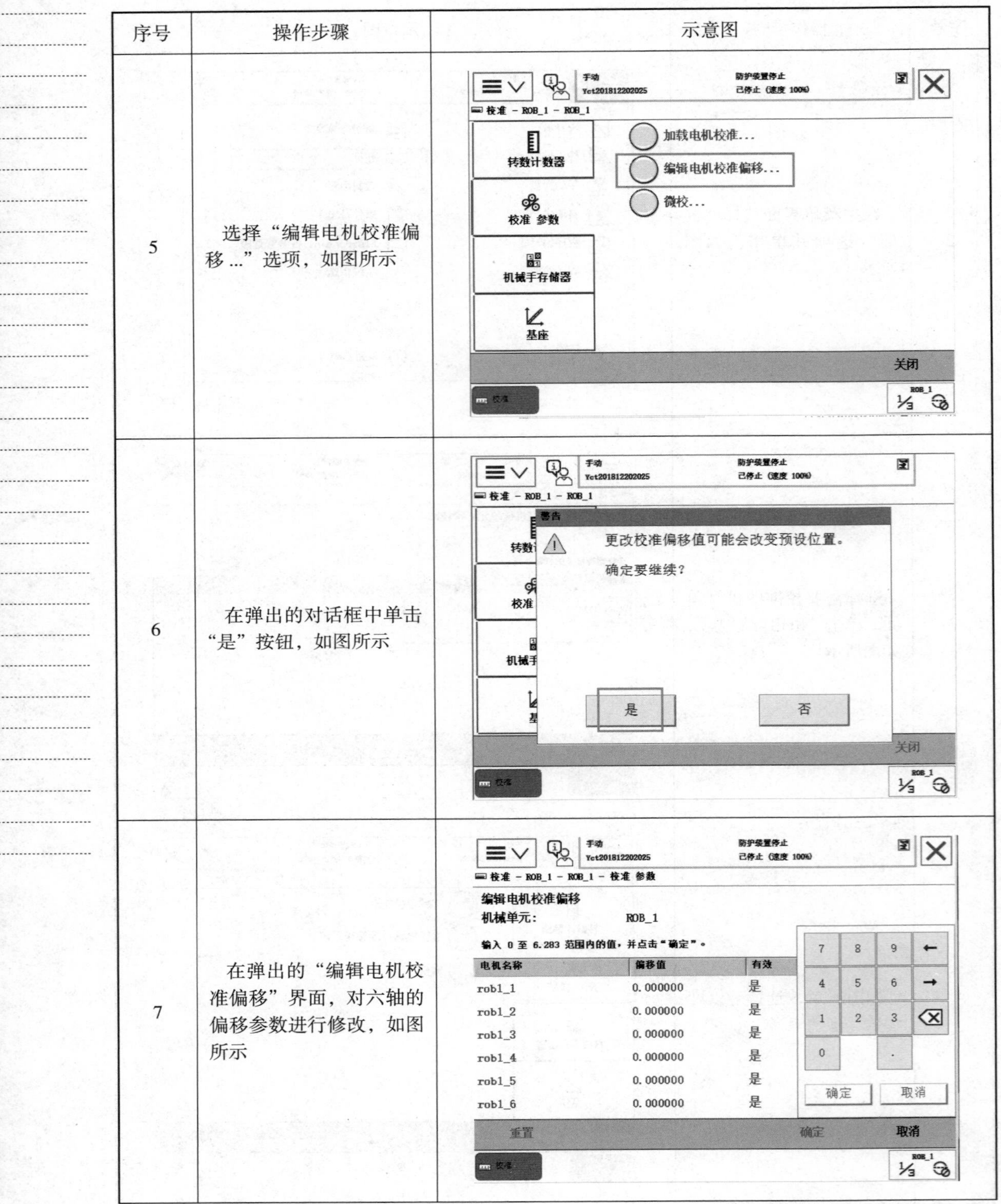

序号	操作步骤	示意图
5	选择“编辑电机校准偏移 ...”选项，如图所示	
6	在弹出的对话框中单击“是”按钮，如图所示	
7	在弹出的“编辑电机校准偏移”界面，对六轴的偏移参数进行修改，如图所示	

续表

<table>
<tr><th>序号</th><th>操作步骤</th><th>示意图</th></tr>
<tr><td>8</td><td>参照机器人本体上单击校准偏移值数据（如图所示），对校准偏移值进行修改</td><td>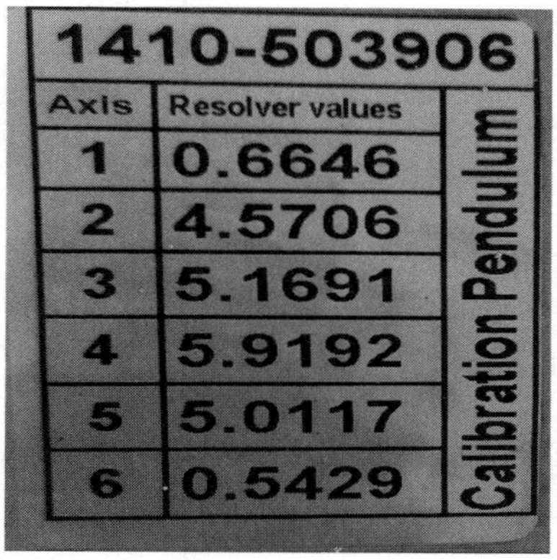
1410-503906
Axis
Resolver values
1 0.6646
2 4.5706
3 5.1691
4 5.9192
5 5.0117
6 0.5429
Calibration Pendulum</td></tr>
<tr><td>9</td><td>如图所示，在单击校准偏移界面，单击对应轴的偏移值，输入机器人本体上的电动机校准偏移值数据，然后单击“确定”按钮</td><td>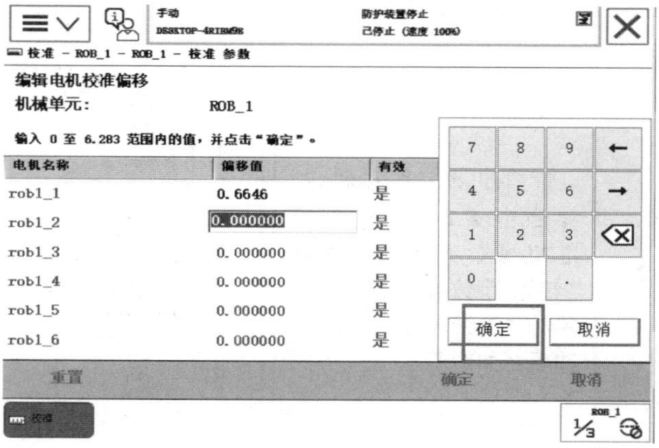
手动
DESKTOP-4RIBM9E
防护装置停止
已停止（速度 100%）
校准 - ROB_1 - ROB_1 - 校准 参数
编辑电机校准偏移
机械单元：ROB_1
输入 0 至 6.283 范围内的值，并点击“确定”。
电机名称 偏移值 有效
rob1_1 0.6646 是
rob1_2 0.000000 是
rob1_3 0.000000 是
rob1_4 0.000000 是
rob1_5 0.000000 是
rob1_6 0.000000 是
7 8 9 4 5 6 1 2 3 0 .
确定 取消
重置 确定 取消
校准
ROB_1
1/3</td></tr>
<tr><td>10</td><td>输入所有机器人本体上的电动机校准偏移值数据后，单击“确定”按钮，将重新启动示教器（如果示教器中显示的电机校准偏移值与机器人本体上的标签数值一致，则不需要进行修改，直接单击“取消”按钮，跳到步骤12），如图所示</td><td>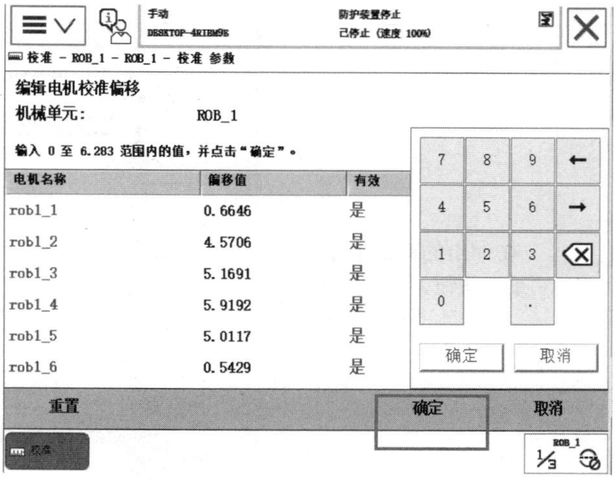
手动
DESKTOP-4RIBM9E
防护装置停止
已停止（速度 100%）
校准 - ROB_1 - ROB_1 - 校准 参数
编辑电机校准偏移
机械单元：ROB_1
输入 0 至 6.283 范围内的值，并点击“确定”。
电机名称 偏移值 有效
rob1_1 0.6646 是
rob1_2 4.5706 是
rob1_3 5.1691 是
rob1_4 5.9192 是
rob1_5 5.0117 是
rob1_6 0.5429 是
7 8 9 4 5 6 1 2 3 0 .
确定 取消
重置 确定 取消
校准
ROB_1
1/3</td></tr>
</table>

续表

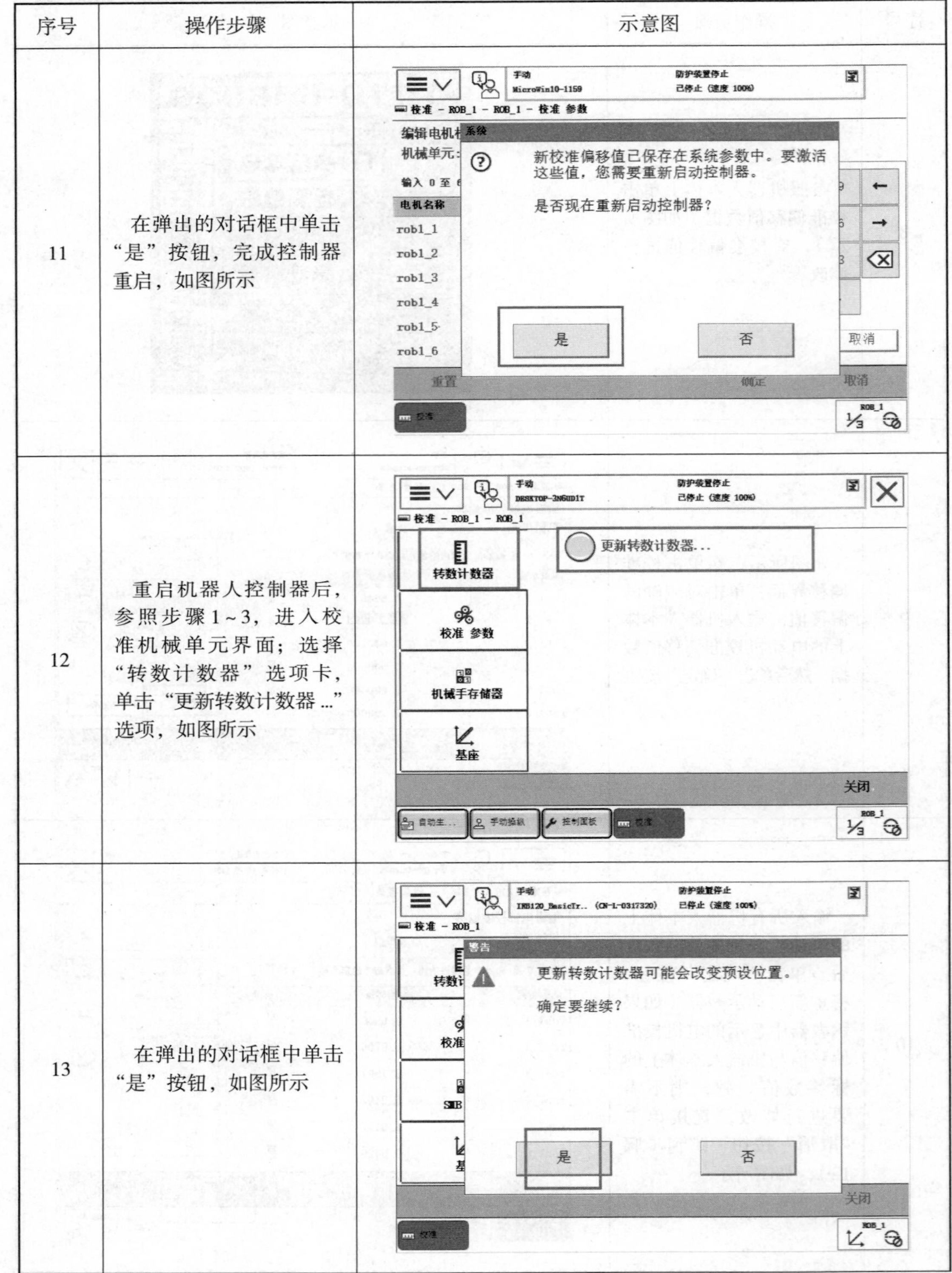

序号	操作步骤	示意图
11	在弹出的对话框中单击“是”按钮，完成控制器重启，如图所示	
12	重启机器人控制器后，参照步骤1~3，进入校准机械单元界面；选择“转数计数器”选项卡，单击“更新转数计数器...”选项，如图所示	
13	在弹出的对话框中单击“是”按钮，如图所示	

续表

序号	操作步骤	示意图
14	校准完成后单击图示右下角的“确定”按钮	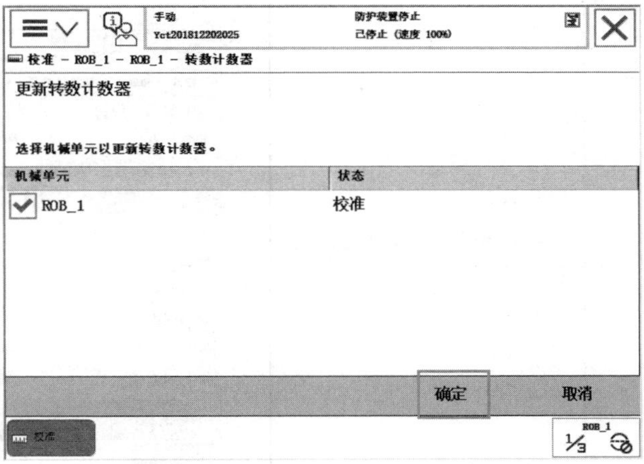手动 Yct201812202025 防护装置停止 已停止 (速度 100%) 校准 - ROB_1 - ROB_1 - 转数计数器 更新转数计数器 选择机械单元以更新转数计数器。 机械单元 状态 ROB_1 校准 确定 取消 ROB_1
15	在弹出的要更新的轴界面，单击“全选”按钮后再单击右下角的“更新”按钮，如图所示	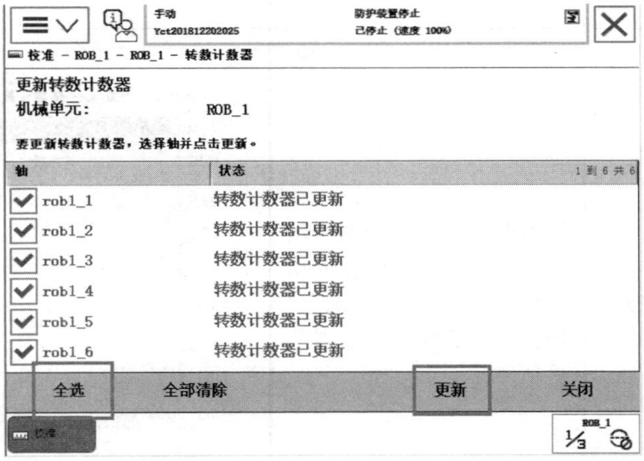手动 Yct201812202025 防护装置停止 已停止 (速度 100%) 校准 - ROB_1 - ROB_1 - 转数计数器 更新转数计数器 机械单元: ROB_1 要更新转数计数器，选择轴并点击更新。 轴 状态 1 到 6 共 6 rob1_1 转数计数器已更新 rob1_2 转数计数器已更新 rob1_3 转数计数器已更新 rob1_4 转数计数器已更新 rob1_5 转数计数器已更新 rob1_6 转数计数器已更新 全选 全部清除 更新 关闭 ROB_1
16	在弹出的对话框中单击“更新”按钮，如图所示	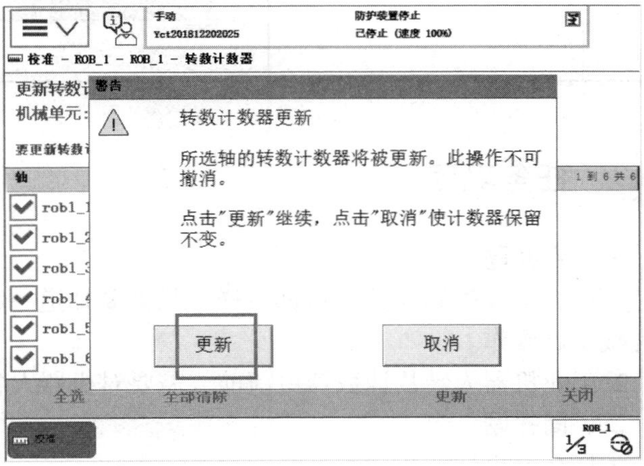手动 Yct201812202025 防护装置停止 已停止 (速度 100%) 校准 - ROB_1 - ROB_1 - 转数计数器 警告 转数计数器更新 所选轴的转数计数器将被更新。此操作不可撤消。 点击"更新"继续，点击"取消"使计数器保留不变。 更新 取消 全选 全部清除 更新 关闭 ROB_1

续表

序号	操作步骤	示意图
17	等待机器人系统完成更新工作	手动 IRB120_BasicTr.. (CN-L-0317320) 防护装置停止 已停止 (速度 100%) 校准 - ROB_1 - 转数计数器 更新转数计数器 机械单元: ROB_1 要更新转数计数器，选择轴并点击更新。 轴 进度窗口 1 到 6 共 6 rob1_1 rob1_2 rob1_3 rob1_4 rob1_5 rob1_6 正在更新转数计数器。 请等待! 转数计数器已更新 转数计数器已更新 全选 全部清除 更新 关闭 ROB_1
18	当界面上显示如图所示“转数计数器更新已成功完成。”时，单击“确定”按钮，完成转数计数器的更新	- ROB_1 - ROB_1 - 转数计数器 更新转数计数器 转数计数器更新已成功完成。 确定 全选 全部清除 更新 关闭

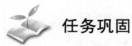

任务巩固

一、判断题

1. 所有工业机器人的零点都一样，只需要知道一种类型的机器人零点，便可进行六轴回机械零点操作。

2. 工业机器人转数计数器更新前，需要对机器人各轴进行回机械零点的操作。

二、简答题

为什么要更新转数计数器？

任务 8.2　更换工业机器人本体电池

8.2.1　工业机器人本体电池的作用和使用寿命

工业机器人本体电池的更换方法

本书所述型号的机器人，其零点信息数据存储在本体串行测量板上，而串行测量板在机器人系统接通外部主电源时，由主电源进行供电；当系统与主电源断开连接后，则需要串行测量板电池（本体电池）为其供电。

如果串行测量板断电，就会导致零点信息丢失，机器人各关节轴无法按照正确的基准进行运动。为了保持机器人机械零点位置数据的存储，需持续保持串行测量板的供电。当串行测量板的电池电量不足时，示教器界面会出现提示，此时需要更换新电池。否则电池电量耗尽，每次主电源断电后再次上电，都需要进行转数计数器更新的操作。

本书所述机器人品牌的串行测量板装置和电池有两种型号：一种具有 2 电极电池触点，另一种具有 3 电极电池触点。对于具有 2 电极触点的串行测量板，如果机器人电源每周关闭 2 天，则新电池的使用寿命通常为 36 个月；而如果机器人电源每天关闭 16 小时，则其使用寿命为 18 个月。3 电极触点的型号具有更长的电池使用寿命。生产中断时间较长的情况下，可通过电池关闭服务例行程序延长使用寿命。

8.2.2　任务实施——工业机器人本体电池的更换

1. 任务要求

掌握如何更换机器人本体电池。

提示：更换电池前应关闭机器人所有电力、液压和气压供给。该装置易受静电影响，请做好静电排除措施。

2. 任务实操

序号	操作步骤	示意图
1	参照 8.1.2 的步骤将机器人各关节轴调整至机械零点后，关闭机器人系统，断开主电源（拔掉外部电源）	

续表

序号	操作步骤	示意图
2	断开主电源后，用内六角扳手拧下连接螺钉，打开接线盒外盖，如图所示	
3	找到需要更换的电池组，松开紧固装置；本实操实例机器人电池组的固定解开操作为使用斜口钳解开电池组的扎带，如图所示	
4	断开电池组与串行测量板装置的连接，此实操所述机器人操作方法为拔掉串行测量板上的接线柱，如图中圈内所示位置	
5	更换新电池后，将电池组与串行测量板装置连接；此实操中即将接线柱插回串行测量板上，如图所示	

续表

序号	操作步骤	示意图
6	将新换的电池组，重新固定回紧固装置中；此实操中即使用扎带再次将电池组固定，如图所示	
7	更换好的电池组固定完成后，将接线盒外盖安装回原位，即使用内六角扳手将接线盒外盖安装回原处，完成机器人本体电池的更换，如图所示	

提示：不同型号的机器人，更换电池的操作会细微不同，具体操作流程可以查阅型号相关产品手册说明书。更换电池后，需要对机器人进行转数计数器更新。

任务巩固

一、填空题

1. 机器人本体电池对（　　　　　）进行供电，保持机器人（　　　　　）。

2. 如果机器人电源每周关闭 2 天，则新电池的使用寿命通常为（　　　　　），而如果机器人电源每天关闭 16 小时，则其使用寿命为（　　　　　）。

3. 电极触点的型号具有（　　　　　）电池使用寿命。

二、简答题

什么时候需要更换电池？

任务 8.3　工业机器人系统的备份与恢复

工业机器人系统的备份与恢复

8.3.1　备份工业机器人系统的作用

在对机器人进行操作前备份机器人系统，可以有效地避免操作人员对机器人系统文件误删所引起的故障。除此之外，在机器人系统遇到无法重启或者重新安装新系统时，可以通过恢复机器人系统的备份文件解决。机器人系统备份文件中，是所有存储在运行内存中的 RAPID 程序和系统参数。

提示： 系统备份文件具有唯一性，只能恢复到原来的进行备份操作的机器人中去，否则会引起故障。

8.3.2　任务实施——工业机器人系统的备份

1. 任务要求

掌握如何备份机器人系统。

2. 任务实操

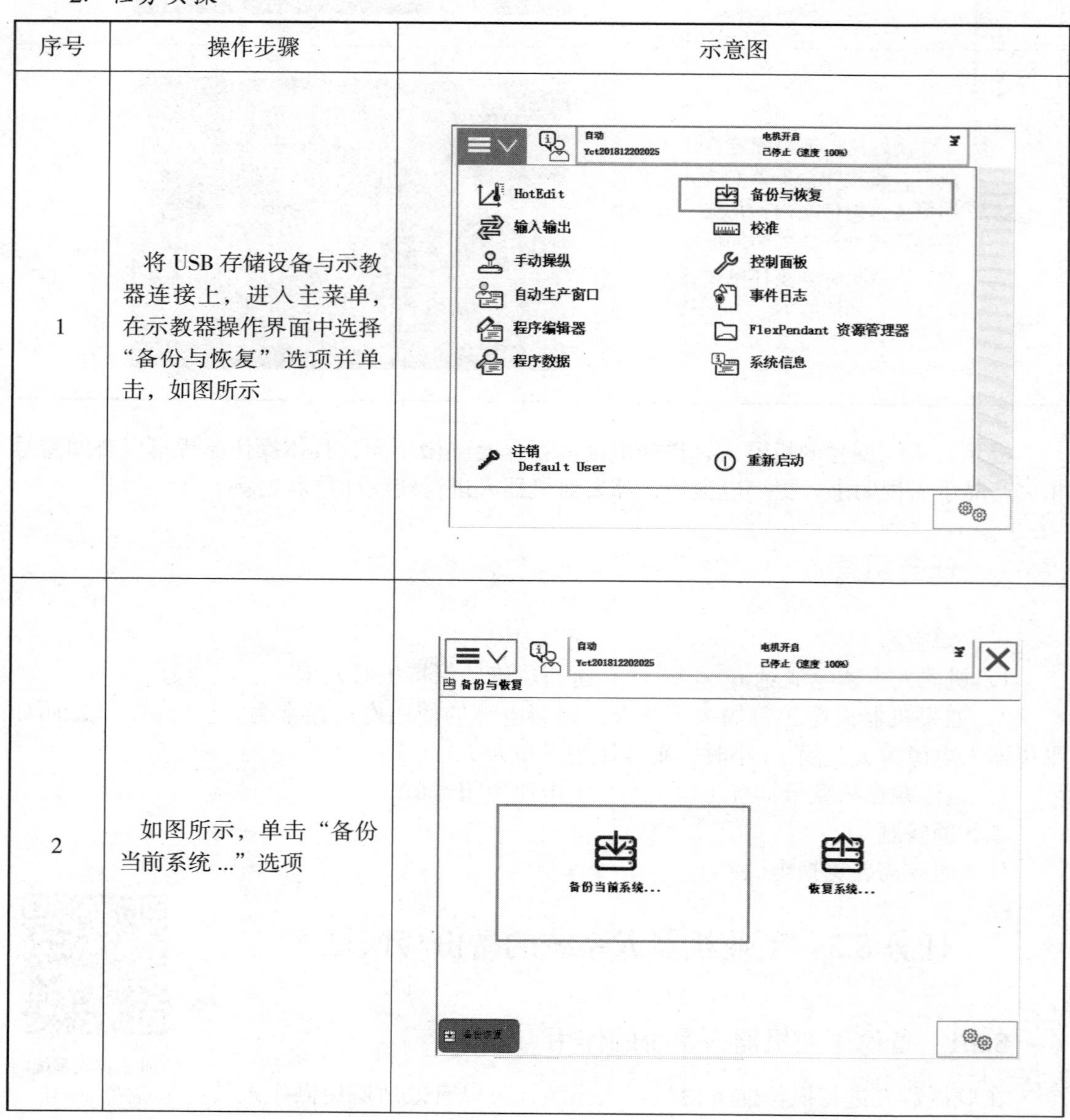

序号	操作步骤	示意图
1	将 USB 存储设备与示教器连接上，进入主菜单，在示教器操作界面中选择“备份与恢复”选项并单击，如图所示	
2	如图所示，单击“备份当前系统 ...”选项	

续表

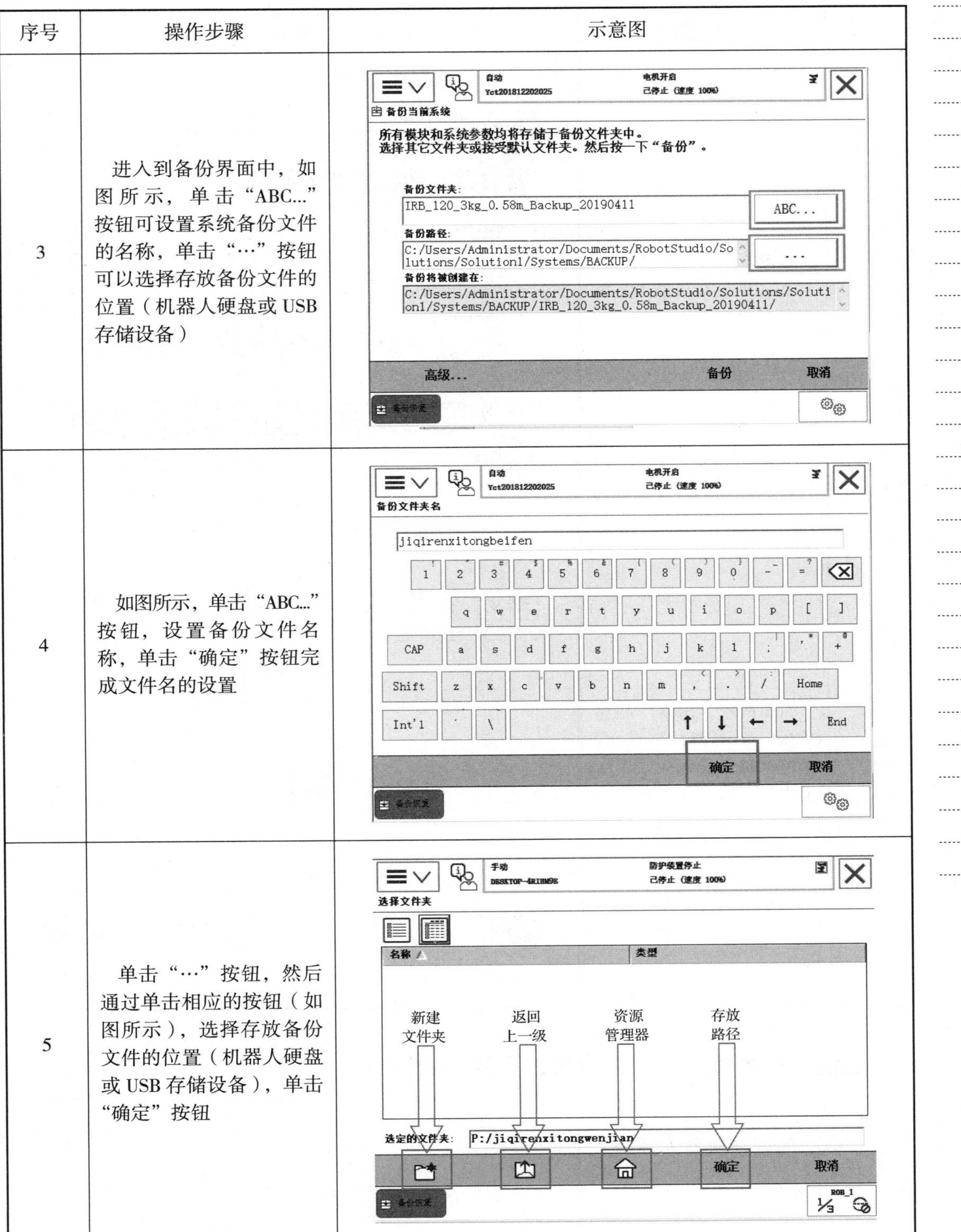

序号	操作步骤	示意图
3	进入到备份界面中，如图所示，单击“ABC...”按钮可设置系统备份文件的名称，单击“…”按钮可以选择存放备份文件的位置（机器人硬盘或USB存储设备）	
4	如图所示，单击“ABC...”按钮，设置备份文件名称，单击“确定”按钮完成文件名的设置	
5	单击“…”按钮，然后通过单击相应的按钮（如图所示），选择存放备份文件的位置（机器人硬盘或USB存储设备），单击“确定”按钮	

续表

序号	操作步骤	示意图
6	如图所示，单击“备份”按钮，即可对机器人系统进行备份	 自动 DESKTOP-4RIBM9S 电机开启 已停止（速度 100%） 备份当前系统 所有模块和系统参数均将存储于备份文件夹中。 选择其它文件夹或接受默认文件夹。然后按一下“备份”。 备份文件夹：System5_Backup_20200917 ABC... 备份路径：P:/jiqirenxitongwenjian/ ... 备份将被创建在：P:/jiqirenxitongwenjian/System5_Backup_20200917/ 高级... 备份 取消
7	如图所示，出现“创建备份。请等待！”界面，等待文件备份完成，界面消失后，即完成了对机器人系统的备份	 手动 MicroWin10-1159 防护装置停止 已停止（速度 100%） 备份当前系统 创建备份。 请等待！ ROB_1 1/3

8.3.3 任务实施——工业机器人系统的恢复

1. 任务要求

掌握如何恢复机器人系统。

2. 任务实操

序号	操作步骤	示意图
1	将 USB 存储设备与示教器连接上，参照 7.3.2，进入“备份与恢复”界面，单击“恢复系统 ...”选项，如图所示	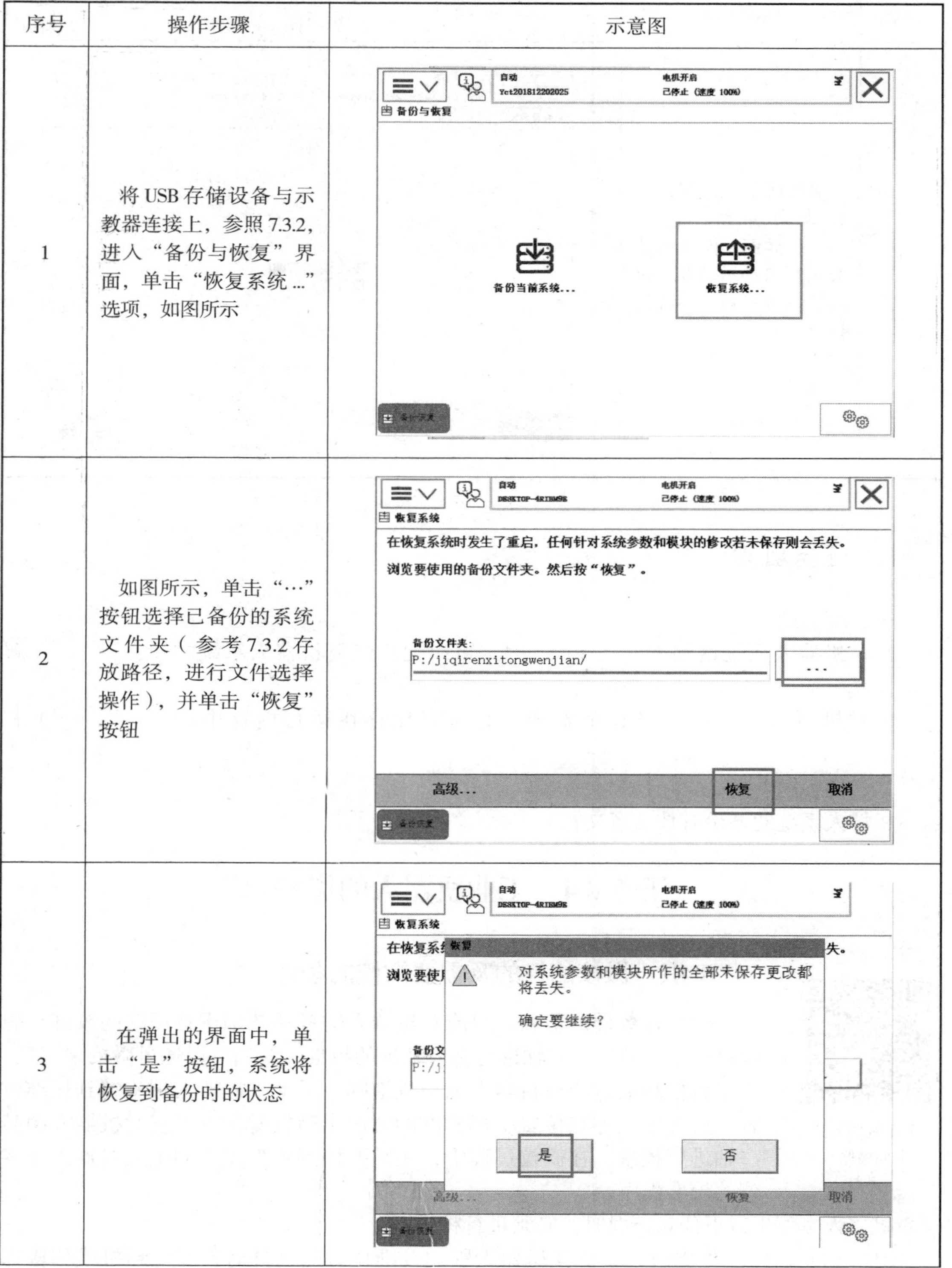
2	如图所示，单击“…”按钮选择已备份的系统文件夹（参考 7.3.2 存放路径，进行文件选择操作），并单击“恢复”按钮	
3	在弹出的界面中，单击“是”按钮，系统将恢复到备份时的状态	

续表

序号	操作步骤	示意图
4	如图所示，出现“正在恢复系统。请等待！”界面，恢复系统会重新启动示教器，重启后完成机器人系统的恢复	手动 System3 (DESKTOP-HVBCOF8) 防护装置停止 已停止 (速度 100%) 恢复系统 正在恢复系统。 请等待！ ROB_1 1/3

任务巩固

一、填空题

1. 在机器人系统遇到（　　　　）时，可以通过恢复机器人系统的（　　　　）解决。

2. 对机器人系统进行备份的对象，是所有储存在运行内存中的（　　　　）和（　　　　）。

二、简答题

机器人系统的备份有什么意义？

任务 8.4　工业机器人的微校

8.4.1　微校的目的及需要微校的条件

工业机器人的定期检修与保养

转数计数器的更新，只能对机器人的各关节轴进行粗略的校准。想要对机器人的各关节轴进行更为精确的校准，我们可以通过微校来实现。

微校是通过释放机器人电动机抱闸，手动将机器人轴旋转到校准位置，重新定义零点位置实现校准的方法。微校时，可以仅对机器人的某一轴进行校准。在微校过程中，还需要用到示教器上的生成机器人新零位的校准程序。

机器人在发生以下任意情况时，必须进行校准：

（1）编码器值发生更改，当更换机器人影响校准位置的部件时，如电动机或传输部件，编码器值会更改。

（2）编码器内存记忆丢失（原因：电池放电、出现转数计数器错误、转数计数器和测量电路板间信号中断、控制系统断开时移动机器人轴）。

（3）重新组装机器人，例如在碰撞后或更改机器人的工作范围时，需要重新校准新的编码器值。

（4）工业机器人的微校方法：将需要进行微校的轴的校准针脚上的阻尼器卸下来，然后按住“松开抱闸”按钮，手动将机器人各关节轴按特定方向（表 8–1）转动，直至其上的校准针脚相互接触（校准位置对准）后，释放松开抱闸按钮，此时完成了机械位置的校正。然后在示教器上选择微校，进行对应关节轴的微校操作。一般地，机器人的五轴和六轴是需要通过校准工具，一起进行微校的。其他几个关节轴，无须使用工具便可以单独进行轴的微校。在 8.4.2 中，我们将以工业机器人五轴和六轴的微校为例，具体介绍微校的操作方法和步骤。

表 8–1　关节轴微校旋转方向

关节轴	旋转方向及角度 /（°）	关节轴	旋转方向及角度 /（°）
轴 1	–170.2	轴 4	–174.7
轴 2	–115.1	轴 5	–90
轴 3	75.8	轴 6	90

提示：不同型号的工业机器人的校准针脚位置，会有所不同；不同厂家的工业机器人校准方法也会有所差异，具体的可以查阅所需校准的工业机器人的产品手册。

8.4.2　任务实施——工业机器人五轴和六轴的微校

1. 任务要求

使用校准工具，完成工业机器人五轴和六轴的微校。

2. 任务实操

序号	操作步骤	示意图
1	此次五轴和六轴微校所需要用到的工具，如图所示	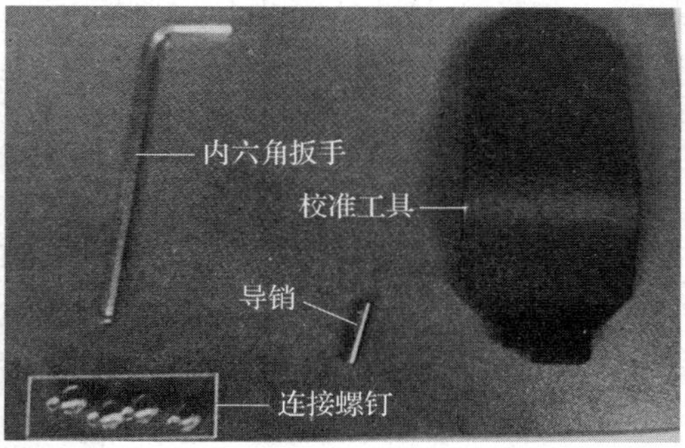

续表

序号	操作步骤	示意图
2	使用内六角扳手，将校准工具通过导销和连接螺钉，安装到机器人轴6上，如图所示	
3	一人拖住机器人，如图所示	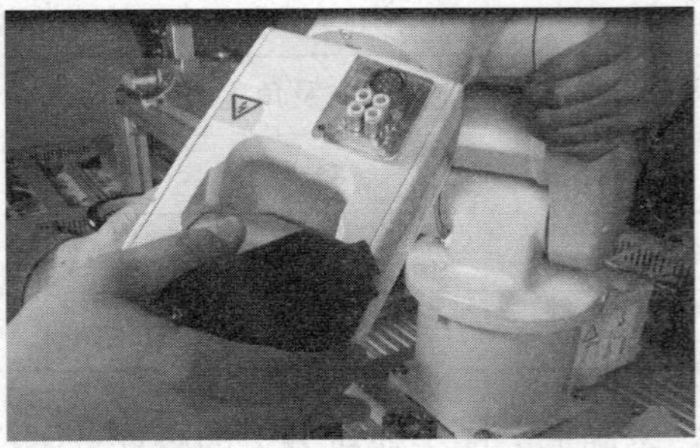
4	另一个人按住“松开抱闸”按钮，如图所示	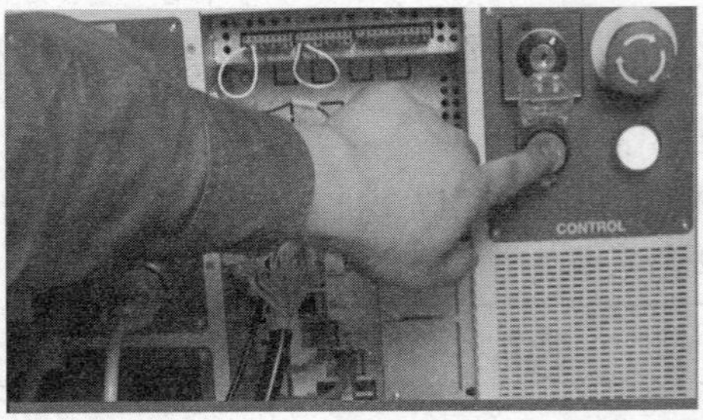
5	手动旋转轴5和轴6，直至手腕上的校准针脚（机器人各校准针脚位置，请查阅机器人产品手册）与校准工具相互接触，如图所示	

续表

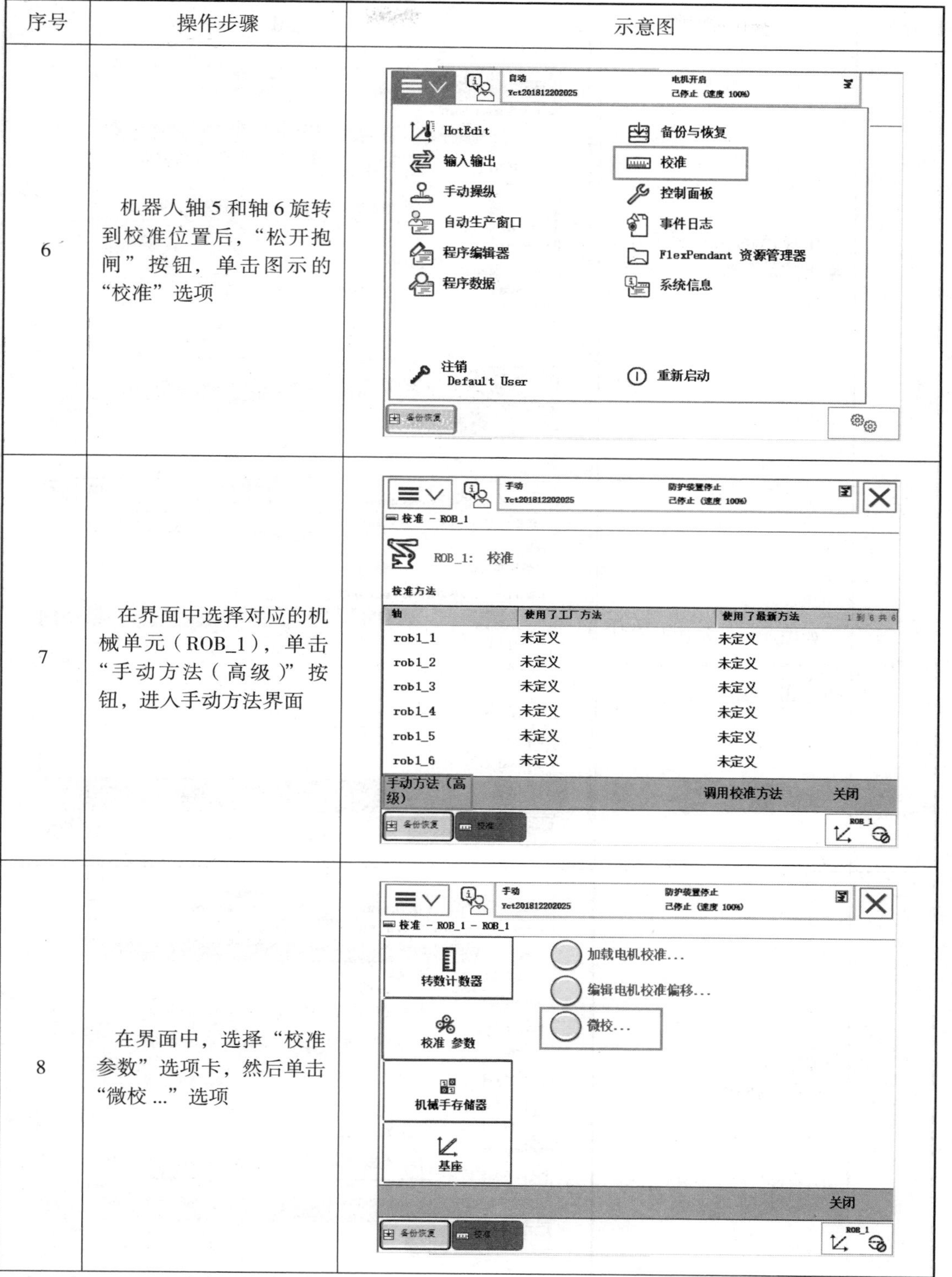

序号	操作步骤	示意图
6	机器人轴5和轴6旋转到校准位置后，“松开抱闸”按钮，单击图示的“校准”选项	
7	在界面中选择对应的机械单元（ROB_1），单击“手动方法（高级）”按钮，进入手动方法界面	
8	在界面中，选择“校准参数”选项卡，然后单击“微校...”选项	

续表

序号	操作步骤	示意图
9	在弹出的图示界面中，单击“是”按钮	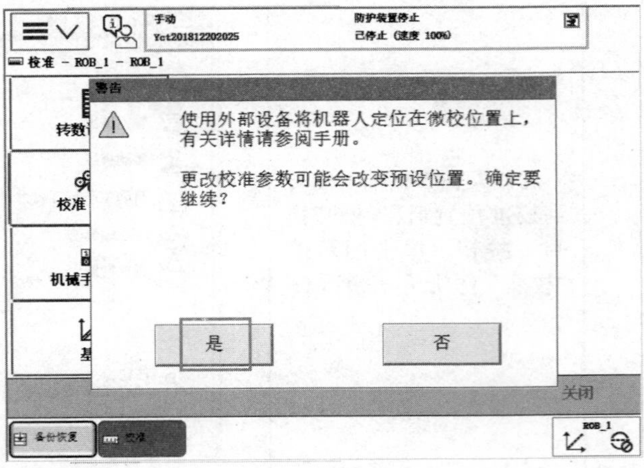 手动 Yct201812202025 防护装置停止 已停止（速度 100%） 校准 - ROB_1 - ROB_1 警告 使用外部设备将机器人定位在微校位置上，有关详情请参阅手册。 更改校准参数可能会改变预设位置。确定要继续？ 是 否 关闭
10	如图所示，勾选上需要进行微校的轴5和轴6，并单击“校准”按钮	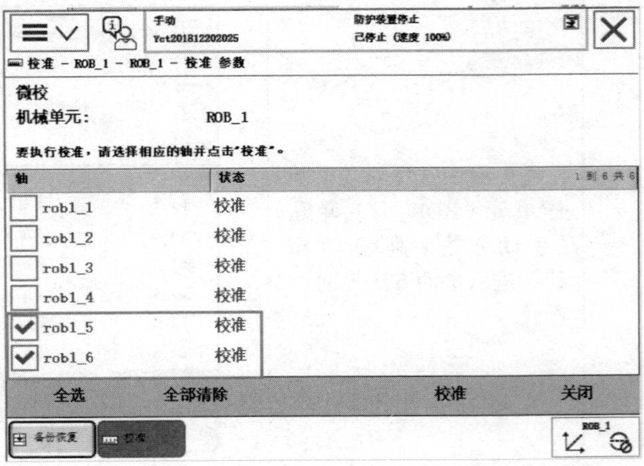 手动 Yct201812202025 防护装置停止 已停止（速度 100%） 校准 - ROB_1 - ROB_1 - 校准 参数 微校 机械单元： ROB_1 要执行校准，请选择相应的轴并点击“校准”。 轴 状态 1 到 6 共 6 rob1_1 校准 rob1_2 校准 rob1_3 校准 rob1_4 校准 rob1_5 校准 rob1_6 校准 全选 全部清除 校准 关闭
11	弹出图示界面，单击“校准”按钮	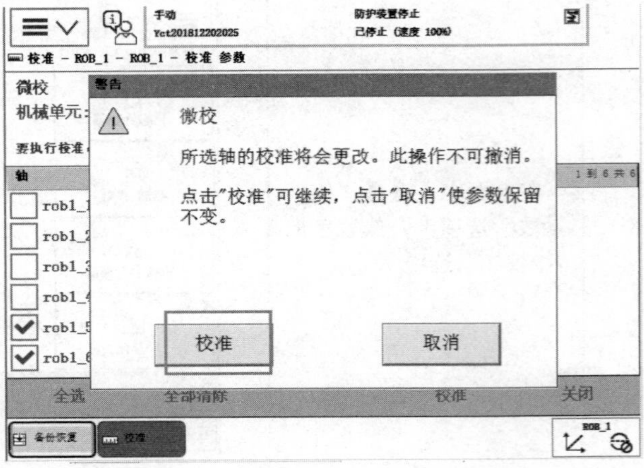 手动 Yct201812202025 防护装置停止 已停止（速度 100%） 校准 - ROB_1 - ROB_1 - 校准 参数 警告 微校 所选轴的校准将会更改。此操作不可撤消。 点击“校准”可继续，点击“取消”使参数保留不变。 校准 取消 全选 全部清除 校准 关闭

续表

序号	操作步骤	示意图
12	单击图示界面中的“确定”按钮	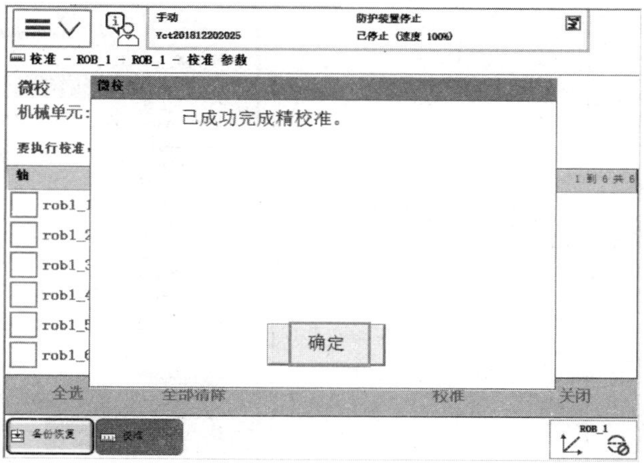 手动 Yct201812202025 防护装置停止 已停止（速度 100%） 校准 - ROB_1 - ROB_1 - 校准 参数 微校 已成功完成精校准。 确定 全选　全部清除　校准　关闭
13	手动模式下运行如下程序：MoveAbsJ jpos20\NoEOffs，v1000，fine，tool0； 轴 5 和轴 6 上的同步标记现在应匹配（其中 jpos20 的位置值为［0，0，0，0，0，0］，［9E9，9E9，9E9，9E9，9E9，9E9］	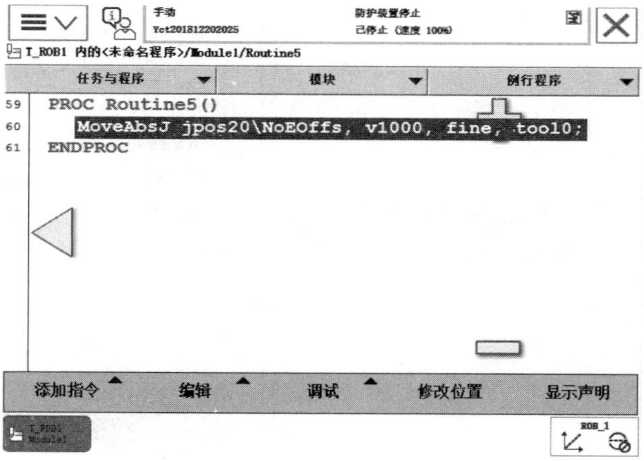 手动 Yct201812202025 防护装置停止 已停止（速度 100%） T_ROB1 内的<未命名程序>/Module1/Routine5 任务与程序　模块　例行程序 PROC Routine5() MoveAbsJ jpos20\NoEOffs, v1000, fine, tool0; ENDPROC 添加指令　编辑　调试　修改位置　显示声明
14	然后在手动方法界面，选择如图所示的“更新转数计数器…”选项	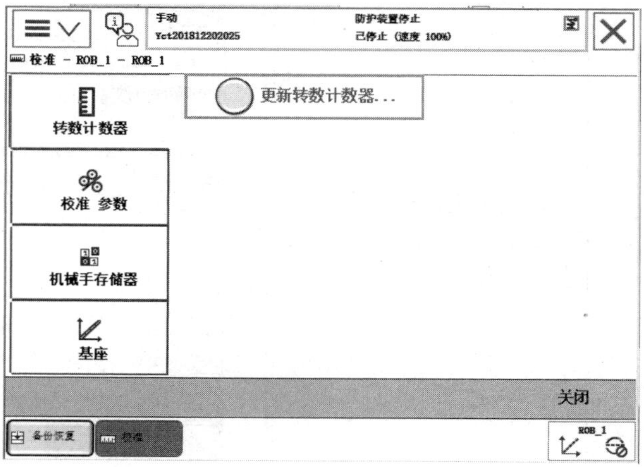 手动 Yct201812202025 防护装置停止 已停止（速度 100%） 校准 - ROB_1 - ROB_1 转数计数器　更新转数计数器... 校准 参数 机械手存储器 基座 关闭

续表

序号	操作步骤	示意图
15	单击图示弹出界面中的“是”按钮	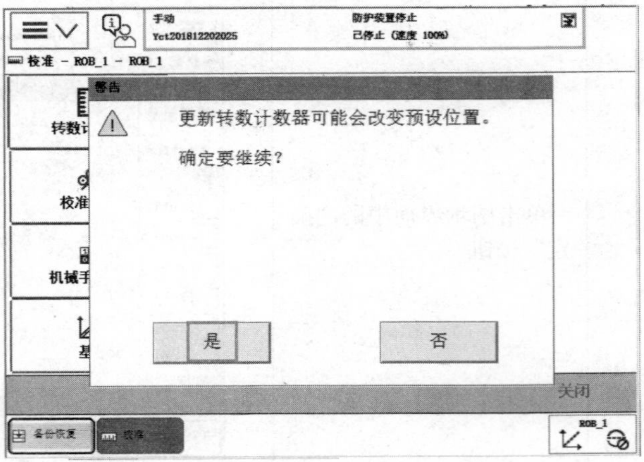
16	单击“确定”按钮，确定机械单元为“ROB_1”	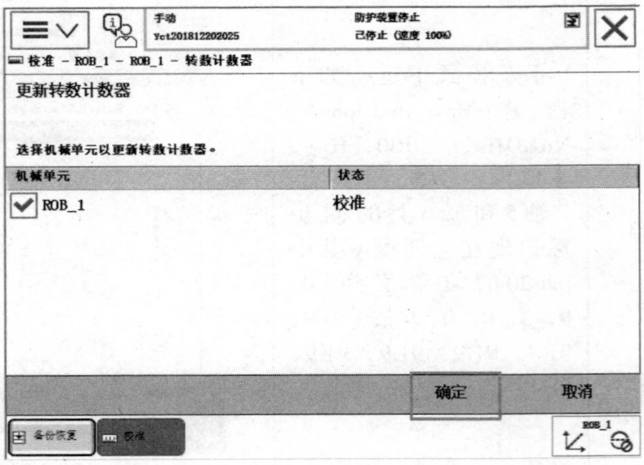
17	勾选上刚进行了微校的轴5和轴6，并单击“更新”按钮	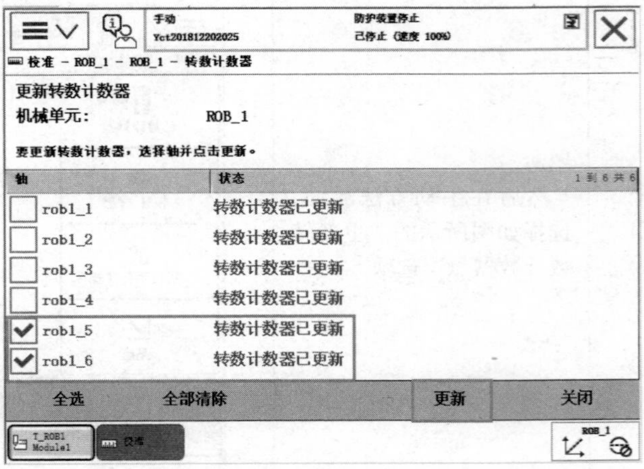

续表

序号	操作步骤	示意图
18	在弹出的界面中，单击“更新”按钮	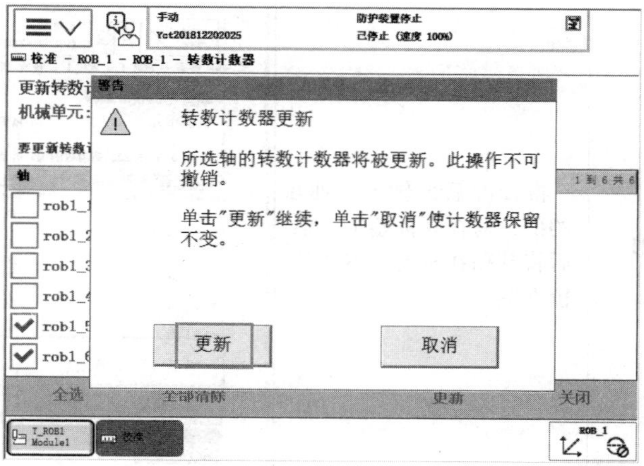
19	单击“确定”按钮，完成更新转数计数器的操作	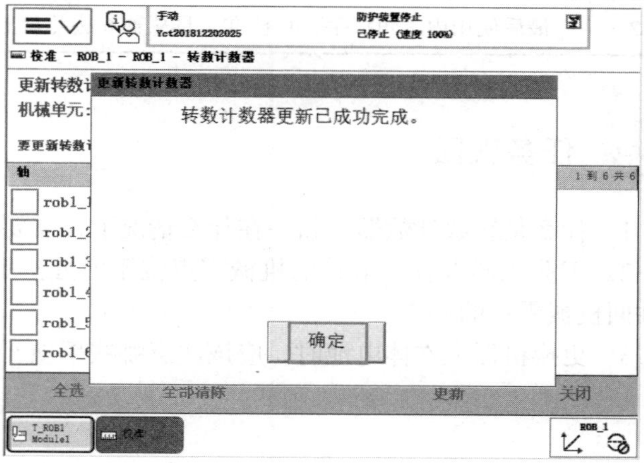
20	校准任何机器人的轴后请务必验证结果，以验证所有校准位置是否正确。在更新转数计数器后，进入“校准参数”选项卡，单击“编辑电机校准偏移...”选项	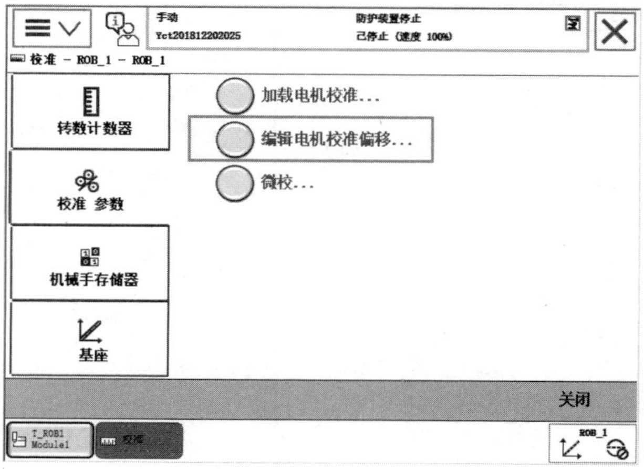

续表

序号	操作步骤	示意图
21	将校准后的轴 5 和轴 6 的值，写在新标签上，然后将其贴在机器人本体的校准签上	
22	最后使用内六角扳手，将校准工具从轴 6 法兰盘上拆下，完成轴 5 和轴 6 的微校	

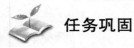

任务巩固

1. 什么是转数计数器更新？在什么情况下，需要更新转数计数器？

2. 工业机器人各关节轴的机械零点位于何处？更新转数计数器时，为什么需要进行六轴回机械零点的操作？

3. 更换机器人本体电池时，应该注意哪些事项？

任务清单

<table>
<tr><td>姓名</td><td></td><td>工作名称</td><td colspan="2">工业机器人的日常维护</td></tr>
<tr><td>班级</td><td></td><td>小组成员</td><td colspan="2"></td></tr>
<tr><td>指导教师</td><td></td><td>分工内容</td><td colspan="2"></td></tr>
<tr><td>计划用时</td><td></td><td>实施地点</td><td colspan="2"></td></tr>
<tr><td>完成日期</td><td colspan="2"></td><td>备注</td><td></td></tr>
<tr><td colspan="5">工作准备</td></tr>
<tr><td colspan="3">资料</td><td>工具</td><td>设备</td></tr>
<tr><td colspan="3"></td><td></td><td></td></tr>
<tr><td colspan="5">工作内容与实施</td></tr>
<tr><td colspan="2">1. 简述工业机器人日常维护的基本原则</td><td colspan="3"></td></tr>
<tr><td colspan="2">2. 简述哪些情况下需要更新转数计数器</td><td colspan="3"></td></tr>
<tr><td colspan="2">3. 简述如何更新转数计数器</td><td colspan="3"></td></tr>
<tr><td colspan="2">4. 更换工业机器人本体电池</td><td colspan="3"></td></tr>
<tr><td colspan="2">5. 备份工业机器人系统</td><td colspan="3"></td></tr>
<tr><td colspan="2">6. 恢复工业机器人系统</td><td colspan="3"></td></tr>
</table>

工作评价

项目	评价内容				备注
	完成的质量（60分）	技能提升能力（20分）	知识掌握能力（10分）	团队合作（10分）	
自我评价					
小组评价					
教师评价					

1. 自我评价

班级： 姓名： 工作名称：

自我评价表

序号	评价项目	是	否
1	是否明确人员的职责		
2	能否按时完成工作任务的准备部分		
3	工作着装是否规范		
4	是否主动参与工作现场的清洁和整理工作		
5	是否主动帮助同学		
6	是否掌握工业机器人日常维护基本原则		
7	是否掌握工业机器人机械零点校对		
8	是否了解工业机器人转数计数器的故障原因		
9	是否掌握转数计数器更新的技能		
10	是否掌握备份与恢复机器人系统的技能		
11	是否执行5S标准		
评价人		分数		时间 年 月 日	

2. 小组评价

小组评价表

序号	评价项目	评价情况
1	与其他同学的沟通是否顺畅	
2	是否尊重他人	
3	工作态度是否积极主动	

续表

序号	评价项目	评价情况
4	是否服从教师安排	
5	着装是否符合标准	
6	能否正确地理解他人提出的问题	
7	能否按照安全和规范的规程操作	
8	能否保持工作环境的干净整洁	
9	是否遵守工作场所的规章制度	
10	是否有工作岗位的责任心	
11	是否全勤	
12	是否能正确对待肯定和否定的意见	
13	团队工作中的表现如何	
14	是否达到任务目标	
15	存在的问题和建议	

3. 教师评价表

教师评价表

<table>
<tr><td>课程</td><td>工业机器人现场编程</td><td>任务名称</td><td>工业机器人的日常维护</td><td>完成地点</td><td></td></tr>
<tr><td>姓名</td><td></td><td>小组成员</td><td colspan="3"></td></tr>
<tr><td>序号</td><td colspan="2">项目</td><td>分值</td><td colspan="2"></td></tr>
<tr><td>1</td><td colspan="2">工业机器人机械零点校对、更新转数计数器</td><td>25</td><td colspan="2"></td></tr>
<tr><td>2</td><td colspan="2">更换工业机器人本体电池</td><td>25</td><td colspan="2"></td></tr>
<tr><td>3</td><td colspan="2">备份工业机器人系统</td><td>25</td><td colspan="2"></td></tr>
<tr><td>4</td><td colspan="2">恢复工业机器人系统</td><td>25</td><td colspan="2"></td></tr>
</table>

附录　RAPID 常见指令与函数

1. 程序执行的控制

（1）程序的调用

指令	说明
ProcCall	调用例行程序
CallByVar	通过带变量的例行程序名称调用例行程序
RETURN	返回原例行程序

（2）例行程序内的逻辑控制

Compact IF	如果条件满足，就执行一条指令
IF	当满足不同的条件时，执行对应的程序
FOR	根据指定的次数，重复执行对应的程序
WHILE	如果条件满足，重复执行对应的程序
TEST	对一个变量进行判断，从而执行不同的程序
GOTO	跳转到例行程序内标签的位置
Label	跳转标签

（3）停止程序执行

Stop	停止程序
EXIT	停止程序执行并禁止在停止处再开始
Break	临时停止程序的执行，用于手动调试
ExitCycle	中止当前程序的运行并将程序指针 PP 复位到主程序第一条指令，如果选择了程序连续运行模式，程序将从主程序的第一句重新执行

2. 变量指令

变量指令主要用于以下的方面：对数据进行赋值、等待、注释指令和程序模块控制指令。

（1）赋值指令

:=	对程序数据进行赋值

（2）等待指令

WaitTime	等待一个指定的时间程序再往下执行
WaitUntil	等待一个条件满足后程序继续往下执行
WaitDI	等待一个输入信号状态为设定值
WaitDO	等待一个输出信号状态为设定值

（3）程序注释

comment	对程序进行注释

（4）程序模块加载

Load	从机器人硬盘加载一个程序模块到运行内存
UnLoad	从运行内存中卸载一个程序模块
Start Load	当 Start Load 使用后，加载一个程序模块到运行内存中
Wait Load	当 Start Load 使用后，使用此指令将程序程序模块连接到任务中使用
CancelLoad	取消加载程序模块
CheckProgRef	检查程序引用
Save	保存程序模块
EraseModule	从运行中内存删除程序模块

（5）变量功能

TryInt	判断数据是否是有效的整数
OpMode	读取当前机器人的操作模式
RunMode	读取当前机器人程序的运行模式
NonMotionMode	读取程序任务当前是否无运动的执行模式
Dim	获取一个数组的维数
Present	读取带参数例行程序的可选参数值
IsPers	判断一个参数是不是可变量
IsVar	判断一个参数是不是变量

（6）转换功能

StrToByte	将字符串转换为指定格式的字节数据
ByteTostr	将字节数据转换成字符串

3. 运动设定

（1）速度设定

MaxRobSpeed	获取当前型号机器人可实现的最大 TCP 速度
VelSet	设定最大的速度与倍率
SpeedRefresh	更新当前运动的速度倍率
Accset	定义机器人的加速度
WorldAccLim	设定大地坐标中工具与载荷的加速度
PathAccLim	设定运动路径中 TCP 的加速度

（2）轴配置管理

Confj	关节运动的轴配置控制
ConfL	线性运动的轴配置控制

（3）奇异点的管理

SingArea	设定机器人运动时，在奇异点的插补方式

（4）位置偏置功能

PDispOn	激活位置偏置
PDispSet	激活指定数值的位置偏置
PDispOff	关闭位置偏置
EOffsOn	激活外轴偏置
EOffsSet	激活指定数值的外轴偏置
EOffsOff	关闭外轴外置偏置
DefDFrame	通过三个位置数据计算出位置的偏置
DefFrame	通过六个位置数据计算出位置的偏置
ORobT	从一个位置数据删除位置偏置
DefAccFrame	从原始位置和替换位置定义一个框架

（5）软伺服功能

SoftAct	激活一个或多个轴的软伺服功能
SoftDeact	关闭软伺服功能

（6）机器人参数调整功能

TuneServo	伺服调整
TuneReset	伺服调整复位
PathResol	几何路径精度调整
CirPathMode	在圆弧插补运动时，工具姿态的变换方式

（7）空间监控管理

WZBoxDef	定义一个方形的监控空间
WZCylDef	定义一个圆柱形的监控空间
WZHomejointDef	定义一个限定为不可进入的关节轴坐标监控空间
WZLimsup	激活一个监控空间并限定为不可进入
WZDOSet	激活一个监控空间并与一个输出信号关联
WZEnable	激活一个临时的监控空间
WZFree	关闭一个临时的监控空间

注：这些功能需要选项“worldzones”配合。

4. 运动控制

（1）机器人运动控制

MoveC	TCP 圆弧运动
MoveJ	关节运动
MoveL	TCP 线性运动
MoveAbsJ	轴绝对角度位置运动
MoveExtJ	外部直线轴和旋转轴运动
MoveCDO	TCP 圆弧运动的同时触发一个输出信号
MoveJDO	关节运动的同时触发一个输出信号
MoveLDO	TCP 线性运动的同时触发一个输出信号

续表

MoveCSync	TCP 圆弧运动的同时执行一个例行程序
MoveJSync	关节运动的同时执行一个例行程序
MoveLSync	TCP 线性运动的同时执行一个例行程序

（2）搜索功能

Search	TCP 圆弧搜索运动
SCarchL	TCP 线性搜索运动
SearchExtJ	外轴搜索运动

（3）指定位置触发信号与中断功能

TriggIO	定义触发条件在一个指定的位置触发输出信号
TriggInt	定义触发条件在一个指定的位置触发中断程序
TriggCheckIO	定义一个指定的位置进行 I/O 状态的检查
TrjggEquip	定义触发条件在一个指定的位置触发输出信号，并对信号响应的延迟进行补偿设定
TriggRampAO	定义触发条件在一个指定的位置触发模拟输出信号，并对信号响应的延迟进行补偿设定
TriggC	带触发事件的圆弧运动
TriggJ	带触发事件的关节运动
TriggL	带触发事件的线性运动
TriggLIOs	在一个指定的位置触发输出信号的线性运动
StepBwdPath	在 RESTART 的事件程序中进行路径的返回
TriggStopProc	在系统中创建一个监控处理，用于在 STOP 和 QSTOP 中需要信号复位和程序数据复位的操作
TriggSpeed	定义模拟输出信号与实际 TCP 速度之间的配合

（4）出错或中断时的运动控制

StopMove	停止机器人运动
StartMove	重新启动机器人运动
StartMoveRetry	重新启动机器人运动相关的参数设定
StopMoveReset	对停止运动复位，但不重新启动机器人运动

续表

StorePath①	储存已生成的最近路径
RestoPath①	重新生成之前储存的路径
ClearPath	在当前的运动路径级别中，清空整个运动路径
PathLevel	获取当前路径级别
SyncMoveSuspend①	在 StorePath 的路径级别中暂停同步坐标的运动
SyncMoveResume①	在 StorePath 的路径级别中重返同步坐标的运动
IsStopMoceAct	获取当前停止运动标志符

注：①这些功能需要选项“Path recovery”。

（5）

DecatUnit	关闭一个外轴单元
ActUnit	激活一个外轴单元
MechUnitLoad	定义外轴单元的有效载荷
GetNextMechunit	检索外轴单元在机器人系统中的名字
IsMechUnitActive	检查外轴单元状态是激活 / 关闭

（6）独立轴控制

IndAMove	将一个轴设定为独立轴模式并进行绝对位置方式运动
IndCMove	将一个轴设定为独立轴模式并进行连续方式运动
IndDMove	将一个轴设定为独立轴模式并进行角度方式运动
IndRMove	将一个轴设定为独立轴模式并进行相对位置方式运动
IndReset	取消独立轴模式
IndInpos	检查独立轴是否已到达指定位置
Indspeed	检查独立轴是否已到达指定的速度

注：这些功能需要选项“Independent movement”配合。

（7）路径修正功能

CorrCon	连接一个路径修正生成器
Corrwrite	将路径坐标系统中的修正值写到修正生成器
CorrDiscon	断开一个已连接的路径修正生成器
CorrClear	取消所有已连接的路径修正生成器
CorfRead	读取所有已连接的路径修正生成器中的总修正值

注：这些功能需要选项“Path offset or RobotWara-Arc sensor”配合。

（8）路径记录功能

PathRecStart	开始记录机器人的路径
PathRecstop	停止记录机器人的路径
PathRecMoveBwd	机器人根据记录的路径做后退运动
PathRecMoveFwd	机器人运动到执行 PathRecMoveFwd 这个指令的位置上
PathRecValidBwd	检查是否已激活路径记录和是否有可后退的路径
PathRecVaildFwd	检查是否有可向前的记录路径

注：这些功能需要选项“Path recovery”。

（9）输送链跟踪功能

WaitW0bj	等待输送链上的工件坐标
DropW0bj	放弃输送链上的工件坐标

注：这些功能需要选项“Conveyortracking”配合。

（10）传感器同步功能

WaitSensor	将一个在开始窗口的对象与传感器设备关联起来
SyncToSenSor	开始 / 停止机器人与传感器设备的运动同步
DropSensor	断开当前对象的连接

（11）有效载荷与碰撞检测

MotlonSup	激活 / 关闭运动监控
LoadId	工具或有效载荷的识别
ManLoadId	外轴有效载荷的识别

（12）关于位置的功能

Offs	对机器人位置进行偏移
RelTool	对工具的位程和姿态进行偏移
CalcRobT	从 jointtarget 计算出 robtarget
Cpos	读取机器人当前的 X、Y、Z
CRobT	读取机器人当前的 robtarget
CjointT	读取机器人当前的关节轴
ReadMotor	读取轴电动机当前的角度

续表

CTool	读取工具坐标当前的数据
CWObj	读取工件坐标系当前的数据
MirPos	镜像一个位置
CalcJointT	从 robtarget 计算出 jointtarget
Distance	计算出两个位置的距离
PFRestart	检查确认断电时路径是否中断
CSpeedOverride	读取当前使用的速度倍率

5. 输入/输出信号的处理

机器人可以在程序中对输入/输出信号进行读取与赋值，以实现程序控制的需要。

（1）对输入/输出信号的值进行设定

InvertDO	对一个数字输出信号的值置反
PulseDO	数字输出信号进行脉冲输出
Reset	将数字输出信号置位 0
Set	将数字输出信号置位 1
SetAO	设定模拟输出信号的值
SetDO	设定数字输出信号的值
SetGo	设定组输出信号的值

（2）读取输入/输出信号值

AOutput	读取模拟输出信号的当前值
DOutput	读取数字输出信号的当前值
Goutput	读取组输出信号的当前值
TestDI	检查一个数字输入信号已置 1
ValidlO	检查 I/O 信号是否有效
WaitDI	等待一个数字输入信号的指定状态
WaitDO	等待一个数字输出信号的指定状态
WaitGI	等待一个组输入信号的指定值
WaitGO	等待一个组输出信号的指定值
WaitAI	等待一个模拟输入信号的指定值
WaitAO	等待一个模拟输出信号的指定值

（3）I/O 模块的控制

IODisable	关闭一个 I/O 模块
IOEnable	开启一个 I/O 模块

6. 通信功能

（1）示教器上人机界面的功能

TPErase	清屏
TPWrite	在示教器操作界面写信息
ErrWrite	在示教器事件日记中写报警信息并储存
TPReadFK	互动的功能键操作
TPreadNum	互动的数字键盘操作
TPShow	通过 RAPID 程序打开指定的窗口

（2）通过串口进行读写

Open	打开串口
Write	对串口进行写文本操作
Close	关闭串口
WriteBin	写一个二进制数的操作
WriteAnyBin	写任意二进制数的操作
WriteStrBin	写字符的操作
Rewind	设定文件开始的位置
ClearIOBuff	清空串口的输入缓冲
ReadAnyBin	从串口读取任意的二进制数
ReadNum	读取数字量
Readstr	读取字符串
ReadBin	从二进制串口读取数据
ReadStrBin	从二进制串口读取字符串

（3）Sockets 通信

SocketCreate	创建新的 Socket
SocketConnect	连接远程计算机
Socketsend	发送数据到远程计算机
SocketReceive	从远程计算机接收数据
SocketClose	关闭 socket
SocketGetStatus	获取当前 socket 状态

7. 中断程序

（1）中断设定

CONNECT	连接一个中断符号到中断程序
ISignalDI	使用一个数字输入信号触发中断
ISignalDO	使用一个数字输出信号触发中断
ISignalGI	使用一个组输入信号触发中断
ISignalGO	使用一个组输出信号触发中断
ISignalAI	使用一个模拟输入信号触发中断
ISignalAO	使用一个模拟输出信号触发中断
ITimer	计时中断
TriggInt	在一个指定的位置触发中断
IPers	使用一个可变量触发中断
IError	当一个错误发生时触发中断
IDelete	取消中断

（2）中断控制

ISleep	关闭一个中断
IWatch	激活一个中断
IDisable	关闭所有中断
IEnable	激活所有中断

8. 系统相关的指令

时间控制

ClkReset	计时器复位
ClkStart	计时器开始计时
ClkStop	计时器停止计时
ClkRead	读取计时器数值
CDate	读取当前日期
CTime	读取当前时间
GetTime	读取当前时间为数字型数据

9. 数学运算

（1）简单运算

Clear	清空数值
Add	加或减操作
Incr	加 1 操作
Decr	减 1 操作

（2）算术功能

AbS	取绝对值
Round	四舍五入
Trunc	舍位操作
Sqrt	计算二次根
Exp	计算指数值 e 的 x 次方
Pow	计算指数值
ACos	计算圆弧余弦值
Asin	计算圆弧正弦值
ATan	计算圆弧正切值【-90，90】
ATan2	计算圆弧正切值【-180，180】
Cos	计算余弦值
Sin	计算正弦值
EulerZYX	从姿态计算欧拉角
OrientZYX	从欧拉角计算姿态

参 考 文 献

[1] 叶晖，管小清. 工业机器人实操与应用技巧 [M]. 北京：机械工业出版社，2010.
[2] 张宏立，何忠悦. 工业机器人操作与编程（ABB）[M]. 北京：北京理工大学出版社，2017.
[3] 刘小波. 工业机器人技术基础 [M]. 北京：机械工业出版社，2016.
[4] 张超. ABB 工业机器人现场编程 [M]. 北京：机械工业出版社，2016.
[5] 龚仲华. 工业机器人从入门到应用 [M]. 北京：机械工业出版社，2016.
[6] 魏丽君，吴海波. 工业机器人技术 [M]. 北京：高等教育出版社，2017.
[7] 许文稼，张飞. 工业机器人技术基础 [M]. 北京：高等教育出版社，2017.
[8] 吴海波，刘海龙. 工业机器人现场编程（ABB）[M]. 北京：高等教育出版社，2017.